口絵 1 神岡, 池ノ山の地下に設置されている, アーム長 3km のレーザー干渉計型重力波望遠鏡 KAGRA の概念図. 東京大学宇宙線研究所より (http://www.icrr.u-tokyo.ac.jp/gr/plans.html). 本文図 3.4 参照.

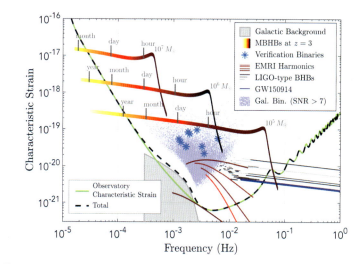

口絵 2 LISA で計画されている感度曲線 (下に凸の曲線) と, 期待される様々な波源からの重力波の実効振幅. 図は LISA の white paper (arXiv:1702.00786) より取得. 本文図 3.7 参照.

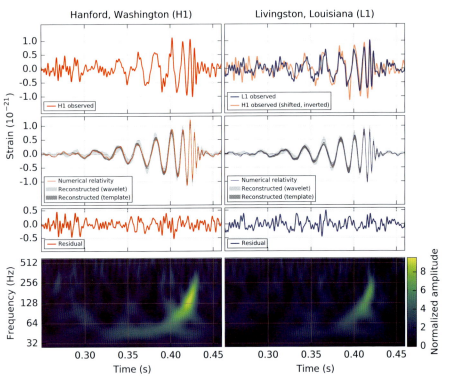

口絵 3 Advanced LIGO により初検出された連星ブラックホールの合体 (GW150914) による重力波の波形. B. P. Abbott et al., Physical Review Letters **116**, 061102 (2016) より転載. 本文図 4.9 参照.

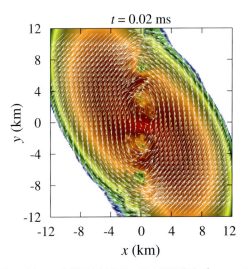

口絵 4 合体直後に誕生した大質量中性子星の静止質量密度プロファイルと速度構造. K. Kiuchi et al., Physical Review D **92**, 124034 (2015) より転載, 改変. 本文図 5.3 参照.

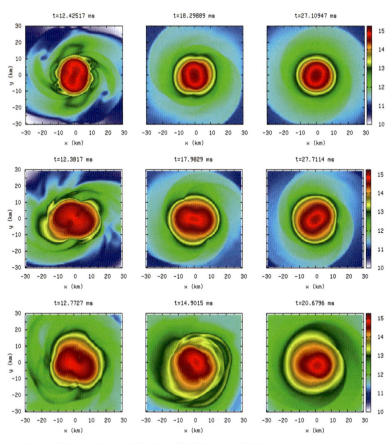

口絵 5　連星中性子星合体後の静止質量密度の時間変化. K. Hotokezaka et al., Physical Review D **88**, 044026 (2013) より転載. 本文図 5.1 参照.

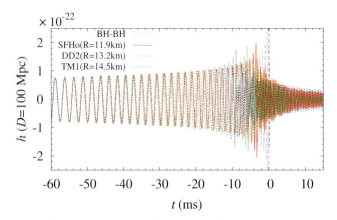

口絵 6　等質量の中性子星同士が合体するときに放射される重力波の計算例. 本文図 5.7 参照.

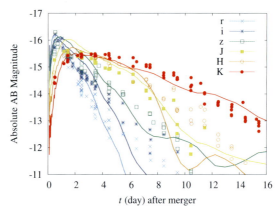

口絵 7 GW170817 の電磁波対応天体からの放射の光度変化. 本文図 5.9 参照.

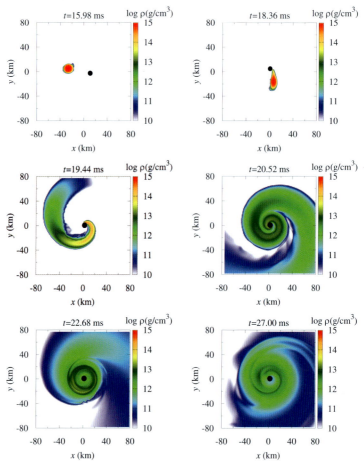

口絵 8 ブラックホール・中性子星連星の合体において，中性子星がブラックホールに潮汐破壊される場合. 本文図 5.12 参照.

1 | Yukawa ライブラリー　京都大学基礎物理学研究所 [監修]

重力波の源

柴田　大
久徳浩太郎 [著]

朝倉書店

まえがき

　2015年9月14日，アメリカの重力波望遠鏡 Advanced LIGO が重力波の初観測に成功し，ついに重力波天文学の幕が開けた．アインシュタインが一般相対性理論を導出してからちょうど100年目に成し遂げられた偉業であった．2015年の初検出後も順調に観測が続き，すでに複数の重力波源が観測されている．最初に，我々研究者に非常に強いインパクトを与えたのは，重力波以外の手段では発見するのが難しい連星ブラックホールの合体現象が複数観測されたこと，そしてその結果，ブラックホール天文学が活性化されたことである．さらに，2017年8月17日には，連星中性子星からの重力波およびその合体に伴う電磁波対応天体も観測されたが，この観測イベントは重力波研究者のみならず周辺分野の多くの研究者を興奮させるとともに，新しい天文観測手段の威力を改めて認識させた．今後も，日本の重力波望遠鏡 KAGRA が本格稼働を開始するとともに，より感度の高い重力波望遠鏡の建設が，アメリカやヨーロッパを中心に議論されている．さらには，検出周波数帯域が地上の望遠鏡と異なる，宇宙重力波望遠鏡 LISA の打ち上げも，2030年ごろに予定されている．これから数十年間にわたり，重力波天文学がますます発展することは間違いない．本書の目的は，この発展著しい重力波天文学が，現在，および近い将来，観測対象とする天体現象について解説することである．その構成は，2007年に出版された著書[1]に似ているが，その後，理論，観測両面で重力波研究は飛躍的に発展し，当時よりも重力波源に対する理解ははるかに深まった．本書では，過去10年間に新たに得られた知見を中心に紹介していく．

　重力波の放射源は，基本的には強重力天体現象である．そこで，1章ではまず，強重力天体(中性子星，連星中性子星，ブラックホール)およびそれらが関与する天体現象(超新星爆発，ガンマ線バースト，重元素合成)について説明する．重力波を用いた観測や，それに付随して行われる光学観測を通じて，これらの天体や天体現象の性質がより深く，詳しく解明されると期待できるからである．

2章では, 重力波の性質についておさらいをする. 重力波は, アインシュタイン方程式の解の1つとして存在する. アインシュタイン方程式は, 連立非線形偏微分方程式であり, 数学的に複雑な構造を持つため, 一般的物理状況に対して解析解を求めるのは, ほぼ不可能である. そこでまずは, アインシュタイン方程式を近似的に解析しながら, 重力波の諸性質を示す. しかし, 現実的な重力波の放射源に対して理論的に正確に理解するには, 近似を用いた解析では不十分である. つまり, 近似なしにアインシュタイン方程式を解く必要性が生じるのだが, これには数値相対論と呼ばれる, 数値計算を用いた解析が不可欠になる. 2章の最後で, 数値相対論についても簡単に紹介する.

3章では, 重力波の直接検出法や代表的な検出器について解説する. 現在主流なのがレーザー干渉計を用いる方法なので, その説明にまず焦点を当てる. これ以外にも, 近い将来, パルサーの観測 (パルサーについては1.3節参照) や宇宙マイクロ波背景放射 (CMB) の観測を利用する方法が, 重力波の観測に威力を発揮すると期待されている. そこで, これらの方法についても概略を述べる.

4–7章では, 重力波の放射源について詳しく説明する. 重力波をとらえ, そのデータから重力波源の情報を取り出すには, 重力波望遠鏡が取得したデータと理論的に予想される波形との間で相関を取る (一致度を調べる) 方法が最も強力である. このデータ解析法を用いる場合, 十分に高い相関を得たときに重力波信号が含まれていると認定する. 検出が確認されれば, さらにより多数の詳細な理論波形とデータ間の相関を取り, 相関度が高い理論波形を重力波信号に対応するものとみなし, 重力波源の情報を推定する. この作業のために多数の理論波形が必要になるのだが, この導出に数値相対論が必須になる. そのため21世紀に入ってから, 重力波源に対する数値相対論を用いた研究が数多く行われてきた. そこで4–7章では, 数値相対論研究に基づいて, 重力波源はどのように理論的に理解されているのかについて, 多くの紙面を割いて紹介する.

重力波源の候補は数多くあるが, 冒頭で述べたように, 連星ブラックホールの合体現象は, その先陣を切って観測された. 4.4節で述べるように, その観測結果は, 一般相対論に基づく理論的な予想と非常によく一致している. そして, その結果, 連星ブラックホールの性質が, 初めて定量的に理解できるようになった. さらに, 連星中性子星の合体現象も観測されたのだが, 5.3節で紹介するように, この観測結果は多くの知見をもたらした. 今後も, 連星の合体現象は次々と観測されると

期待してよい．それらの重力波観測がどのような知見をさらにもたらすのか，また何がエキサイティングなのかについて読者に伝えるのが，本書の最大の目的である．そこで 8 章では，まとめとして，今後の長期的展望を述べる．

　なお，本書の執筆を完了したのは，2018 年 3 月である．重力波観測はこれからも長く続くことが予定されている．したがって，本書の内容が修正されるべき発見が起きることは十分に予想される．本書を読む際には，それが 2018 年 3 月時点の認識であった点を念頭に置いていただきたい．

　2018 年 7 月

柴田　大・久徳浩太郎

本書で用いる物理定数, 単位, 表記法について

　本書において, G ($= 6.674 \times 10^{-11}\,\mathrm{m^3\,kg^{-1}\,s^{-2}}$), c ($= 2.998 \times 10^8\,\mathrm{m\,s^{-1}}$), $M_\odot$ ($= 1.988 \times 10^{30}\,\mathrm{kg}$) はそれぞれ, 万有引力定数 (重力定数), 光速度, 太陽質量を表す. 本書では, 宇宙論的距離を表すのに pc (パーセク) を用いるが, それは $3.086 \times 10^{13}\,\mathrm{km}$ である. 光が 1 年間 (365.25 日 $\approx 3.1558 \times 10^7$ 秒) に進む距離は光年だが, それは $9.4607 \times 10^{12}\,\mathrm{km}$ である. したがって, $1\,\mathrm{pc} \approx 3.26$ 光年なので, pc は光年の 3 倍程度と覚えておいていただきたい. なお, kpc は $1{,}000\,\mathrm{pc}$, Mpc は $1{,}000\,\mathrm{kpc}$, Gpc は $1{,}000\,\mathrm{Mpc}$ を表す. また, エネルギーを表すのに, しばしば MeV を用いる. これは約 $1.60 \times 10^{-13}\,\mathrm{J}$ ($= 1.60 \times 10^{-6}\,\mathrm{erg}$) と等価であり, 温度に換算すると約 $1.16 \times 10^{10}\,\mathrm{K}$ である.

　1–3 章ではテンソルを扱うが, テンソルに対するギリシャ文字の添字は時間と空間の両方の成分を, ラテン文字の場合は空間成分を表す. また, 上つきと下つきの添字が同じ項に現れる場合, その添字に対して和を取る (縮約を取る) ことを規則とする. なお, 時空計量に対する符号については, $(-, +, +, +)$ を採用する. 本書を通して, δ^μ_ν はクロネッカーのデルタを表す.

　本書では, ブラックホールや中性子星の連星に関する記述がたびたび現れるが, 中性子星連星と書いた場合, それは中性子星同士の連星, あるいはブラックホールと中性子星からなる連星を指す. 他方, 連星ブラックホールと連星中性子星は, ブラックホール同士および中性子星同士の連星を指す. また, 超巨大ブラックホールのことをしばしば SMBH (SuperMassive Black Hole) と略記する.

目　　次

1. 重力波源について学ぶための準備 ………………………………… 1
   1.1 重力波天文学の可能性 …………………………………………… 1
   1.2 アインシュタイン方程式 ………………………………………… 3
   1.3 中 性 子 星 ………………………………………………………… 4
      1.3.1 恒星の進化と中性子星の形成 …………………………… 4
      1.3.2 中性子星の構造と特徴 …………………………………… 7
      1.3.3 中性子星の潮汐変形率 …………………………………… 11
      1.3.4 パルサーとしての中性子星 ……………………………… 14
      1.3.5 中性子星と白色矮星の連星: $2M_\odot$ の中性子星の発見 ……… 18
   1.4 連星中性子星 ……………………………………………………… 21
      1.4.1 その観測的証拠 …………………………………………… 21
      1.4.2 連星中性子星の形成理論 ………………………………… 24
   1.5 ブラックホール …………………………………………………… 27
      1.5.1 ブラックホール解 ………………………………………… 27
      1.5.2 ブラックホールの諸性質 ………………………………… 28
      1.5.3 恒星サイズのブラックホール …………………………… 32
      1.5.4 中間質量のブラックホール ……………………………… 35
      1.5.5 超巨大ブラックホール (SMBH) ………………………… 39
   1.6 重力崩壊型超新星爆発の機構 …………………………………… 43
      1.6.1 重力崩壊から爆発前まで ………………………………… 43
      1.6.2 ニュートリノ加熱機構に基づく超新星爆発 …………… 47
   1.7 ガンマ線バースト ………………………………………………… 52
      1.7.1 ガンマ線バースト即時放射の観測的特徴 ……………… 53
      1.7.2 コンパクトネス問題 ……………………………………… 56

1.7.3　火の玉と放射モデル ……………………………… 58
　　　1.7.4　ガンマ線バーストの中心エンジンモデル ………… 61
　1.8　速い中性子捕獲過程 (r プロセス) に伴う元素合成 ………… 66
　　　1.8.1　r プロセス元素組成の観測的特徴 ………………… 68
　　　1.8.2　r プロセス元素合成の起源天体候補 ……………… 70
　　　1.8.3　キロノバ ……………………………………………… 72

2. 重力波の理論 ……………………………………………………… 75
　2.1　波動方程式としてのアインシュタイン方程式 ……………… 75
　2.2　線形のアインシュタイン方程式 ……………………………… 76
　2.3　重力波の伝播 …………………………………………………… 77
　2.4　重力波の発生 …………………………………………………… 79
　2.5　有力な重力波の源とは? ……………………………………… 83
　2.6　コンパクト星連星からの重力波放射とその反作用 ………… 85
　2.7　ブラックホール誕生時の重力波 ……………………………… 87
　2.8　数値相対論 ……………………………………………………… 90

3. 重力波の観測方法 ………………………………………………… 94
　3.1　重力波検出の基本原理 ………………………………………… 94
　　　3.1.1　重力波が質点に及ぼす影響 ………………………… 94
　　　3.1.2　重力波が光の伝播に及ぼす影響 …………………… 96
　3.2　レーザー干渉計型重力波検出器 ……………………………… 99
　　　3.2.1　レーザー干渉計による重力波検出 ………………… 100
　　　3.2.2　地上に設置された重力波望遠鏡 …………………… 103
　　　3.2.3　飛翔体を用いた重力波望遠鏡 ……………………… 107
　3.3　その他の重力波観測方法 ……………………………………… 110
　　　3.3.1　パルサータイミングアレイ ………………………… 111
　　　3.3.2　宇宙マイクロ波背景放射 (CMB) の B モード偏光観測 …… 114

4. 連星ブラックホールの合体 ……………………………………… 118
　4.1　コンパクト星連星の合体 ……………………………………… 118

- 4.2 連星ブラックホールの合体: 数値相対論による理解 125
- 4.3 連星ブラックホール合体時に放射される重力波 129
- 4.4 連星ブラックホールの発見: GW150914 134
- 4.5 大質量ブラックホールはどのようにして生まれたのか? 136
- 4.6 $30M_\odot$-$30M_\odot$ の連星ブラックホールは如何に形成されたのか? 137

5. 中性子星連星の合体 139
- 5.1 連星中性子星の合体過程: 数値相対論による理解 139
  - 5.1.1 合体後に誕生する天体とその性質 140
  - 5.1.2 質量放出とキロノバ 147
- 5.2 連星中性子星合体時に放射される重力波 153
  - 5.2.1 合体直前の重力波と潮汐変形効果 153
  - 5.2.2 大質量中性子星からの重力波 156
  - 5.2.3 重力波のスペクトル 157
- 5.3 連星中性子星合体の初観測: GW170817 159
- 5.4 ブラックホール・中性子星連星の合体過程: 数値相対論による理解 · 165
  - 5.4.1 潮汐破壊現象 165
  - 5.4.2 質量放出 169
- 5.5 ブラックホール・中性子星連星の合体時に放射される重力波 170

6. 大質量星の重力崩壊と重力波 174
- 6.1 原始中性子星が形成される場合に放射される重力波 174
  - 6.1.1 原始中性子星形成時 174
  - 6.1.2 対流やニュートリノ放射に付随して放射される重力波 176
- 6.2 ブラックホール形成に伴う重力波 179
- 6.3 高速で自転する原始中性子星からの重力波 181

7. 飛翔体を用いた重力波望遠鏡に対する重力波源 186
- 7.1 我々の銀河系内の連星白色矮星 186
- 7.2 恒星サイズの連星ブラックホール 188
- 7.3 超巨大ブラックホールの合体 191

7.4　超巨大ブラックホールの形成 ··· 195
7.5　EMRI: 超巨大ブラックホールへの恒星サイズの天体の落下 ········ 199

8. 展　　望 ··· 202

参考文献 ··· 208

索　引 ·· 209

Chapter 1

重力波源について学ぶための準備

重力波の放射源の多くは,一般相対論的な強い重力場の影響下にある天体である.具体的には,中性子星やブラックホールの連星,あるいは,中性子星やブラックホール形成を導く重力崩壊現象が,強い重力波源になる.そこで本章では,まず重力波天文学の持つ可能性と一般相対論の基本方程式であるアインシュタイン方程式について簡単におさらいした後に,強重力天体やそれらが起こす天体現象について説明する.

1.1 重力波天文学の可能性

先に進む前に,重力波とは何かについて簡単におさらいし,また重力波を用いた天文学の持つ威力について述べておこう.

我々が現在正しいと信じる重力の基本法則は,アインシュタインの一般相対性理論 (以下では一般相対論) である.我々の住む世界は,時間1次元と空間3次元からなる4次元の時空多様体だが,一般相対論によれば,時空は平らではなく曲がっている.物体は,その曲がった時空の中を最短距離で進むために進路が見かけ上曲がるので,これが重力の影響として観測される.つまり,一般相対論における重力とは,時空が曲がっているから感知される力と定義される.

時空の曲がり具合を決定する基本方程式は,アインシュタイン方程式 (1.2節参照) である.この方程式によると,天体が存在すればその周囲の時空は曲がるのだが,天体が動いてその曲がり具合が変化すると,一般的には空間歪みのさざ波が発生し,光速度で周囲に伝播する.これが重力波である.この重力波の存在が,2015年9月に人類史上初めて直接的に検証され,その結果,重力波を観測することが天文学に応用できるようになった.

重力波による宇宙観測が重要な理由は，重力波の持つ以下の2つのユニークな性質にある．まず，重力波は，強重力天体の作る重力場が激しく時間変化したときにのみ大量に放射される．次に，重力波は透過性が極めて高いので，高密度の物質が取り巻いていても，ブラックホールや中性子星のごく近傍から我々まで散乱なしに伝播してくる．その結果，可視光線に代表される電磁波，あるいはニュートリノ，のような他の媒体を通してでは観測することが難しい，強重力天体現象の観測を可能にする．序文で述べた連星ブラックホールの発見は，その最も端的な例である．なぜならば，この系は重力波以外はほとんど何も放射しないので，重力波望遠鏡でのみ観測可能だからである．それ以外にも，重力波は，ブラックホールや中性子星のような強重力天体の誕生現場を観測する際に威力を発揮する．ブラックホールや中性子星の多くは，大質量星の重力崩壊の後に誕生すると推測されるが，誕生時には高温高密度の物質に囲まれているため，それらを電磁波やニュートリノで直接的に観測することは難しいからである．

　重力波の特性は，宇宙誕生の謎を解明するのにも役立つ可能性を秘めている．宇宙は，その創生直後にインフレーションによって加速的に膨張し，その後ビッグバンを迎え超高温・高密度状態を実現した後に，温度と密度を下げながら現在に至っている，とするのが現代宇宙論の標準モデルである．このモデルによると，インフレーション中に時空の量子ゆらぎを種とした重力波，いわゆる原始重力波，が発生すると予言される．この重力波はその後，本質的な性質を変えずに，現在，宇宙重力波背景放射として存在すると考えられている．もし，この宇宙重力波背景放射を検出できれば，我々は宇宙誕生直後の様子を直接的に観測でき，宇宙の誕生に関する貴重な情報を手にすることになる．宇宙初期は極めて高密度であり，その直接観測には重力波を用いる以外に方法がないので，原始重力波の観測は，誕生直後の宇宙を直接観測するための唯一の手段である．

　これらの例が示すように，重力波を利用した天文学が発展すれば，それに伴って，これまでに観測することができなかった宇宙の側面が次々と明らかにされるだろう．特に，ブラックホールや中性子星のような強重力天体，および初期宇宙に関して新たな知見が得られると期待できる．

1.2 アインシュタイン方程式

一般相対論は，アインシュタインが等価原理と一般相対性原理と呼ばれる基本原理から出発し，その深く鋭い洞察に基づいた思考実験から導いた理論である．この理論が驚異的なのは，それが純粋に理論的に構築されたにも関わらず，これまでに行われてきたあらゆる観測および実験の結果と矛盾しないからである．古くは，水星の近日点移動率や光線の太陽重力による屈折角度を正確に言い当て，その後も，重力波，膨張宇宙，およびブラックホールの存在を正しく予言してきた (例えば，文献 [2] 参照)．極めて予言力の高い理論であり，強重力天体や重力波に関する理論研究も通常は，一般相対論が正しいことを前提にして進められる．そこで本節では，一般相対論の基本方程式であり，重力波研究の核心をなすアインシュタイン方程式について復習しておく．一般相対論を初歩から勉強したい読者には，文献 [3, 4] を薦める．

アインシュタイン方程式は通常，以下のように書かれる:

$$G_{\mu\nu} = 8\pi \frac{G}{c^4} T_{\mu\nu}. \tag{1.1}$$

ここで左辺はアインシュタインテンソルと呼ばれ，時空の曲がり具合を表す．右辺の $T_{\mu\nu}$ はエネルギー運動量テンソルと呼ばれ，物質の分布と運動状態を表す．つまり，物質が存在すると時空が曲がることを，(1.1) 式は表している．

$G_{\mu\nu}$ は，時空の計量 $g_{\mu\nu}$ の関数であるが，これはリッチテンソル $R_{\mu\nu}$ やクリストッフェル記号 $\Gamma^{\alpha}_{\mu\nu}$ を用いて以下のように定義される:

$$G_{\mu\nu} := R_{\mu\nu} - \frac{1}{2} g_{\mu\nu} R^{\alpha}_{\alpha}, \tag{1.2}$$

$$R_{\mu\nu} := \partial_{\alpha} \Gamma^{\alpha}_{\mu\nu} - \partial_{\mu} \Gamma^{\alpha}_{\nu\alpha} + \Gamma^{\alpha}_{\mu\nu} \Gamma^{\beta}_{\beta\alpha} - \Gamma^{\alpha}_{\mu\beta} \Gamma^{\beta}_{\nu\alpha}. \tag{1.3}$$

ここで，$\partial_{\alpha} = \partial/\partial x^{\alpha}$，また R^{α}_{α} はスカラー曲率を表し，リッチテンソルの縮約を取ることで得られる．クリストッフェル記号は，計量の共変微分がゼロという条件，$\nabla_{\alpha} g_{\mu\nu} = 0$，から ($\nabla_{\alpha}$ は共変微分を表す)，以下のように決まる:

$$\Gamma^{\alpha}_{\mu\nu} = \frac{1}{2} g^{\alpha\beta} \left(\partial_{\mu} g_{\nu\beta} + \partial_{\nu} g_{\mu\beta} - \partial_{\beta} g_{\mu\nu} \right). \tag{1.4}$$

ビアンキの恒等式から，$G_{\mu\nu}$ に対して以下の保存則が導出できる:

$$\nabla_\alpha G^\alpha_\beta = 0. \tag{1.5}$$

よって，エネルギー運動量テンソルは以下の保存則を満たす：

$$\nabla_\alpha T^\alpha_\beta = 0. \tag{1.6}$$

(1.6) 式が物質の運動の基本方程式になる．∇_α が現れていることからわかるように，この運動方程式は，曲がった時空における物質の運動を決める．

以上まとめると，一般相対論における基本方程式は，(1.1) 式と (1.6) 式である．前者は，存在する物質を源とした時空の曲がり具合を決める式であり，後者が前者で決められた時空中での物質の運動を決める式である．重力波の放射源について理論的に調べるには，この 2 つの方程式を解く必要がある．

1.3 中性子星

中性子星の多くは，大質量星の進化の最後に起きる重力崩壊と超新星爆発を経て形成される．本節では，その起源と構造についてまず述べ，その後，中性子星がどのように観測されてきたのかについて解説する．なお，中性子星やパルサーについてより深く知りたい読者には，文献 [5, 6] を薦める．

1.3.1 恒星の進化と中性子星の形成

中心部で熱核融合反応を起こすことにより内部エネルギーを生成している太陽のような星は，恒星と呼ばれる．恒星は，輻射によって内部エネルギーを表面から放出しているが，それを補う形で核燃焼によって熱生成が行われるため，定常状態が保たれる．恒星進化の初期段階では，水素の熱核融合反応が起き，ヘリウムが合成される．水素の消費が進み，中心に沈殿したヘリウムが十分に増えると，やがてヘリウムの熱核融合反応が始まる．すると，炭素や酸素が合成され，中心に沈殿し，炭素・酸素，ヘリウム，水素が同心円状に分布する．

恒星の初期質量が太陽の約 8 倍以上であれば，炭素や酸素もさらに熱核融合反応を起こす．その結果，ネオン，ナトリウム，マグネシウム，シリコン，硫黄などが合成されるが，それらもヘリウムと反応するなどして，次々と重い元素を合成していく．特に，初期質量が約 $10 M_\odot$ 以上の恒星は，最終的に，主に鉄からなる中心核を形成させる (図 1.1 参照)．この段階に達すると，中心で熱核融合反応によって

1.3 中性子星

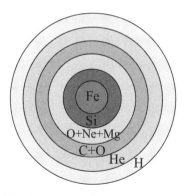

図 1.1 鉄の中心核形成時の恒星の同心円状元素組成の模式図. 描かれている半径と現実の半径の縮尺が対応しているわけではないことに注意. 鉄の中心核の半径は 2,000 km 程度で, 水素の外層は中心から 10^8 km 程度に位置する. なお恒星が連星中に存在すると, 伴星からの潮汐力により, 水素やヘリウムの外層が剥ぎ取られることがある.

内部エネルギーを生成できなくなり, 恒星としての寿命が尽きる. 鉄の核反応で内部エネルギーを生成できないのは, 1 核子当りの結合エネルギーが, 全ての原子核中, 鉄原子核で最大になるからである. 例えば, ^{4}He の 1 核子当りの結合エネルギーは約 6.6 MeV だが, ^{56}Fe だと約 8.8 MeV になる. 他方, 鉄よりも原子番号の大きい原子核だと, これが 8.8 MeV を下回る. つまり, 鉄が核反応を起こすには, エネルギーを放出するのではなく, 吸収しなくてはならない. したがって, 鉄の中心核形成後は中心ではエネルギー生成が止まり, 冷える一方になる.

冷えると, 鉄からなる中心核が重力収縮を始める. 重力収縮開始時の中心温度は 10^{10} K 程度で, 中心密度は数十億 g cm^{-3} 程度である. このような高温高密度下では, 光は高い平均エネルギーを持ち, また電子は強く縮退し圧力の大部分を担う. 一旦収縮が始まると, 温度も密度も上昇するので, ますます光のエネルギーが上がり, 電子の縮退が強まる. 光の平均エネルギーが十分に上がると, 鉄の一部がヘリウムと中性子に光分解される. 光のエネルギーがこの過程に費やされる結果, 輻射圧が下がる. また, 強い縮退で 1 電子当りの平均エネルギーが高くなると, 鉄などの重原子核が電子の一部を吸収する電子捕獲反応が起き, 中性子の比率が高い原子核が次々と生成される. すると, 密度が上がっても縮退圧が順調には上がらなくなる. これら 2 つの吸熱反応の影響で圧力の上昇が抑制され, 中心核は自

身の重力を支えられなくなり，重力崩壊が始まる[*1]．重力崩壊は，中心密度が原子核の密度程度 ($\sim 3 \times 10^{14}\,\mathrm{g\,cm^{-3}}$) になるまで続く．ここまで密度が上がると，存在する原子核同士は融合し，巨大な原子核のような星が形成される．このような高密度星では，電子は一層強く縮退する．すると，電子数を減らした方が熱力学的に安定になるため，陽子と電子が反応し中性子を生成する電子捕獲反応が起きる．この結果，陽子よりも中性子が主たる成分である星，中性子星，が形成される (詳しくは 1.6.1 節参照)．

中性子も電子と同様にフェルミ粒子なので，高密度の環境では縮退する．そのため，中性子星では中性子による縮退圧が圧力源の1つになるが，それにも増して重要になるのが，核子同士に働く強い相互作用に起因する斥力である (ここで核子とは，中性子または陽子を指す)．核子間に働く力は，いわゆる湯川相互作用により遠距離では引力であるが，約 10^{-13} cm 以下の距離にまで近づくと強い斥力になる．重力崩壊が進むと密度が非常に高くなるため，この斥力が働くようになる．斥力は急激に強くなるので，中性子星形成直後に圧力が急増する．その結果，中心では重力崩壊が止まる．そして，その後に，中性子星の表面で衝撃波が発生し，それが外部に伝わることによって超新星爆発が起きると考えられている (重力崩壊型超新星爆発のより詳しい機構については 1.6 節参照)．

誕生直後の中性子星は原始中性子星と呼ばれ，その温度は 10^{11} K 程度である．高温による輻射圧の効果で，誕生直後，外層は膨れ上がっている．したがって，原始中性子星の半径は通常の中性子星よりも大きい．また高温かつ高密度のため，弱い相互作用でニュートリノが大量に発生する．ニュートリノは物質との相互作用が弱いため，生成されると短時間のうちに原始中性子星から外部へと逃げ出す．この放射冷却効果で温度は次第に下がり，その結果，原始中性子星は収縮し，誕生から 10 秒ほど経つと，半径が 10 km 程度の中性子星に落ち着く．半径の正確な値は中性子星の状態方程式に依存するのだが，この問題については次の 1.3.2 節で取り上げる．

[*1] 初期質量が太陽の約 9–10 倍の恒星は，進化の最終段階で，酸素，ネオン，マグネシウムからなる中心核を形成させる．このような中心核でも，電子捕獲に起因した重力崩壊が起きうる．したがって，重力崩壊を起こしうる恒星の初期質量の下限は，太陽質量の 10 倍よりも少しだけ小さいと考えられるが，本書ではこの閾値を太陽の約 10 倍と記述する．

1.3.2 中性子星の構造と特徴

ガスからなる天体は，一般に自己重力と圧力勾配が釣り合って平衡状態を保つ．ただし，主要な圧力源は天体ごとに異なる．例えば，太陽質量以下の恒星であればガス圧が主要な圧力源だが，太陽よりも十分に重い恒星になると，高温のため輻射圧が主要な圧力源になる．中性子星は恒星とは異なり，核子間に働く斥力や中性子の縮退圧が主な圧力源になる．そのため，構造が恒星とは全く異なり，半径 R が 10 km 程度と大変小さくなる．後述するように，中性子星の質量 M は太陽の 1–2 倍程度なので，京都市近郊を覆う程度の領域に，地球の 30 万–60 万倍もの質量が含まれることになる (図 1.2 参照)．GM/c^2 は長さの次元を持つ量で重力半径と呼ばれるが，$M = 1.35 M_\odot$ の中性子星なら $GM/c^2 \approx 2.0$ km である．したがって，R と大きくは異ならない．中性子星のように，重力半径が天体自身の半径の 10%を超えるような天体を，本書ではコンパクト天体と呼ぶ．

原子核理論に基づく研究によれば，中性子星の内部は図 1.3 の模式図にあるように内核，外核，内殻，外殻からなると推測されている (文献 [5, 6] 参照)．薄い内殻や外殻では中性子そのものではなく，中性子が過剰な重い原子核が主な成分である．一方，内核や外核では中性子が主要成分だが，それらが自由粒子として存在す

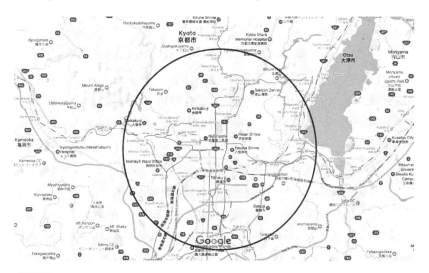

図 1.2　中性子星の半径は 10 km 程度である．半径 10 km とは，京都市の繁華街を中心に，京都市近郊が覆われる程度の狭い領域である．実線で描かれた円の半径は，およそ 10 km である．地図は Google マップより転載．

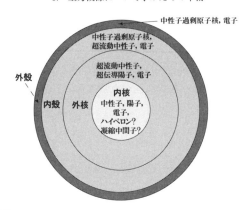

図 1.3 中性子星の内部構造の模式図. 半径は 10 km 程度である.

るのではなく超流動流体として存在する, と推測されている. また陽子も超伝導状態にあるとされる. ただし, 内核の正確な状態は今のところ全くわかっていない. 密度が原子核密度の数倍と高いのに加えて, 中性子過剰な状態が実現しているため, 地上実験では内部状態が再現できないからである. ハイペロンのようなエキゾティックな粒子が出現すると推測されているが, これを検証するのが, 高密度核物質研究における最重要課題の1つである.

具体的な中性子星の密度構造は, アインシュタイン方程式 (1.1) と物質に対する基本方程式 (1.6) を連立して解くことにより得られる. 平衡状態を求めたいので, 系が時間変化しないことは仮定してよい. さらに, ここでは簡単のため, 中性子星は回転しておらず, 球対称形状を持つことを仮定しよう. すると時空計量は, 時間座標 t と球座標 (r, θ, φ) を用いて, 以下のように書くことができる:

$$ds^2 = -e^{2\Phi}c^2 dt^2 + \left(1 - \frac{2Gm}{c^2 r}\right)^{-1} dr^2 + r^2(d\theta^2 + \sin^2\theta d\varphi^2). \quad (1.7)$$

ここで, Φ と m は r のみの関数である.

次に完全流体を仮定して, $T_{\mu\nu}$ を以下のようにおく:

$$T_{\mu\nu} = (\rho c^2 + \rho\varepsilon + P)u_\mu u_\nu + P g_{\mu\nu}. \quad (1.8)$$

$\rho, \varepsilon, P, u^\mu$ は, それぞれ, 静止質量密度, 単位質量当りの内部エネルギー, 圧力, 流体の 4 元速度を表す. なお, 本書では文献 [4] にならい, $u^\mu u_\mu = -1$ を満たすように u^μ を定義した (つまり固有時間 τ に対して $u^\mu = (dx^\mu/d\tau)/c$ と定義). また, 計量 (1.7) の静的な時空では, $u^\mu = u^t \delta^\mu_t$, $u^t = e^{-\Phi}/c$ である.

このとき, (1.1) 式と (1.6) 式から, 以下の連立常微分方程式が得られる:

$$\frac{dm}{dr} = 4\pi r^2 \rho \left(1 + \frac{\varepsilon}{c^2}\right), \tag{1.9}$$

$$\frac{dP}{dr} = -\frac{Gm}{c^2 r^2}\left(\rho c^2 + \rho\varepsilon + P\right)\left(1 + \frac{4\pi P r^3}{mc^2}\right)\left(1 - \frac{2Gm}{c^2 r}\right)^{-1}. \tag{1.10}$$

この方程式系は一般相対論的な星の静水圧平衡を記述し, 特に (1.10) 式は, トールマン・オッペンハイマー・ボルコフ (Tolman–Oppenheimer–Volkoff) 方程式 (略して TOV 方程式) と呼ばれる.

(1.9) 式と (1.10) 式を解くには, さらに状態方程式, $P = P(\rho, \varepsilon)$, を与えなくてはならない. 通常考える中性子星は十分に温度が低いと仮定してよいので, さらに熱力学第一法則, $d\varepsilon = -Pd(\rho^{-1})$, を用いれば, 状態方程式から, $P = P(\rho)$ と $\varepsilon = \varepsilon(\rho)$ の関係式も得ることができる. これらを TOV 方程式に代入して解を求めれば, 仮定した状態方程式に対して, 中性子星の密度構造や半径を求めることができる. より具体的には, 与えられた中心密度に対して中性子星のモデルが 1 つ計算でき, 中心密度を変化させて一連の平衡形状を計算すれば, 与えられた状態方程式に対しての平衡形状系列が得られる.

図 1.4 に, いくつかの状態方程式モデルに対して得られた中性子星の平衡形状系列の例を示した. ここで重力質量 M は, 次の式で与えられる:

$$M = 4\pi \int_0^R \rho \left(1 + \frac{\varepsilon}{c^2}\right) r^2 dr. \tag{1.11}$$

R は星の半径である. 先に述べたように, 中性子星の中心付近の構成要素は全くわかっていない. そのため, 中性子星の状態方程式は正確にはわかっていないので, 複数の仮説に対して異なる状態方程式が存在する. ここでは, そのような状態方程式モデルのいくつかを採用し, 中性子星の平衡形状系列を求めている.

図 1.4 が示す, 中性子星の最も興味深い性質の 1 つは, 最大質量が存在することである. 一般相対論においては, その非線形性のため, 自己重力は物質の密度の上昇とともに非線形に強くなる. そのため, 半径 10 km 程度の天体の密度が原子核密度の約 10 倍を超えてしまうと, 安定な平衡状態が存在しなくなるが, この効果に付随して最大質量が存在する. 最大質量を超える大質量の天体は, ブラックホールに重力崩壊する. ただし, 最大質量の正確な値は中性子星の状態方程式に依存する. 状態方程式に不定性があるため, 最大質量も 2–2.5$M_\odot$ 程度としかわかっていない. なお最大質量の値は, 中性子星が自転していると大きくなるが, 一様回転

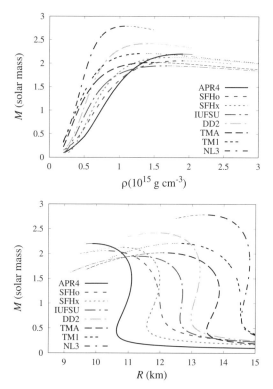

図 1.4 いくつかの状態方程式モデルに対する中性子星の平衡形状系列. 上図: 重力質量 M (縦軸) と中心の静止質量密度 ρ_c (横軸) の関係. 下図: M (縦軸) と半径 R (横軸) の関係. 質量は, $M_\odot$ 単位で表示. 質量に最大値が存在することに注目せよ. なお, この最大値に対応する密度よりも高密度側の系列 ($dM/d\rho_\mathrm{c} < 0$ の領域: 細線で表示) は不安定な中性子星を表すので, 現実には存在しえない.

を仮定すると, その増加分は最大で20%程度である.

これまでのところ, 観測で正確に決定された中性子星の質量のうち最大の値は約 $2.0M_\odot$ なので (1.3.5節参照), 最大質量がこれ以上であることは確実だが, 依然として約 $0.5M_\odot$ の不定性が残っている. この不定性が縮まれば, 中性子星の状態方程式がより強く制限される. したがって, 最大質量を決定することが中性子星の状態方程式を解明する上で重要な意味を持つ.

図1.4が示すもう1つの特徴は, 与えられた状態方程式に対して, 中性子星の半径が質量に強く依存しない点である. この性質は, 中性子星の典型的質量とされる 1.2–$1.6M_\odot$ に対して特に成り立つ. したがって, 中性子星の半径を測定できれ

ば，状態方程式が強く制限される．そのため，中性子星の半径 (または半径同様に状態方程式に依存する量: 1.3.3 節参照) を決定することが，宇宙物理学における重要な課題になる．例えば，中性子星からの X 線放射を解析することで半径を測定する試みは長期にわたって行われている．今後も X 線望遠鏡 NICER などによる観測が進み，中性子星の半径に強い制限が課される可能性がある．また，重力波望遠鏡を用いて中性子星連星の合体が精度良く観測されるようになれば，この問題の解決につながる可能性がある．この可能性および GW170817 の観測から得られた結果については，5 章で取り上げる．

1.3.3　中性子星の潮汐変形率

　状態方程式を決定するための有力な手段の 1 つとして，合体直前の中性子星連星から放射される重力波を観測する方法がある (5.2 節参照)．具体的には，中性子星の潮汐変形率 (tidal deformability) と呼ばれる量を測定する方法である．この量は，中性子星の半径と同様に，状態方程式を決定するための貴重な情報になる．合体直前の中性子星連星からの重力波の波形は，2 体間に働く一般相対論的重力のみで決まる．そのため，複雑な相互作用の末に放射される電磁波の観測によって半径を測定する方法に比べると，観測データの解析で混入する系統誤差が圧倒的に小さくなる．将来，重力波が十分な感度で観測されれば，潮汐変形率は理論的な不定性がほとんどない状態で決定できるはずである．そこで本小節では，潮汐変形率について触れる．

　連星軌道にある天体 A と B を想定し，B から A に働く重力の効果について考える．B に近い側では B からの重力がより強く働き，遠い側では重力がより弱く働く結果，潮汐力が生じる．すると，A は B に向かう方向に沿って引き伸ばされる (A が B に及ぼす効果も同様である)．潮汐力が極端に大きくなければ，A は B による潮汐力に比例して変形し，その度合いは A の個性，中性子星であれば質量や状態方程式，に依存する．この比例関係を特徴付けるパラメータが潮汐変形率である．以下では，最低次の潮汐効果であり，重力波波形に対して主要な影響を与える 4 重極変形に話を絞る．また，簡単のため，ニュートン重力を考える (一般相対論の場合も，定性的には同様の効果が現れる)．

　天体 B が作り出す重力ポテンシャル ϕ^b によって，A に対する潮汐力が生じる場合を考える．ϕ^b の 4 重極成分は以下のように書ける:

$$\mathcal{E}_{ij}^b := \frac{\partial^2 \phi^b}{\partial x^i \partial x^j}. \tag{1.12}$$

そして、A に働く潮汐力は $-\mathcal{E}_{ij}^b x^j$ で与えられる。なおここでは、座標系として $x^i = (x, y, z)$ を採用した。すると、B から加わる潮汐力に反応して、A にはトレースがゼロの 4 重極モーメント I_{ij}^a が誘起される [I_{ij} の定義については、(2.31) 式参照]。

さて、潮汐力が極端には大きくないとしよう。すると、$\mathcal{E}_{ij}^b$ に対する線形応答として I_{ij}^a が生じると考えてよいので、以下の関係式が成り立つ:

$$I_{ij}^a = -\lambda_a \mathcal{E}_{ij}^b. \tag{1.13}$$

ここで λ_a が、天体 A の潮汐変形率を表す。潮汐変形率の大きさは、星 A の構造を反映した無次元量である潮汐ラブ (Love) 数 k_a と半径 R_a によって、以下のように通常書かれる:

$$\lambda_a = \frac{2}{3G} k_a R_a^5. \tag{1.14}$$

潮汐ラブ数は、潮汐場の影響下にある星の構造を記述する式を解くことで得られる。ニュートン重力の枠組みでの計算方法は広く知られているので、以下では中性子星にも適用できるように、一般相対論の枠組みでの計算方法を示す。なお、潮汐力が存在しなければ、中性子星は球対称かつ静的であることを想定する。

まず、TOV 方程式 (1.10) にしたがって中性子星の構造を決定する。次に、それをゼロ次の解として、潮汐場による線形摂動を考える。すると、g_{rr} を rr 成分のゼロ次計量とし ($g_{rr} = [1 - 2Gm(r)/(c^2 r)]^{-1}$)、また $e_E := \rho(c^2 + \varepsilon)$ とおくと、潮汐変形を記述する方程式が以下のように得られる:

$$\frac{dY}{dr} + \frac{Y^2}{r} + g_{rr} Y \left[\frac{1}{r} + \frac{4\pi Gr(P - e_E)}{c^4} \right] + rQ(r) = 0. \tag{1.15}$$

ここで Y は計量の線形摂動から定義される量であり、また $Q(r)$ は、音速 $c_s := [dP/de_E]^{1/2}$ と dP/dr を用いて以下のように書ける:

$$Q(r) = -\frac{6 g_{rr}}{r^2} + \frac{4\pi G g_{rr}}{c^4} \left(5 e_E + 9P + \frac{e_E + P}{c_s^2/c^2} \right) - \left(\frac{2}{e_E + P} \frac{dP}{dr} \right)^2.$$

(1.15) 式は、原点での境界条件 (正則性条件: $Y(0) = 2$) を与えて星の表面まで積分すれば、解が求まる ($r = 0$ で $g_{rr} = 1$ に注意)。そして、星表面での Y の値を Y_R と書き、星のコンパクトネス (コンパクトさを表す無次元量) を $C := GM_a/(c^2 R_a)$

1.3 中性子星

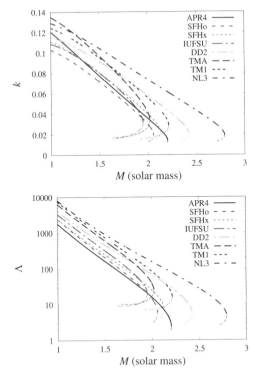

図 1.5 中性子星の重力質量 (横軸) と潮汐パラメータ (縦軸) の関係をいくつかの状態方程式に対して示した図. 細線部分は不安定な中性子星に対応する. 安定に存在するのは, 実線部分の中性子星のみである. 上図には, 潮汐ラブ数 k が示され, 中性子星の典型的な質量である $1.2\text{--}1.5 M_\odot$ に対しては 0.1 前後の値を取ることがわかる. 下図には無次元の潮汐変形率 Λ が示され, 典型的な質量では 200–2,000 の値を取ることがわかる (ただし GW170817 の観測により, $1.4 M_\odot$ の中性子星に対して 800 を大きく超えるような Λ は棄却された). どちらの量も質量が増えると値が小さくなるが, 潮汐ラブ数の変化は緩やかである一方, 潮汐変形率には桁を超える変化が見られる (縦軸が対数になっていることに注意).

で表す (M_a は天体 A の質量). すると, k_a は以下の代数的関係式から得られる (以下では簡単のため添字 a を省く):

$$k = \frac{8}{5}C^5(1-2C)^2\Big[2-Y_R+2C(Y_R-1)\Big]$$
$$\times\bigg\{6C(2-Y_R)+6C^2(5Y_R-8)+4C^3(13-11Y_R)$$
$$+4C^4(3Y_R-2)+8C^5(1+Y_R)$$

$$+ 3(1-2C)^2 \Big[2 - Y_R + 2C(Y_R - 1)\Big] \ln(1-2C) \Big\}^{-1}. \quad (1.16)$$

k が得られれば, 潮汐変形率は (1.14) 式から直ちに求まる.

中性子星連星に対する重力波観測では, λ の代わりに, 星の重力質量 M を用いて潮汐変形率 λ を無次元化した量

$$\Lambda := G\lambda \left(\frac{c^2}{GM}\right)^5 = \frac{2}{3}kC^{-5} \quad (1.17)$$

が採用されることが多く, これも潮汐変形率と呼ばれる. 連星の公転運動に対する影響を通して, 重力波波形に直接的に影響を及ぼすのは, この Λ である. 図 1.5 に, いくつかの状態方程式に対する潮汐ラブ数 k および無次元化された潮汐変形率 Λ を示した. なお, ブラックホールの場合, これらの量はゼロである.

2017 年 8 月に発見された連星中性子星からの重力波 GW170817 の解析から, Λ に対して初めて上限が与えられ, 質量が $1.4M_\odot$ 程度の中性子星に対して $\Lambda \leq 800$ が得られた. これについては 5 章で改めて取り上げる.

1.3.4 パルサーとしての中性子星

中性子星が剛体であると仮定し, 一様角速度で自転している場合を考える. 自転していると遠心力が働くが, 中性子星が平衡状態を保つには, 遠心力が中性子星の自己重力を超えてはならないので, 自転角速度に上限が与えられる. その結果, 自転周期 $P_{\rm rot}$ に下限が与えられる. 具体的には, 中性子星の赤道表面での自転速度が, ケプラー速度以下でなくてはならないが, 中性子星の重力質量を M, 赤道面半径を R とすれば, その条件は以下のように書ける:

$$P_{\rm rot} \geq 2\pi \sqrt{\frac{R^3}{GM}} = 0.46 \left(\frac{R}{10\,{\rm km}}\right)^{3/2} \left(\frac{M}{1.4M_\odot}\right)^{-1/2} {\rm ms}. \quad (1.18)$$

したがって, 最も高速で回転している場合には, 周期は約 0.5 ミリ秒 (ms) で, 表面での回転速度は光速度の約 40% になる.

(1.18) 式からわかるように, 天体の最小周期は, 半径の 3/2 乗に比例して長くなる. したがって, 恒星や白色矮星のように半径のより大きな天体の最小周期は, 中性子星よりもはるかに長い. 例えば, 白色矮星ならせいぜい 1 秒程度, 太陽のような恒星ならば 3 時間程度である (実際の太陽の自転周期は約 26 日である). このように中性子星はその強重力ゆえ, 他の天体ではありえないほど高速で自転し

うる.またコンパクトな天体なので,外部からの重力的影響を受けにくい.近接連星系に存在したり,あるいは自身が変形しない限りは,自転は安定に続く.それゆえ,およそ1秒以下の短周期で規則正しく自転している天体を見つけることができれば,我々はそれを中性子星と判断してよい.

中性子星の最初の発見は,1967年,イギリスの電波天文学者ベル (J. Bell) とヒューイッシュ (A. Hewish, 1974年ノーベル物理学賞受賞者) によってなされた.彼女たちはもともと,別の電波天体の観測を行っていたのだが,偶然,約 1.3 秒周期で規則正しくパルスを放射する電波源 (PSR B1919+21, または J1921+2153)[*2] を発見した.短周期で規則正しく電波を放射するので,この類の天体はパルサーと呼ばれるようになった.地球上で規則正しく電波を受信できるのは,中性子星が自転していて,自転の周期ごとに地球方向に,あたかも灯台のように電波を放射しているからだと考えられている (図 1.6 参照).

2018 年初頭の段階で,パルサーは 2,800 個程度発見されている.多くは電波望遠鏡で発見されたものだが,X 線やガンマ線望遠鏡で発見されたものも存在する.多くは 0.1 秒から数秒の範囲の自転周期を持つが,短周期のもの,あるいは 10 秒程度の長周期のものもある (図 1.8 参照).短周期のものの 1 種族は,超新星後に誕生して間もない (1,000–10 万年程度) 中性子星である.この種の代表がかに星雲内のパルサーで,これは誕生から 960 年程度しか経っていない姿を見せている (図 1.7 参照).このような若いパルサーのいくつかは,数十ミリ秒の自転周期を持つ.したがって,誕生直後のパルサーのある割合は高速回転していると考えられる.自転角速度は,一般的には時間とともに減少する.それは,パルスを放射することからわかるように,エネルギーや角運動量を,電磁波放射やパルサー風と呼ばれるプラズマ流によって失うからである.減速していくと電磁波放射で失うエネルギーも次第に小さくなる.周期がある限界以上に長くなると,放射強度は急激に下がり,最終的に観測できなくなると考えられている.

1.3.5 節に述べるように,自転周期が 10 ミリ秒未満のパルサーも多数見つかっ

[*2] 各々のパルサーは,2 つの 4 桁の数字の組で分類される.これらの数字は,地球を基準にして測った天球面上での座標 (赤経と赤緯) を表し,始めの数字が赤経を,2 番目の数字が赤緯を示す.赤緯はかつては 2 桁の数字で表されていたが,パルサーの観測数が増えたため最近は 4 桁になった.PSR B1919+21 であれば,赤経 19 時 19 分,赤緯 21 度に位置する.また,PSR の後ろに J がつけば,それは 2000 年に定義された座標を基準にした位置を,B がつけば 1950 年に定義された座標での位置を表している.地球の歳差運動の関係で,両者は微妙に異なる.

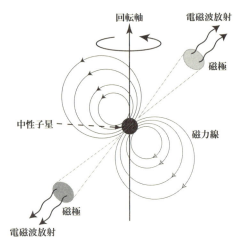

図 1.6 パルサー (中性子星) の放射領域の模式図. 磁極近傍から電波や X 線が放射されていると推測されている. 回転軸と磁軸が一般的には一致しないため, 磁極からの放射が周期的に観測者の方向に向くためパルサーになると考えられている.

図 1.7 かに星雲の超新星残骸. この中心付近に 33 ミリ秒周期で自転する中性子星が存在する. ESO より (http://antwrp.gsfc.nasa.gov/apod/ap030914.html).

ており, ミリ秒パルサーと呼ばれる. これらは, 連星系に存在した中性子星に伴星から質量流入が起き, その結果自転速度が上がり形成された, と考えられている. 一度自転角運動量を失ったはずの年老いたパルサーが, 質量降着によって改めて高速回転するようになったことから, リサイクルパルサーとも呼ばれる. 1.4 節で

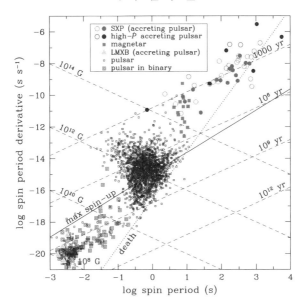

図 1.8 中性子星の磁場と自転角速度分布. 横軸が自転周期 $P_{\rm rot}({\rm s})$ で縦軸は自転周期の時間変化率 $\dot{P}_{\rm rot}({\rm s\,s^{-1}})$ を表すが, パルサーの電磁波放射理論を用いると磁場強度がおよそ $3.3 \times 10^{19}(P_{\rm rot}\dot{P}_{\rm rot})^{1/2}$ G と推測できる (右下がりの破線が磁場強度一定のラインを表す). また年齢 (右上がりの破線) は, $P_{\rm rot}/\dot{P}_{\rm rot}$ から推定される. W. C. G. Ho et al., Monthly Notices of the Royal Astronomical Society **437**, 3664 (2014) より転載.

紹介する連星中性子星も, 片方の中性子星は自転速度が速い傾向にあるが, これもリサイクルのせいではないかと推測されている.

パルス放射で自転と並んで必須の物理量が磁場である. 中性子星の表面磁場強度は, 標準的には 10^{11}–10^{13} G (ガウス) である (図 1.8 参照). 太陽表面の最大磁場強度である数千 G に比べると, はるかに高強度である. このように, 磁場が強いのも中性子星が持つ特徴である. なお, 中性子星の典型的な磁場強度が 10^{11}–10^{13} G という比較的絞られた範囲にある理由はわかっていない.

自転同様, 中性子星の磁場強度にも多様性がある. いわゆるリサイクルパルサーの磁場強度は, 標準的な中性子星に比べるとはるかに弱く, 10^{8}–10^{9} G 程度である. これはリサイクルの過程で磁場の散逸が起きた証拠, とされている.

一方, 磁場強度が 10^{14} G を超えるような中性子星も見つかっている (図 1.8 参照). この種の中性子星の多くは, マグネターと呼ばれる. ここでマグネターとは,

パルサーとして放射するエネルギー以上に (つまり中性子星の自転エネルギーの散逸率以上で), X線で大量のエネルギーを放射している中性子星を指す. その放射機構は完全には理解されていないが, 磁場の散逸がエネルギー源ではないかと推測されている. マグネターの特徴の1つは自転周期が長いことで, 典型的には5秒を超える. 磁場が強いため, 効率的な電磁波放射が過去に起きた結果, 自転角運動量が速やかに失われたものと推測される.

これまでの観測では, マグネター形成の直接的な証拠が得られたことがなく, なぜこのような強磁場中性子星が誕生したのか, 解明できていない. 大質量星の重力崩壊によって中性子星が誕生するときに特異なことが起きたのではないかと想像されるが, 何が特異なのか理解することは今後の課題である.

1.3.5　中性子星と白色矮星の連星：$2M_\odot$ の中性子星の発見

短い自転周期を持つ中性子星の多くは, 恒星あるいは白色矮星との連星系に存在した経験を持つ, と推測される. 恒星は, 太陽のように単独星として存在するよりも, 連星系に存在する場合が多いので, 中性子星が恒星や白色矮星と連星であることは珍しくない. 恒星や白色矮星が近接軌道にある伴星として存在すると, 中性子星の潮汐力によってその外層が剥ぎ取られ, 中性子星に向かって流れ込む. ただし角運動量を持つため, 外層から流れ込む物質は即座に中性子星に落ちることはなく, 周りに降着円盤と呼ばれる, 円盤上に分布する物質の集まりを形成させる (図 1.9 参照). 降着円盤の質量は中性子星に比べれば無視できるので, 円盤内の物質は, 中性子星の重力下でケプラー速度の円運動をしていると考えられる. ケプラー速度は軌道半径を r, 中性子星の重力質量を M とすれば $(GM/r)^{1/2}$ なので, 内側に行くほど大きい. そのため, 隣り合う軌道にある物質間に粘性が働き, 自身の角運動量をより外側に存在する物質に受け渡す. ここで, 単位質量当りの角運動量は $(GMr)^{1/2}$ と書け, 外側に行くほど大きい. したがって, 内側に存在する物質は角運動量を外側に受け渡す結果, 次第に軌道半径を縮め, 最終的には中性子星に落下する. この結果, 中性子星の質量と角運動量が増すが, 一般的には自転角速度も増す. これが, ミリ秒パルサーのように高速で回転する中性子星を形成させる機構と考えられている.

中性子星と白色矮星の連星は, 1.4節で述べる連星中性子星と並んで, 中性子星の典型的な質量を決定するための貴重な実験室である. 質量決定法の概略につい

1.3 中性子星

図 1.9 中性子星やブラックホール周りに誕生する降着円盤のイメージ図. 伴星 (右側の絵) からの質量降着によって生じる. 中性子星やブラックホールから, 高速の物質が絞られた形状で, 降着円盤の垂直方向にジェットとして吹き出すこともある. NASA/CXC/M. Weiss より (https://apod.nasa.gov/apod/ap131120.html).

ては, 文献 [1] で詳述したことがあるので, ここではごく簡単に説明する.

すでに述べたように, 中性子星は極めて規則的に電磁波パルスを放射する. 放射するのが単独で存在する中性子星であれば, 我々が受信するパルスも (受信する側の運動の効果などを除去すれば) 非常に規則的である. しかし, 中性子星が連星に存在すると, その公転運動の効果が受信する側に反映される. 具体的には, 中性子星の運動によるドップラー効果, 伴星が存在することによる重力赤方偏移効果, 近星点 (2 つの星が最も近づくときの中性子星の座標) の変化, 伴星の近くをパルスが通過するときに生じる時間の遅れ (シャピロタイムディレイ), 重力波放射による公転周期の変化などが現れる. ここでドップラー効果以外は全て, 一般相対論的な重力に起因する効果である.

この中では, ドップラー効果が最も大きく, 観測しやすい. この効果のせいで, 我々がパルスを受信する周期は公転周期に伴い規則正しく変化するが, この周期的変化の様相を解析すれば, 公転軌道の周期 P_{orb}, 離心率 e, パルサーの視線方向の (重心系で見た) 速度 V_1 が決定できる. しかしこれだけでは, パルサーの質量 m_1 が決まらない. 決まるのは, 2 つの星の質量 (m_1, m_2) と軌道傾斜角 (我々の視線方向と公転軌道の回転軸のなす角度), i, からなる質量関数と呼ばれる以下の量

だけである:
$$f_m = \frac{(m_2 \sin i)^3}{(m_1 + m_2)^2}. \tag{1.19}$$

よって，中性子星の質量を決めるにはさらなる情報が最低2つは必要になるのだが，それには以下の3つの方法が活用されてきた．

(i) 連星が楕円軌道を描いていて，その近星点の変化率を測ることができれば，連星の合計質量が決定できる (例えば文献 [1, 6] 参照)．近星点の変化率が測れるような近接連星に対しては，伴星による重力赤方偏移効果も測定できる．その結果，連星の個々の質量と軌道傾斜角が決まる．この方法は，軌道周期が短く (約半日以下)，軌道速度が比較的大きい連星中性子星に対してしばしば利用される．

(ii) 連星の公転軌道面が偶然にも，我々の視線方向とほぼ平行 ($i \approx 90$ 度) で，しかも中性子星からのパルスが我々の方向に放射される場合，パルスが伴星近傍を通り我々まで達するので，シャピロタイムディレイが測定できる．すると，伴星の質量 m_2 に強い制限を課すことができる．その結果，(1.19) 式から中性子星の質量が推定できる．

(iii) 連星系が比較的近傍にあり，伴星が光学観測できる場合，そのドップラー効果を測定できれば，伴星の (重心系で見た) 軌道速度の視線方向成分 V_2 が決定できる．さらに，伴星表面の温度や重力加速度が測定できれば，理論モデルを用いて，伴星の質量 m_2 に強い制限を課すことができる．連星系全体の運動量は重心系で見た場合にゼロなので $m_1 V_1 = m_2 V_2$ が成り立つ．よって，中性子星の質量が決まる．

(ii) や (iii) の方法を用いるには，軌道面が特定の方向を向いている，伴星が詳しく観測できる，などの恵まれた条件が必要だが，2010年代前半に2つの注目すべき観測結果が発表された．まず2010年には，デモレスト (P. B. Demorest) らによって，PSR J1614-2230 に対する観測結果が発表された [P. B. Demorest et al., Nature **467**, 1081 (2010)]．これは白色矮星との連星系にある中性子星であるが，これに対しては (ii) の方法を用いて，中性子星と白色矮星の質量がそれぞれ，$1.97 \pm 0.04 M_\odot$ と $0.500 \pm 0.006 M_\odot$ と決定された (後に $1.908 \pm 0.016 M_\odot$ と $0.493 \pm 0.003 M_\odot$ に修正)．この系が非常に恵まれていたのは，軌道面と視線方向がほぼ一致していて (軌道傾斜角が $i \approx 89.2$ 度)，しかも電波パルスが地球方向に放射されていた点である．その結果，シャピロタイムディレイが正確に測られ，中

性子星の質量を決定することができた.

2013年になると, さらに, PSR J0348+0432 に対する観測結果が発表された [J. Antoniadis et al., Science **340**, 448 (2013)]. この中性子星も白色矮星との連星系に存在するが, これに対しては (iii) の方法を用いて, 中性子星と白色矮星の質量がそれぞれ, $2.01 \pm 0.04 M_\odot$ と $0.172 \pm 0.003 M_\odot$ と決定された.

これらの観測結果のおかげで, 中性子星の最大質量は $2M_\odot$ 以上であることが判明した. その結果, $2M_\odot$ の中性子星を説明できない状態方程式が棄却された. しかし, $2M_\odot$ の中性子星を許容する状態方程式は多数存在する. 今後, より重い中性子星が観測され, さらに厳しい制限が課されることを期待したい.

1.4 連星中性子星

1.4.1 その観測的証拠

2つの中性子星からなる連星は, 連星中性子星と呼ばれる. 1.3.1 節で触れたように, 中性子星は初期質量が約 $10M_\odot$ 以上の重い恒星の進化の結果, 形成される. したがって, 連星中性子星の多くは, 重い恒星同士の連星進化を経て誕生すると推測されている. 連星中性子星は, 球状星団 [*3)] のような高密度の星団の中で, 星同士の重力的多体散乱を経て形成される可能性もあるが, 形成頻度は連星進化経路の場合に比べて低いと見積られている.

連星中性子星は, 電波望遠鏡を用いた観測によって, 我々の銀河系内で, これまでに候補も含めて 10 以上発見されている. その中でも, 公転軌道周期が短いため, 一般相対論的効果を電波観測から正確に抽出できるものを表 1.1 にまとめた. どの程度一般相対論的なのか簡単に述べておこう. 例えば, PSR B1913+16 の場合, 太陽半径の数倍程度の領域に, 合計で太陽の約 2.8 倍の質量が詰め込まれ, 最速で光速度の 0.1% 程度の速度で公転運動している. これは, 太陽系で最速運動している水星の平均公転速度, $47\,\mathrm{km\,s^{-1}}$, の数倍の速度である.

1.3.5 節で説明したように, 連星パルサーの一般相対論的効果などが抽出できれば, 個々の中性子星の質量を決定することができる. 表 1.1 にある連星中性子星に対してはいずれも, 1.3.5 節の (i) の方法を用いて質量が決定された.

[*3)] 球状星団とは, 半径が数 pc 程度, 質量が 10^5–$10^6 M_\odot$ の古い星が集まった星団である.

表 1.1 銀河系内に存在する連星中性子星.

PSR	$P_{\rm orb}$(日)	e	$m\,(M_\odot)$	$m_1\,(M_\odot)$	$m_2\,(M_\odot)$	$\tau_{\rm gw}$(億年)
B1913+16	0.323	0.617	2.828	1.438 ± 0.001	1.390 ± 0.001	3.0
B1534+12	0.421	0.274	2.678	1.333 ± 0.001	1.345 ± 0.00	27
B2127+11C	0.335	0.681	2.71	1.36 ± 0.01	1.35 ± 0.01	2.2
J0737-3039A	0.102	0.088	2.587	1.338 ± 0.001	1.249 ± 0.001	0.86
J1756-2251	0.320	0.181	2.570	1.341 ± 0.007	1.230 ± 0.007	17
J1906+0746	0.166	0.085	2.61	1.29 ± 0.01	1.32 ± 0.01	3.1
J1913+1102	0.206	0.090	2.875 ± 0.014	≈ 1.65	≈ 1.24	≈ 5
J1757-1854	0.184	0.606	2.733	1.338 ± 0.001	1.395 ± 0.001	0.77
J1946+2052	0.078	0.064	2.50 ± 0.04	$\gtrsim 1.2$	$\lesssim 1.3$	0.46

これまでに我々の銀河系内で発見された, 宇宙年齢 (約 138 億年) 以内に合体する連星中性子星の公転軌道周期 $P_{\rm orb}$, 楕円軌道の離心率 e, 合計の質量 m, パルサーの質量 m_1, 伴中性子星の質量 m_2, 重力波放射によって現在から合体に至るまでの時間 $\tau_{\rm gw}$. 発見された順に記載. PSR B1913+16 は, 1974 年にハルスとテイラーによって最初に発見された. ごく最近新たに発見されたものに対しては, パラメータの決定精度が今のところ高くないことがある. なお, 軌道長半径 a は次式で見積ることができる: $a \approx 1.8 \times 10^{11}(P_{\rm orb}/0.3\,\text{日})^{2/3}(M/2.7M_\odot)^{1/3}$ cm.

2 章で述べるように, 連星中性子星からは重力波が放射される. その結果, 連星中性子星の公転軌道に反作用が現れる. 具体的には, エネルギーと角運動量が持ち去られ, 軌道半径が縮み, 公転軌道周期が短くなる. 軌道半径が小さく, 軌道速度が大きい連星中性子星は, 重力波放射量が大きいため, その反作用による公転軌道の変化が観測可能である. つまり, 重力波放射の効果が, 間接的にではあるが検証できる. 最初に発見された連星中性子星 (PSR B1913+16) に対しては, 40 年間以上におよぶ観測が行われている. その結果, 公転軌道周期の短縮が精度良く測られ, 一般相対論による予言と詳細な比較がなされている. 現段階における, 一般相対論の予言と観測結果のずれは, わずか 0.16% 以内である. 重力波の存在は, この系の観測によって初めて証明されたのだが, この連星中性子星を発見したテイラー (J. H. Taylor) とハルス (R. A. Hulse) には, その業績により 1993 年にノーベル物理学賞が授けられた.

2003 年に発見された PSR J0737-3039A は, B1913+16 よりも公転軌道周期が短いため, 一般相対論的効果がより顕著に現れる. しかも, 2008 年までは, 両方の中性子星がパルサーとして観測できたため, 軌道パラメータが非常に正確に測定できた. したがって, 重力波放射効果の解析を通じて一般相対論の検証実験を行うには, より適した系である. この系の長時間観測により, 重力波放射に関する一般相対論の予言は, 観測結果と 0.01% 以内の精度で一致することが確認されてい

1.4 連星中性子星

る．これは，一般相対論や重力波の放射理論が極めて正確な予言力を持つことを証明しており，重力波天文学を推進するための強力な基盤を構築している．

表 1.1 にある連星中性子星は，いずれも軌道半径を縮め続けており，やがて合体する．この表の $\tau_{\rm gw}$ は，今から何億年後に合体するかについての推定値である．つまり，9 つの連星中性子星は全て，数千万年から数十億年以内に合体すると予想される．宇宙の現在の年齢は約 138 億年と推定されているので，それに比べれば十分に短い時間内に，これらの連星中性子星は合体する．この事実は，連星中性子星の合体が，宇宙の歴史においてはありふれた現象であることを意味している．連星中性子星のこの観測事実を素直に解釈すれば，我々の銀河系の歴史の中で，合体が何度も起きてきたことになる．

これまでに発見された連星中性子星の数は 10 のオーダーだが，現存する数ははるかに多いはずである．なぜならば，電波望遠鏡の受信性能には限界があるため，我々の銀河系中の連星中性子星を観測し尽くすのはとても無理だし，またパルサーは特殊な方向にしか電磁波を放射しないので，観測できないものが多数あるとするのが自然だからである．どのくらいの数の連星中性子星が現存し，どれくらいの頻度で合体しているのかについての試算は，連星中性子星に対するこれまでの観測事実を利用して統計的になされている．最新の研究結果によると，不定性は大きいものの，我々の銀河系内では 1 万年から 10 万年に 1 回程度の割合で，合体が起きていると推定されている．

合体頻度は，我々の銀河系内に限定すれば低いが，宇宙全体を考慮すれば決して低くない．我々の銀河系と同程度の質量を持つ銀河の宇宙における個数密度は，およそ 0.01 Mpc^{-3} なので，我々から 100 Mpc 以内の距離に存在する総数は約 4 万個と見積もられる．1 つの銀河内の合体率が 1 万年に 1 回と仮定すれば，これだけの数の銀河を全て考慮すれば，1 年に数回程度は合体が起きると推測される．よって，100 Mpc の距離にある連星中性子星からの重力波を検出できる重力波望遠鏡が存在すれば，重力波の高頻度観測が可能になるわけだが，3 章で紹介するように，そのような望遠鏡が今まさに運用されている．今後は，重力波望遠鏡による連星中性子星合体の観測が進み，宇宙における合体頻度が明らかになるだろう．

合体直前の連星中性子星は，非常に一般相対論的な天体である．合体直前の連星間距離は中性子星の半径の 3 倍程度，つまり，およそ 30–40 km である．円軌道にあるとして，公転軌道速度を見積ると，以下のようになる：

$$v = \sqrt{\frac{Gm}{r}} = 1.1 \times 10^5 \left(\frac{m}{2.8 M_\odot}\right)^{1/2} \left(\frac{r}{30\,\mathrm{km}}\right)^{-1/2} \mathrm{km\,s^{-1}}. \quad (1.20)$$

ここで，m は連星の合計の質量を，r は軌道半径を表す．軌道速度が光速度の約 40%にもなるので，近接連星からは重力波が大量に放射される (2 章参照)．また先に述べたように，宇宙全体で見れば合体頻度は低くない．そのため，合体直前の連星中性子星が，現在稼働中の重力波望遠鏡に対する有望な重力波源の 1 つになる．合体過程や放射される重力波の詳細については，5 章で詳しく論じる．

1.4.2 連星中性子星の形成理論

すでに述べたように，これまでに発見された中性子星の数は 2,800 以上である．一方，これまでに発見された連星中性子星の数は，その候補を含めても，中性子星の発見数に比べて 2 桁程度少ない．中性子星とブラックホールの連星に至っては観測例がない．恒星の多くは連星系で生まれることが観測的に知られているので，大質量星の連星から連星中性子星やブラックホール・中性子星連星が誕生するのは稀だということが示唆される．そこで本節では，連星中性子星の典型的な形成シナリオを紹介し，連星中性子星を形成させるのが容易ではないことを説明する．

連星中性子星を形成させるには，大質量星の連星が進化した後に，2 度の超新星爆発が起き，最終的に連星軌道にある 2 つの中性子星を誕生させる必要がある．しかし，これがすんなり進むほど連星における恒星の進化過程は単純ではない (図 1.10 参照)．第一に問題になるのは，連星が連星のまま保たれるか，という点である．恒星の進化理論によれば，主たる核融合反応が水素の核燃焼からヘリウムの核燃焼に変わる際に，星が大きく膨らみ巨星になる．仮に 2 恒星間の軌道距離が小さいと，巨星の外層に伴星が飲み込まれ，いわゆる共通外層が形成される．すると伴星は共通外層の物質からの抵抗を受けるため，軌道角運動量を少しずつ失い，巨星中心に接近していく．仮にこの効果が強すぎると，最終的に 2 つの恒星が合体し連星ではなくなってしまう．これを避けるには，初期の連星間距離が小さすぎてはならない．

しかし，以下で述べるように，連星間距離が大きすぎても問題が起きる．超新星爆発時に連星が解体しうるからである．超新星爆発では，物質が大量に放出され系の質量が大幅に減る．連星においては，互いに働く引力と公転運動による遠心力が釣り合うことによって公転運動が実現しているが，片方の星の質量が突然減少す

1.4 連星中性子星　　25

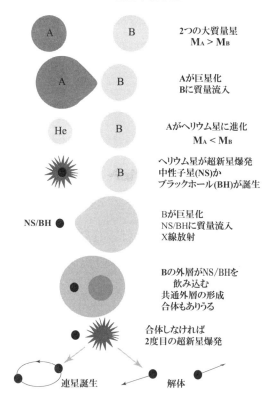

図 1.10 大質量連星の進化による連星中性子星 (およびブラックホール・中性子星連星) の典型的な形成シナリオ, および形成失敗過程. 黒丸の NS/BH は, 中性子星またはブラックホールを表す. 1 回目の超新星爆発時に誕生した中性子星 (またはブラックホール) が高速度で飛び出し, 連星が解体する可能性があるが, この図では解体しないことを想定している (本文参照).

ると引力が急激に弱まり, 束縛軌道を保つことが難しくなる. 理論計算によれば, 系全体の質量が元の半分以下になると, 高い確率で連星は解体する. 2 つの星が, 別々の方向に飛んで行ってしまうからである (図 1.10 の最後の絵の右側参照).

この過程は, 1 回目の超新星爆発時には重要ではないと考えられる. なぜならば, 爆発前に巨星化が起き, 質量放出過程が進み, 爆発時には太陽質量の数倍にまで質量が減少すると考えられるからである. その結果, 爆発する方の星 (図 1.10 の A) は, しない方 (B) よりも軽くなる. したがって, 系全体の質量が一瞬にして半分以下に減ることはない. しかし, 2 回目の超新星爆発時には事情が異なる. 1 回目の爆発で, 質量が約 $1.4M_\odot$ の中性子星が誕生したとしよう. これを伴星とし

て, もう片方の星 (進化した後なので質量が太陽の数倍) が爆発することになる. したがって, 解体する可能性が高くなる. 後述するように爆発が非等方性を伴って起き, 軌道運動とは関係のない方向に新たに誕生した中性子星が飛び出して, 運良くもう一方の中性子星の方向に向かえば, 連星が保たれるかもしれない. 事実, 表 1.1 の連星中性子星の半分以上は高い離心率を持っており, 2 回目の爆発で中性子星が高速で飛び出したが, うまい具合に連星を維持した可能性を示唆している. しかし, 偶然が必要であり, 連星が保たれる確率は高いとは言えない.

超新星爆発の質量放出過程における非等方性が, 第二の問題になる. 非等方性が大きいとその反作用で, 誕生した中性子星 (あるいはブラックホール) が巨大な並進速度を持ってしまうからである. 観測的には, パルサーの平均並進速度は数百 $\mathrm{km\,s^{-1}}$ と報告されている. したがって, 実際に, 超新星爆発は高い非等方性を伴って起きることが示唆されている. 仮に, 新たに誕生した中性子星が, 数百 $\mathrm{km\,s^{-1}}$ の並進速度を持てば, 特に 1 回目の超新星爆発時において連星は高い確率で解体してしまう. なぜならば, その時点での連星の軌道半径は, 大質量星の半径ほどに大きいため, 重力的な束縛が弱いからである. このように, 1 回目, 2 回目の両方の超新星爆発時に, 解体の危機が訪れるのである.

解体頻度を下げるには, (i) 1 回目の超新星爆発が起きる時に, 誕生した中性子星 (またはブラックホール) が大きな並進速度を獲得しないこと, および (ii-a) 2 回目の超新星爆発が起きる前の共通外層形成時に, 連星が軌道間距離を十分に縮め 2 体間の重力的束縛エネルギーを十分に高めておくか, あるいは (ii-b) 2 回目の爆発前に, 恒星が星風などで十分に質量を失うか, が必要になる. しかし, (i) に関しては, ありふれた超新星爆発を考えると, 誕生する中性子星の並進速度は大きくなりそうであり, 特殊な超新星爆発が必要と推測される. したがって, 解体しない確率は高くなさそうである. また, (ii-a) の効果が効きすぎると, すでに述べたように, 爆発前に 2 つの星が合体してしまい, 連星にはならない. したがって, 初期の連星間距離に微妙なさじ加減が要求される. (ii-b) については, 都合良く質量を失う過程が明確ではない. ただし, 表 1.1 の 9 つのうち, 4 つの連星中性子星は低い離心率 ($e < 0.1$) を持っているので, 2 回目の爆発時に大きな速度で飛び出さなかったこと (つまり爆発で大量の質量放出が起きなかったこと) を示唆している.

このように, 大質量星の連星は複雑な進化過程を経ることが推測される. また, 連星の物理的状況次第で全く異なる物理過程が重要になることも観測結果からは

示唆される．連星中性子星やブラックホール・中性子星連星の形成頻度が，それほど高くはならないことは推測できるのだが，形成頻度を定量的に評価することは非常に難しい．

なお同様の事情は，連星ブラックホールを誕生させる際にも存在する．連星ブラックホール形成シナリオとその検討課題については，4.6 節で取り上げる．

1.5　ブラックホール

定常状態にある天体内部では，自己重力と圧力勾配 (場合によっては遠心力も寄与) が釣り合い，平衡状態が保たれている．しかし，天体の質量が非常に大きい場合，あるいは超高密度状態が何らかの過程で実現し，重力場が非常に強くなる場合には，いかなる抗力をもってしても自己重力を支え切れない状況が起きる．すると重力崩壊が起き，ブラックホールが誕生する．

ブラックホールとは，一般相対論的に言えば，そこから光すら脱出できない領域として定義される．具体的にはある空間的な 2 次元閉曲面が定義され，その内側からは一切，光が外に逃げられない場合，その内部時空のことを我々はブラックホールと呼ぶ．代表的なブラックホール解は，アインシュタイン方程式の真空解として解析的に書ける．以下では，この解析解と解の持つ意味についてまず触れ，次にこれまでに観測的に発見されてきたブラックホールについて解説する．

1.5.1　ブラックホール解

ブラックホールを表す真空解は，一般相対論の完成直後の 1916 年にシュバルツシルト (K. Schwarzschild) によって導出された．これは回転のないブラックホールを表し，その時空線素，$ds^2 = g_{\mu\nu}dx^\mu dx^\nu$，は，時間座標 t と球座標 (r, θ, φ) を用いると，ブラックホールの質量を M とし，次のように書ける：

$$ds^2 = -\left(1-\frac{2GM}{c^2 r}\right)c^2 dt^2 + \left(1-\frac{2GM}{c^2 r}\right)^{-1} dr^2 + r^2(d\theta^2 + \sin^2\theta d\varphi^2). \quad (1.21)$$

一般相対論において用いられる座標は単なるパラメータであり，一般的には物理的な意味を持たない．したがって，(1.21) 式で使われている t や r は，単なるパラメータと解釈される．しかしながら，この座標系では，$r =$ 一定の球面の面積は，$4\pi r^2$ になる．そのため，この座標における r は，よく知られた公式によって面積

を与える動径座標，という物理的に特別な意味付けができる．

　回転のあるより一般的な解は 1963 年にカー (R. P. Kerr) によって発見された．これはボイヤー・リンキスト (Boyer–Lindquist) 座標を用いると，次のように書ける：

$$ds^2 = -\left(1 - \frac{2GMr}{c^2\Sigma}\right)c^2 dt^2 - \frac{4GMar\sin^2\theta}{c^2\Sigma}dtd\varphi$$
$$+ \frac{\Sigma}{\Delta}dr^2 + \Sigma d\theta^2 + \frac{\Xi}{\Sigma}\sin^2\theta d\varphi^2. \tag{1.22}$$

ここで，M と Ma はブラックホールの質量と角運動量を表し，また

$$\Sigma := r^2 + \left(\frac{a}{c}\right)^2 \cos^2\theta, \qquad \Delta := r^2 - \frac{2GM}{c^2}r + \left(\frac{a}{c}\right)^2,$$
$$\Xi := \left[r^2 + \left(\frac{a}{c}\right)^2\right]\Sigma + \frac{2GM}{c^2}\left(\frac{a}{c}\right)^2 r\sin^2\theta \tag{1.23}$$

である．a は単位質量当りの角運動量の次元を持つが，この変数は，ブラックホールのスピンと呼ばれることが多い．

　この座標において，動径座標 r は，面積を直接与えるわけではないので，シュバルツシルト解における動径座標ほど物理的な意味が明確ではない．しかしながら，赤道面 ($\theta = \pi/2$) において，$r =$ 一定値で定義される円周は，$2\pi r$ になる．したがって，赤道面において円周を与える座標という意味付けができる．

　1960 年代に入るまで，ブラックホールあるいはその候補天体が発見されることがなかったため，これらの解はあまり注目されることがなかった．しかし，X 線天文学が隆盛した 1970 年代以降，ブラックホールの発見が相次ぐようになった．今後，重力波天文学の隆盛とともに，ブラックホールの発見はさらに続くと予想される．ブラックホールが，宇宙の重要な構成要素の 1 つで，ブラックホール研究が宇宙物理学・天文学の主要なテーマの 1 つであることはもはや疑いない．そのため，カー解を理解することは，宇宙物理学研究者にとって必須の教養になった．そこで以下では，カー解の基本的な性質について触れる．

1.5.2　ブラックホールの諸性質

　ブラックホールの性質として最初に挙げるべきは，ブラックホールは物質からなる星と異なり，極めて単純な天体だという点である．それは，ブラックホールの性質が，質量とスピンと電荷の 3 つのパラメータだけで完全に決まってしまうか

1.5 ブラックホール

らである．これは一般相対論の内包する性質で，定理として証明されている (イスラエル・カーターの唯一性定理と呼ばれる)．天体は普通，電気的に中性なので (荷電しても宇宙空間に存在するプラズマの流入によって即座に中性化してしまうので)，宇宙に一般的に存在するブラックホールは，実質的に質量とスピンの2つのパラメータしか持たない．

一般相対論の枠内で考える限り，ブラックホールの質量に上限や下限は原理的には存在しない．以下の小節で述べるように，事実，様々な質量のブラックホールが宇宙には存在する．一方，スピンの絶対値には上限がある．それは質量を M としたとき，GM/c である．つまり，$-1 \leq ca/GM \leq 1$ を満たさなくてはならない (スピンが負というのは，ブラックホールが反対向きに回っていることを表す)．なお，スピンが最大のブラックホール ($|a| = GM/c$ のブラックホール) のことを，我々は極限ブラックホールと呼ぶ．

1.5.1 節で見たように，質量が同じでも，スピンが異なれば時空の計量は異なる．質量のみで重力場が決まるニュートン重力の場合には現れない，一般相対論特有の性質である．スピンの値が大きい場合 ($|a|$ が GM/c に近い場合) には，ブラックホールの近傍でスピンによる影響が顕著に現れる．例えば，ブラックホール周りの赤道面上を円運動する質点を考えよう．スピンがなければ，質量で決まる引力が働く．スピンが存在し，その向きが質点の軌道運動と同じ ($a > 0$) であれば，スピンの効果のため引力が弱まる．それゆえ，スピンが存在しない場合よりも小さい速度で軌道が保たれる．一方，スピンが逆向き ($a < 0$) であれば引力が強まり，軌道を保つのにより大きな速度が必要になる．スピンベクトルと軌道角運動量ベクトルをそれぞれ $\boldsymbol{S}, \boldsymbol{L}$ とすれば，このスピンに依存する力は内積 $\boldsymbol{S} \cdot \boldsymbol{L}$ に比例する．そのためこの効果は，スピン軌道結合効果と呼ばれる．この例が示唆するように，正のスピンが存在すれば，そのブラックホールにより接近した軌道を持つことができるようになる (図 1.11 参照)．

すでに述べたように，ブラックホールからは光すら脱出できない．具体的には，ブラックホール表面 (ある半径で定義される閉曲面) の内側から，光は一切外に逃れられない．そのような面は，事象の地平面と呼ばれる．この面の半径や面積は，ブラックホールの質量とスピンによる．半径は選ぶ座標によって表式が変わるが，(1.22) 式で表される計量に対しては，r が一定 ($r = r_+$) のある面が事象の地平面になり，それは次のように書くことができる：

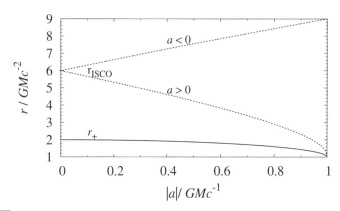

図 1.11 最内接安定円軌道 (ISCO) の位置, $r_{\rm ISCO}$, のブラックホールスピン依存性. カーブラックホールの赤道面上を, 質点が円軌道を描いている場合を想定して求めている. 質点の軌道角運動量とスピンの方向が揃っている場合が $a > 0$ で, 逆向きの場合が $a < 0$ である. r_+ はブラックホールの事象の地平面の位置を表す.

$$r_+ = \frac{GM}{c^2}\left(1 + \sqrt{1-\chi^2}\right). \tag{1.24}$$

ここで χ は, $\chi = ca/GM$ で定義される無次元量である. 他方, 事象の地平面の面積は座標によらない物理量であり, 以下のようになる:

$$A_{\rm BH} = 8\pi\left(\frac{GM}{c^2}\right)^2\left(1 + \sqrt{1-\chi^2}\right). \tag{1.25}$$

なお, 重力半径 GM/c^2 は, 太陽質量 $M_\odot$ の場合に約 1.5 km, 質量が 100 万 $M_\odot$ の超巨大ブラックホール (SuperMassive Black Hole; SMBH) ならば約 150 万 km である. 恒星サイズのブラックホールや SMBH の事象の地平面の半径が, これら程度になることを覚えておくと便利である.

事象の地平面まで物質や光が落ち込むと, 必ずブラックホールに吸い込まれ, 逃げ出すことは決してできない. 実はこの点で, ニュートン重力と一般相対論におけるブラックホールの概念が大きく異なる. ニュートン重力でも, ブラックホールもどきを考えることは可能である. 例えば, 光をもってしてもその表面から無限遠方にまで脱出できないようなコンパクトな星 (つまり, 半径が $2GM/c^2$ 以下の星) は, ブラックホールにしばしばたとえられる. しかし, ニュートン重力におけるブラックホールの場合, 光は無限遠方には到達できないが, 星からある程度離れた距離までは進むことができる. したがって, ある程度近づけば, 星から出てくる光を観測できてしまう. 一方, 一般相対論におけるブラックホールの場合, どん

なに近づいても事象の地平面の内側は決して観測できない.

事象の地平面の内側には, 特異点が存在する. $a=0$ の場合には, それは $r=0$ に存在し, $a \neq 0$ の場合には, $r=0$ かつ $\theta=\pi/2$ のリング状に存在する. なお, これらの特異点は座標から判断すると点状に存在するように見えるが, 実際には広がりを持った領域である. 特異点では, 曲率などの物理量が発散し, 一般相対論が破綻している. したがって, 特異点近傍で起きていることは, 本当のところ何もわからない. 実際には, 特異点近傍では量子効果が重要になり, 物理量の発散が回避されると信じられている. そのメカニズムを知るには量子化された重力理論が必要だが, 今のところ, その完成の見通しは立っていない.

最後に, ブラックホール近傍の質点の円軌道について述べる. ニュートン重力の場合には, 中心天体が球状ならば, その周りを周回する質点はどんな軌道半径の円軌道をも取りうる. 一方, 一般相対論の場合には, ブラックホール周りの円軌道は, 事象の地平面外のどんな軌道に対しても許されるわけではなく, 軌道半径に下限がある. その下限の軌道は, 最内接安定円軌道 (Innermost Stable Circular Orbit; 以下では略して ISCO) と呼ばれる. ISCO が存在するのは, ブラックホールの強重力により, 遠心力では軌道を保てなくなるため, と理解することができる. $r < r_{\rm ISCO}$ では安定な円軌道が存在しないので, そのような領域では定常的な物質分布が期待できない. つまり, $r_{\rm ISCO}$ 以下の半径に存在する物質は, 速やかにブラックホールに落ち込む.

$r_{\rm ISCO}$ の値は, ブラックホールの質量とスピンに依存する. シュバルツシルトブラックホールの場合, $r_{\rm ISCO} = 6GM/c^2$ であり, 事象の地平面の半径 $2GM/c^2$ の 3 倍である. カーブラックホールの場合には, スピンの大きさと軌道傾斜角に依存し, $r_{\rm ISCO}$ は, GM/c^2 から $9GM/c^2$ までの値を取りうる (図 1.11 参照). スピンが最大のいわゆる極限ブラックホール ($|a| = GM/c$) の場合, 軌道角運動量とスピンの向きが揃えば, $r_{\rm ISCO} = GM/c^2$ になる. この場合, 事象の地平面の半径, r_+, と $r_{\rm ISCO}$ が一致する.

質量が同じでも, スピンの値や向きに依存して $r_{\rm ISCO}$ の値が大きく変わるのは, 一般相対論特有の性質である. この性質のため, ブラックホール近傍の天体現象を論じる際には, ブラックホールの質量のみならず, そのスピンの影響も考慮することが不可欠になる.

1.5.3 恒星サイズのブラックホール

恒星程度の質量を持つブラックホールは,恒星サイズのブラックホールと呼ばれる.その多くは,大質量の恒星が進化の最後に起こす重力崩壊の結果,誕生する,と推測される.1.3.1 節で触れたように,初期質量が約 $10M_\odot$ を超えると,恒星は最終的に重力崩壊を起こす.そして,超新星爆発を起こせば,多くの場合は中性子星が誕生すると推測されるが,必ずしも中性子星に落ち着けるわけではない.すでに説明したように,中性子星には最大質量が存在するからである.仮に中性子星が回転していても,その最大質量はせいぜい $3M_\odot$ なので,重力崩壊過程において質量降着が進み,原始中性子星の質量が $3M_\odot$ を超えると,それはブラックホールに重力崩壊せざるを得ない.またこのことから,恒星サイズのブラックホールの原理的な最小質量は,太陽の 3 倍程度と考えられる.

他方,恒星サイズのブラックホールの最大質量を決定する明確な理論はない.我々の銀河系の中で観測される恒星の質量は,最大でも $150M_\odot$ 程度だと推定されており,また恒星の多くは進化の過程で星風によって質量を失うので (次の段落参照),進化の最終段階における恒星の最大質量は,せいぜい $50M_\odot$ 程度だと推測される.したがって,恒星サイズのブラックホールの質量は 3–$50M_\odot$ 程度,とするのが妥当である.ただし,ブラックホールが連星に存在すれば,伴星からの質量降着や伴星との合体で,質量が増える可能性はある.

恒星サイズのブラックホールの多くは,大質量星の重力崩壊によって誕生すると推測されるが,実際のところ,どのようにして誕生するのか,どれくらいの頻度で誕生するのか,どれくらい多様性があるのか,典型的な質量はどれくらいか,などについては全くわかっていない.理由はいくつかあるが,一番の問題になるのが,重力崩壊前の恒星が持つ質量,角運動量 (回転角速度),密度分布などの不定性が非常に大きいことである.これらの物理量は大質量星の進化過程によって決まるのだが,それが誕生時に持つ質量,角運動量のみならず,重元素 (ヘリウムよりも原子番号が大きい元素) の量に強く依存することが観測的にも理論的にも示唆されている.恒星は星風により物質を放出するので,進化とともに質量を少しずつ失うが,重元素量が多いと,一般に失う量が多いと考えられている.太陽程度の重元素量を持つ恒星であれば,仮に初期質量が太陽の数十倍でも,重力崩壊前の質量が太陽の 10–20 倍程度にまで減少する,とする理論計算も存在する.このような場合には,ブラックホールではなく中性子星が誕生するかもしれない.一方,重

元素量が少なければ，質量放出がそれほど盛んには起きないので，初期に十分な質量を持つ大質量星は，最終的にブラックホールを形成すると考えられる．しかしこの星風の効果が，定量的には詳しくわかっていない．

さらに，恒星の持つ角運動量の大きさが進化に大きな影響を及ぼすことが理論的に示唆される．角運動量が大きいと，子午面還流と呼ばれる大局的な流れが恒星の中で励起されると推測されるが，この影響で外層から中心付近に物質が効率良く供給されるため，核燃焼反応が促進される．その結果，角運動量がより大きい方が，ヘリウム，炭素，酸素などが進化過程でより多く生成される．すると，重い中心核が形成されるので，ブラックホールが形成されやすくなると推測される．しかし，この効果を定量化するのは容易ではない．

以上のような不定性があるので，宇宙におけるブラックホールの形成頻度は，定量的にはわかっていない．重力崩壊型の超新星爆発は，1つの銀河の中で，平均的には100年に一度程度発生すると推測されている．その多くの場合には，中性子星が誕生すると予想される．なぜならば，恒星の誕生率はその初期質量の約2–2.5乗に反比例して下がることが観測的にわかっており，仮にブラックホールが誕生するのは恒星の質量がより大きな場合と素直に考えると，中性子星よりも誕生頻度は低いはずだからである．ブラックホールの形成率は，中性子星の形成率の高々数十％程度，と予想するのが自然であろう．

恒星サイズのブラックホールは，他の過程でも形成されうる．例えば，中性子星と白色矮星または恒星との連星において中性子星に物質が降り積もり，その質量が許される最大質量を超えれば，重力崩壊が起き，ブラックホールが誕生するだろう．連星中性子星の合体も，ブラックホールの形成過程になる．前節で述べたように，連星中性子星は重力波を放射することによって，時間とともにエネルギーと角運動量を失い，互いに接近し，最終的には合体する．観測される連星中性子星の質量は，2.5–$2.9M_\odot$ なので (1.4.1節参照)，中性子星の最大質量が極端に大きくない限りは，合体の結果，最終的にはブラックホールが形成されると予想できる (詳しくは5章参照)．ただし，これらの現象が起きる頻度は，超新星爆発の頻度の0.1–1％程度とかなり低いことが推測される．

恒星サイズのブラックホールは，単独では発見されることはないので，常に連星中で発見される．重力波望遠鏡による観測が始まる以前は，それは，恒星との連星系の中でX線源として発見されてきた．つまり，伴星および伴星からブラック

ホールに向かって流入する物質が放射する電磁波を観測することによって，間接的にブラックホールが見つけられてきた．

この場合，ブラックホールの存在は，(a) ブラックホール自身からは電磁波が放射されていないこと，(b) ブラックホール周りの降着円盤からの X 線放射の時間変動のスケールが短いこと (ブラックホールはコンパクトだから)，そして (c) ブラックホールの質量が約 $3M_\odot$ 以上であり中性子星ではありえないこと，を示すことによって証明される．具体的には以下のような観測がなされる．ブラックホール候補天体 (すなわち X 線源) が発見されると，伴星である恒星を探し，観測し，表面温度と光度を測定する．すると，恒星の構造に関する理論からその質量が推定される．また，恒星から発せられる輝線のドップラー効果の時間変化を測定する (観測精度が高ければ，降着円盤に対して同様の観測が可能である)．この変化は公転運動にしたがって起きるので，その周期，変化の仕方，振幅から，軌道周期や離心率などが決定される．その結果，(1.19) 式で定義される質量関数 f_m の値が定まる．$\sin i$ の不定性が残されるが，伴星の質量が推定されているので，f_m からブラックホールの質量の下限が求まる (1.3.5 節参照)．これが約 $3M_\odot$ 以上であり，また電磁波で対応天体が観測されなければ，ブラックホールと認定される．

恒星サイズのブラックホールは，我々の銀河系や近傍の銀河において，これまでに合計で 25 個程度発見されている．図 1.12 は，これまでに (電磁波観測によって) 観測されたブラックホールのリスト，およびその質量を示している．

なお，質量の下限は決定されていないが，ブラックホール候補とされている天体もさらに 30 個ほど存在する．これらは，ブラックホールと認定された天体と類似した輻射の特徴を持ち，一方で，パルサーとは異なる振る舞いをする (中性子星表面からの特有の輻射も，パルスもないという特徴を持つ)．このような天体は，今のところ単に，ブラックホール候補天体，と呼ばれている．

上で述べたようにブラックホール質量の下限は決定できるが，$\sin i$ の不定性のため，いくつかの天体に対しては，質量を正確に決定することは難しい．しかしながら観測技術の向上とともに，さらに制限を課す手段が開発されてきた．例えば，軌道面と我々の視線方向がおよそ一致していると，ブラックホール近傍の X 線放射領域が伴星の影に隠れるので，周期的に食が起きる．この現象が見つかった場合，i は 90 度に近い値を取るとわかり，質量に対してより強い制限を課すことが可能になる．食が見つからなくても，ブラックホールの重力場の影響で，伴星から

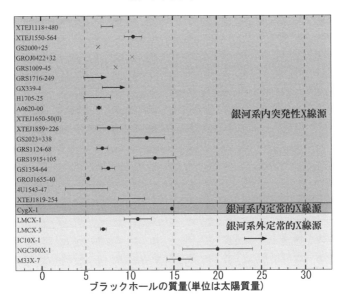

図 1.12 電磁波観測によって質量に制限が与えられている恒星サイズのブラックホールの一覧表. 全て, 我々の銀河系内, または近傍の銀河内に存在する. https://www.stellarcollapse.org/bhmasses 掲載の図を改変.

の輻射の像は周期的に変化する. この変化を解析して, i に制限を課すことも可能である. これらの解析がなされた結果, 多くのブラックホールに対しては比較的小さな誤差で質量が推定されている.

図 1.12 で注目すべきは, 質量の多くは, 5–10$M_\odot$ の範囲にあり, 20$M_\odot$ を超えるものは 1 つしかないことである. 我々の銀河系に限定すれば, 15$M_\odot$ を超えるブラックホールは発見されていない. そのため, 重力波望遠鏡によって, 30$M_\odot$ を超える質量のブラックホールが見つかるまでは (4.4 節参照), 恒星サイズのブラックホールの質量はさほど大きくないのではないか, と漠然と信じられてきた. しかし, 重力波望遠鏡による観測によって, それは誤解であったことが判明した. これは, 恒星進化とその結果誕生するブラックホールの多様性を知る機会がなかったことが原因なのだが, この点については, 4.4 節で論じる.

1.5.4 中間質量のブラックホール

質量が 100–1,000$M_\odot$ 程度のブラックホールは, 中間質量ブラックホールと呼ばれる. 1990 年代末から, 中間質量ブラックホールの候補天体が X 線望遠鏡によ

り,比較的近傍の銀河内で観測されるようになった.質量が恒星サイズのブラックホールよりも大きいと推測されるのは,中間質量ブラックホール候補に対しては,光度が1, 2桁大きいX線が観測されるからである.そこで以下では,まず,光度と質量の関係について,おさらいしておこう.

1.5.3節で述べたように,ブラックホールが恒星や白色矮星との近接連星の中に存在すると,それらの星の外層を剥ぎ取り,物質を流入させることにより,ブラックホール降着円盤を形成させうる.降着円盤内では粘性の働きにより角運動量が外側へと輸送され,角運動量を失った物質は内側へと移動していき,やがてブラックホールに落ち込む.この過程において,散逸した運動エネルギーが熱化し,電磁波が放射される.特に,内縁部は高温になるため,X線が放射される.これがX線望遠鏡で観測される.

X線光度は,物質が落ち込む割合に比例するが,一般には限界があるとされる.なぜならば,輻射はプラズマ化している降着円盤内の物質に輻射圧を及ぼすからである.輻射圧はX線光度に比例して大きくなるが,輻射圧が中心天体による重力よりも強くなれば,物質は中心天体に束縛されず吹き飛んでしまう.よって,降着円盤の存在と矛盾する.このような光度の上限は,エディントン限界光度 (以下では簡単のため,エディントン光度) と呼ばれる.具体的にそれは,プラズマが電子によるトムソン散乱を介して電磁波から得る輻射圧と,中心天体がプラズマに及ぼす重力が釣り合っている場合の光度として定義される.トムソン散乱の散乱断面積を σ_T (= 6.65×10^{-25} cm^2),中心天体からの距離を r,中心天体の光度を L,降着円盤の構成元素の1電子当りの質量を m とすれば,1電子当りに輻射から受ける力は $\sigma_\mathrm{T} L/(4\pi r^2 c)$,1電子当りにプラズマに働く重力は $-GMm/r^2$ になる.ともに r^{-2} に依存するので距離への依存性が消え,結局エディントン光度 L_edd は中心天体の質量にのみ依存し,以下のように書ける:

$$L_\mathrm{edd} = \frac{4\pi GMmc}{\sigma_\mathrm{T}} = 1.3 \times 10^{38} \left(\frac{M}{M_\odot}\right) \mathrm{erg\,s^{-1}}. \qquad (1.26)$$

ここでは簡単のため,m として陽子質量 1.67×10^{-24} g を代入した.降着円盤が存在するには,$L < L_\mathrm{edd}$ が必要なので,例えば仮に,定常的なX線源の光度が $1.3 \times 10^{39}\,\mathrm{erg\,s^{-1}}$ であれば,中心天体の質量は $10M_\odot$ 以上であると結論するのが妥当である (しかし後に述べるように,この結論は絶対的ではない).

太陽光度は $L_\odot \approx 3.9 \times 10^{33}\,\mathrm{erg\,s^{-1}}$ なので,質量が $M_\odot$ の星に対するエディ

1.5 ブラックホール

ントン光度は, $L_\odot$ の約3万倍も大きい. つまり, ブラックホール降着円盤におけるエネルギー発生効率は, 核融合反応よりもはるかに高くなりうる. これは以下に示す理由による.

すでに述べたとおり, 降着円盤内では, 粘性効果を介して物質を中心星に向かって落下させることにより熱が発生する. したがって, エネルギー源は本質的には重力である. つまり, 重力ポテンシャルがより深い領域に物質を落とすことで熱が発生する. 熱発生率は, 円盤最内縁の半径を r_I とすれば, およそ $GM\dot{M}/(2r_I)$ と書ける. ここで, $\dot{M}$ は質量降着率である. ブラックホールの場合, 1.5.2節で説明したように, r_I はブラックホールのスピンに依存し, GM/c^2 の1-9倍の値を取る. よって, $GM/(2r_I)$ の値は $0.1c^2$ のオーダーになり, 熱発生率は $0.1\dot{M}c^2$ のオーダーになる. ブラックホールに落下した物質の積算質量を ΔM とすれば, 時間で積分した総発生エネルギー量は $0.1\Delta M c^2$ のオーダーになる. これから, 落下した物質の数十%が熱に変換されうることがわかる. 一方, 水素の熱核融合反応では, 静止質量エネルギーの約0.7%しか熱として発生しない. しかも核燃焼が起きるのは, 星全体の一部である. ブラックホール降着円盤は, 重力エネルギーの解放を構成要素全体で利用することにより, 熱核融合反応を行う恒星よりも, はるかに効率の良い熱発生システムとして働く.

ここで, 話を中間質量ブラックホールに戻す. 中間質量ブラックホール候補天体では, そのX線光度が 10^{40}–10^{41} erg s^{-1} に達して見える. これがエディントン光度程度だと仮定すれば, ブラックホールの質量は太陽の100–1,000倍程度でなくてはならず, 中間質量ブラックホールだと結論される. ただし, これ以上の証拠を得るのは現在でも容易ではなく, その結果, 以下に述べるように, 証拠が十分とはみなされていない.

エディントン光度から質量を推定する際に問題になるのが, これを超える光度は観測的に本当に実現しないのか, という点である. 光度は, 通常, 放射が等方的に起きることを仮定して観測量から評価されるのだが, 例えば, 降着円盤と垂直方向に (つまり物質がほとんど存在しない方向に) 優先的に放射が起きている場合 (ジェットのような場合: 図1.9参照) にそれを観測すれば, 「観測的に決定される光度」は実際の光度を過大評価し, エディントン光度を超えうる. 事実, エディントン光度をはるかに上回る (とされる) 光度で光るパルサー (中性子星) が, 最近複数発見された. このような中性子星は, 降着円盤とは垂直方向に大量に放射を起

こしていて,さらに我々の視線方向が大量放射の方向に一致している,と推測される.中間質量ブラックホール候補も,同様の理由で明るく見えているだけなのかもしれない.このように,中間質量ブラックホールが存在するか否かについて,現段階では答えは得られていない.

中間質量ブラックホールの確実な証拠は得られていないが,存在を予言する理論はいくつかある.すぐに思いつく可能性は,恒星サイズのブラックホールへの質量降着である.降着円盤からの単純な質量降着を考える場合,エディントン光度の存在のため,質量降着率が制限されると考えるのが妥当である.ゆえに,質量降着が効率良く進むとしても,

$$\dot{M} \approx \alpha_m \frac{L_{\mathrm{edd}}}{c^2} = \frac{4\pi \alpha_m G M m}{c \sigma_{\mathrm{T}}} \tag{1.27}$$

とするのが妥当である.ここで,α_m は 1 程度の係数である.この M に対する常微分方程式を解くと,ブラックホールの質量は,

$$M = M_0 \exp\left(\frac{\alpha_m t}{4.5 \times 10^8 \, \mathrm{yr}}\right) \tag{1.28}$$

のように増加することが導ける.ここで M_0 は,ブラックホールの初期質量である (つまり $M_0 \sim 10 M_\odot$ 程度).数十億年ほど効率の良い質量降着が続けば,ブラックホールの質量が 10 倍に増えることは可能であり,$100 M_\odot$ を超えるブラックホールが誕生しうることがわかる.

全く異なる説として,ブラックホールと大質量星との連続的合体による形成説がある.この仮説では,球状星団が持つ個数密度を超えるような高密度な星団の存在を仮定する.そしてその中心に,種になる数十 $M_\odot$ のブラックホールが形成されると仮定する.星団の理論によると,中心には重い恒星が選択的に降り積る (mass segregation と呼ばれる).そこで,それらが暴走的にブラックホールと合体することによって質量が増えた,と考える.

初代星も,中間質量ブラックホールの起源として提案されている.初代星とは,宇宙に主として水素とヘリウムしか存在しない時代,つまり,銀河が形成されるよりも以前の宇宙初期,に形成された恒星である.初代星には重元素が存在しないため,我々の知る恒星とは異なり,大質量になると理論的に示唆されている (1.5.3 節参照).事実,重元素が存在しない環境では,数十から数百 $M_\odot$ の大質量星が選択的に形成されるとする理論計算が,複数存在する.

初期質量が $100M_\odot$ を大きく超える初代星の進化経路は，普通の恒星とはかなり異なる．これらは，ヘリウム核燃焼後に，酸素の中心核を形成したところで不安定化し，重力崩壊を起こす．初期質量が 140–$260M_\odot$ の範囲にある場合には，重力崩壊後，酸素の爆発的な核燃焼反応によって崩壊が爆発に転じ，超新星爆発が起こり (対生成不安定超新星爆発と呼ばれる)，こなごなに飛び散り，後には何も残されない．一方，初期質量が $260M_\odot$ 以上の場合には，重力が強いため崩壊が止まらず，ブラックホールへの直接的重力崩壊が起きると考えられている．ゆえに，数百 $M_\odot$ のブラックホールが形成されうる．

中間質量ブラックホールが存在する証拠は，重力波観測によって将来得られるかもしれない．これについては，4.3 節と 6.2 節で触れる．

1.5.5　超巨大ブラックホール (SMBH)

前節までに紹介したブラックホールの質量は，約 $10^3 M_\odot$ 以下であった．他方，宇宙の多くの銀河の中心には，10^6–$10^{10} M_\odot$ の質量を持つ，いわゆる超巨大ブラックホール (以下では SMBH) が存在すると推測されている．ただし確実な証拠を得るのはそれほど容易ではない．

SMBH の証拠を得るには，その質量を決定するのが最も確実である．SMBH の質量の推定法はいくつか存在するが，いずれの場合も，ブラックホールの重力圏 (ブラックホールの重力が支配的になる領域) を運動する星やガスの速度を測定することが必要になる．例えば，ある銀河の中心付近の恒星の平均的な速度を v_a，ブラックホールの重力圏の半径を $R_{\rm BH}$ とし，$R_{\rm BH}$ 内の v_a が測定できたとしよう．半径 $R_{\rm BH}$ 以内に含まれる全ての天体 (SMBH を含む) からの重力と星の運動による慣性力が釣り合っているとすれば，$GM/R_{\rm BH} \sim v_a^2$ なので，$R_{\rm BH}$ 以内の質量 M は，およそ $v_a^2 R_{\rm BH}/G$ と推定できる [*4]．仮に，得られた質量が，観測される星の総質量では説明できないほどに大きければ，中心に SMBH が存在する証拠になり，ブラックホールの質量も推定できる．

ただし，この方法を実行するのは簡単ではない．まず，銀河には，SMBH 以外にも星が大量に存在するので，SMBH から離れていくとすぐにブラックホールの重

[*4] 本文で述べたのは，力学的関係を用いたブラックホール質量の推定法である．他にも，反響マッピング法と呼ばれる方法が，最近では広く使われるようになっているが，紙面の制限上，本書ではその説明を割愛する．

力圏外へ出てしまう．したがって，R_BH は一般的に非常に小さい．例えば我々の銀河系の場合，それは数光年であり，銀河系の半径の1万分の1程度である．つまり，非常に狭い領域内に存在する星の速度を測る必要がある．そのため，高解像度の観測が必要になるのだが，その実行が容易ではない．

これまでのところ，非常に精度良く質量の測られた SMBH は 2 つしか存在しない．1 つは，我々の銀河系中心に存在する SMBH (SgrA* と呼ばれる) である．太陽系から銀河中心までの距離は，およそ 8 kpc (約 25,000 光年) である．1 秒角の解像度を持つ望遠鏡であれば，銀河中心に対して約 0.04 pc の解像度があることになる．最新の光学望遠鏡であれば，そのさらに 10 分の 1 の領域が解像可能なので，十分に観測可能な対象になる．

銀河中心領域の恒星の個数密度は 1 pc 立方当り 1,000 万個程度なので，0.004 pc 内に含まれる星の総質量は，SMBH の質量に比べれば十分に小さい．したがって，もしも中心に SMBH が存在すれば，中心から 0.01 pc 程度離れた距離を動く恒星の運動は，SMBH の重力で決まるはずである．それゆえ，軌道半径が 0.01 pc 以下の恒星を発見できれば，SMBH の存在を証明できる．

この事実に触発されて，我々の銀河系中心周りを運動する恒星の探査が，光学望遠鏡を用いて 1990 年代より進められてきた．そして，いくつかの恒星の軌道運動が 20 年以上にわたって追跡された．うまい具合にその中の 1 つで，S2 と呼ばれる恒星は，銀河の中心近傍を約 15 年の周期で楕円軌道運動していることが判明した (図 1.13 参照)．中心に最接近する際には，中心からの距離が約 0.001 pc にまで縮む．その楕円軌道が SMBH の重力によって決まると仮定すると，ブラックホールの質量は約 400 万 $M_\odot$ になることが突き止められた．上で述べたように，0.001 pc 以内に存在する星の総質量はこれに比べればはるかに小さいので，SMBH の存在が確実視できるのである．

しかしながら，この観測は SMBH の存在を間接的に検証したにすぎない．真の検証には，SMBH の事象の地平面を観測する必要がある．400 万 $M_\odot$ の SMBH の事象の地平面の半径は，約 1,200 万 km $\approx 4 \times 10^{-7}$ pc なので，地平面の直接的観測には，現状よりもさらに 4 桁程度解像度が高い観測が必要になる．これには，可視光線や赤外線を用いた観測は適しておらず，電波干渉計による観測が適している．特に，ベースラインの長い電波干渉計群を用いて，ブラックホールのごく近傍に存在するガスから放射される電波をとらえ，SMBH の性質を探る方法が最

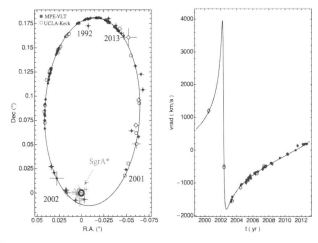

図 1.13 我々の銀河系の中心に存在する超巨大ブラックホール周りを高速で公転する恒星 (S2) の 1992 年から 2013 年までの軌跡 (左) と動径速度の時間変化 (右). 左図の横軸が赤経を, 縦軸が赤緯を表し, SgrA* の位置に超巨大ブラックホールが存在すると考えられている. 右図の横軸は西暦を表す. http://www.mpe.mpg.de/369216/に掲載された図を転載. [S. Gillessen et al., Astrophysical Journal Letters **707**, L114 (2009) にも同様の図が掲載されている.]

も有望である. この目的の観測計画で進行中なのが, イベントホライズン望遠鏡 (EHT) 計画である. この計画が成功すると, 我々の銀河系中心に存在する SMBH のごく近傍が, 直接的に観測できるようになる.

SMBH が存在する確実な証拠は, NGC 4258 と呼ばれる約 7 Mpc 離れた銀河の中心付近の観測からも得られている. この銀河は, 我々の銀河系と同様に円盤銀河であるが, その中心に存在する降着円盤の軌道面が, 我々からの視線方向を含む面と, 偶然にも, ほぼ一致している. したがって, 円盤内の物質の軌道速度をドップラー効果を利用して測定できる. 日本の井上, 中井, 三好らのグループは, この銀河の中心付近に分子雲の円盤を見つけた. さらにこの分子雲円盤では, 水メーザーが存在することを突き止めた. そして, 水メーザーの波長のドップラーシフトを測ることによって, 円盤の回転速度を決定した. 観測の結果, 円盤はケプラー速度で中心周りを円運動していること, また水メーザーの軌道半径が, 中心からおよそ 0.13 pc であることが求められた. その結果, ケプラーの第 3 法則より, ブラックホールの質量が, 約 $3.6 \times 10^7 M_\odot$ と推定された.

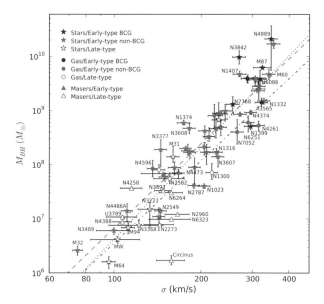

図 1.14　超巨大ブラックホールの質量 (縦軸) と銀河のバルジ領域に存在する恒星やガスの速度分散 (横軸, σ) との関係. 70 ほどの超巨大ブラックホールの質量が示されている. MW は我々の銀河系中心に存在する超巨大ブラックホールである. N. J. McConnell and C.-P. Ma, Astrophysical Journal **764**, 184 (2013) より転載.

精度は落ちるものの, 質量を推定することができた SMBH は, 他にも 100 程度存在する. 興味深いのは, SMBH の質量が, 銀河の中心付近に存在する星の数密度が高い領域 (バルジ領域と呼ばれる) の恒星やガスの速度分散と強い相関を持つことである (図 1.14 参照). 速度分散は, バルジ領域の質量と相関を持つのが自然なので (質量が大きいほど速度分散が大きい), SMBH の質量は, バルジ領域の質量と相関があることが示唆される. これは, SMBH が銀河とともに進化してきたことを示唆しており, その形成および成長過程を理解するための手がかりを与えている.

SMBH は, 銀河形成が進んだ宇宙初期に形成されたと推測されるが, 形成過程については詳しくはわかっていない (いくつかの説を 7.4 節で紹介する). SMBH の起源を明らかにすることは, 宇宙物理学における重要課題の 1 つとされているが, 図 1.14 のような観測結果がそのヒントを与えている.

SMBH の形成過程に関するヒントは, 将来的には, 重力波による観測から得ら

1.6 重力崩壊型超新星爆発の機構

初期質量が太陽の約 10 倍を超える恒星は, 進化の最後に重力崩壊を起こし, 中性子星またはブラックホールを形成させ, その一生を終える. 特に, 中性子星が誕生する場合には, 超新星爆発が必ず付随すると考えられている (図 1.7 参照). この重力崩壊型超新星爆発は, 1 つの銀河内で 100 年に一度程度の頻度で起きることが, 観測的に推定されている. したがって, 最も近傍に位置する銀河団である乙女座銀河団 (我々からその中心までは約 16.5 Mpc の距離) までの距離内だけを対象にしても, 1 年に数回程度は発生する. そのため, 最も頻繁にかつ詳しく観測されてきた高エネルギー天体現象である.

重力崩壊型超新星爆発は, 発生頻度が高いのに加えて, 強重力と高速運動を伴う現象であるため, 強い重力波源になる可能性を秘めている. そこで本節では, その発生機構を概観する. より深く理解したい読者には, 文献 [7] を薦める.

1.6.1 重力崩壊から爆発前まで

1.3.1 節で述べたように, 初期質量が約 $10 M_\odot$ 以上の大質量星は, 進化の最終段階において, 図 1.1 のような恒星の進化過程を反映した玉ねぎ型の元素組成を持つと考えられている. 鉄の中心核が生成されると, 核融合反応によるエネルギー生成が行われず中心核は冷える一方になり, 内部エネルギーを単調に失い重力収縮を始める. この時点の中心密度は, $10^9 \, \mathrm{g \, cm^{-3}}$ のオーダーで, 温度は 10^{10} K 程度である. このような環境下において, ガス圧 P_gas, 輻射圧 P_rad, 電子の縮退圧 P_deg はそれぞれ, 以下のように書ける:

$$P_\mathrm{gas} = 5.9 \times 10^{25} \, \mathrm{dyn \, cm^{-2}} \left(\frac{\rho}{4 \times 10^9 \, \mathrm{g \, cm^{-3}}}\right) \left(\frac{T}{10^{10} \, \mathrm{K}}\right) \left(\frac{A}{56}\right)^{-1}, \tag{1.29}$$

$$P_\mathrm{rad} = 2.5 \times 10^{25} \, \mathrm{dyn \, cm^{-2}} \left(\frac{T}{10^{10} \, \mathrm{K}}\right)^4, \tag{1.30}$$

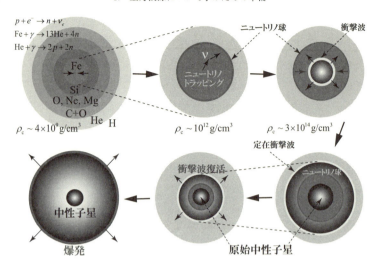

図 1.15 超新星爆発機構の模式図. 鉄からなる中心核が重力崩壊を起こし, 原始中性子星が誕生し, その後, 降り積る物質を衝撃波によって吹き飛ばす様子を示している. 中心の円は原始中性子星を表す. 衝撃波は速やかに膨張を続けるのではなく, 途中で停滞する. その後, 何らかの機構で衝撃波にエネルギーが加わり, やがて再び膨張に転じると考えられているが, その機構は未だに完全にはわかっていない.

$$P_{\rm deg} = 2.8 \times 10^{27}\,{\rm dyn\,cm^{-2}} \left(\frac{\rho}{4\times 10^9\,{\rm g\,cm^{-3}}}\right)^{4/3} \left(\frac{Y_e}{26/56}\right)^{4/3}. \quad (1.31)$$

ここで, ρ は静止質量密度, T は温度, Y_e は 1 核子当りの電子数 (電子濃度), A は原子核の質量数, を表す. 質量数 56 の鉄の Y_e は, それが完全電離していれば 26/56 である. (1.29)–(1.31) 式が示すように, 縮退圧が最も重要な圧力源だが, ガス圧や輻射圧も無視できない.

仮に, 縮退圧しか存在しないとすれば, 支えることのできる質量には上限がある. この上限質量は, チャンドラセカール質量と呼ばれ, 次のように書ける:

$$M_{\rm Ch} = 1.46 M_\odot \left(\frac{Y_e}{0.5}\right)^2 = 1.26 M_\odot \left(\frac{Y_e}{26/56}\right)^2. \quad (1.32)$$

今の場合, 鉄の中心核の質量はチャンドセカール質量を超えている. しかし, ガス圧と輻射圧が存在するので, すぐには重力崩壊を起こさずにいられる.

さて, 重力収縮が進むと, 密度と温度が上がる. 密度上昇の結果, 電子の縮退がさらに強まる. つまり, 縮退電子が持つフェルミエネルギーが上がる. 1.3.1 節で述べたように, このような状況下では, 原子核による電子捕獲反応が進むようにな

る. その方が, 熱力学的により安定だからである. すると, 電子の縮退圧の寄与が下がる. 電子の縮退圧は鉄の中心核の主たる圧力源であるため, その結果, 重力収縮がさらに進む (図 1.15 参照).

収縮とともに温度も上がる. 10^{10} K を超えると, 高エネルギー光子が鉄の原子核に吸収され, 鉄の一部が光分解される. この過程により光子が一部失われ, 輻射圧の影響が減ずる. その結果, ますます重力収縮が加速され, 最終的に重力崩壊が始まる. 鉄の光分解においては,

$$^{56}\text{Fe} + \gamma \to 13\,^{4}\text{He} + 4n \quad (\gamma は光子を, n は中性子を表す) \quad (1.33)$$

という反応が起き, ヘリウムが生成される. さらに温度が 1.5 倍程度上がると,

$$^{4}\text{He} + \gamma \to 2p + 2n \quad (p は陽子を表す) \quad (1.34)$$

という反応で一部のヘリウムさえもが光分解される. つまり, 原子核の破壊が進み, 重元素が自由中性子と自由陽子に分解されていく (恒星進化の逆をたどる).

重力崩壊は, 中心密度 ρ_c が 10^9–10^{10} g cm^{-3} のときに始まり, 原始中性子星が誕生するとき, つまり $\rho_c = 3 \times 10^{14}$ g cm^{-3} 程度になるまで続くが, これを 2 期に分けることができる. 前期は中心密度が比較的低い時期で, この時期に原子核による電子捕獲反応で生成されたニュートリノは, 散乱・吸収をほとんど受けずに外部へ逃げる. そのため, 断熱収縮の場合に比べて, 温度上昇が抑制的である. また, 原子核による電子の捕獲が進むため, 陽子に対する中性子の割合が当初に比べて増える (つまり Y_e が下がる). 一方, 後期になると密度が十分に上がるため, ニュートリノが原子核と散乱・吸収反応を起こすようになる. とりわけ, 重い原子核とのコヒーレント散乱が重要である. これが効き始める $\rho_c \sim 10^{11}$–10^{12} g cm^{-3} の頃から, 重力崩壊が進む時間スケール $t_\text{d} = (G\rho_c)^{-1/2}$ [5] が, ニュートリノが逃げ出す時間スケールよりも短くなる [6]. その結果, 実質的に, ニュートリノの

---

[5] 中心密度から定義される時間スケール t_d は, ダイナミカル・タイムスケール (dynamical timescale) と呼ばれる. これは圧力が存在しない場合に, 天体が重力崩壊するのに要する時間 (自由落下時間), $\sqrt{\pi^2 R^3/(8GM)}$, にほぼ等しい. ここで, M と R は天体の質量と重力崩壊開始時の半径を表す.

[6] ニュートリノは主に最も高温の中心部で生成される. 中心付近は高密度なので, 生成後は周囲の物質と頻繁に散乱しながら外に向かう. 1 回の散乱当りに進む平均的距離は平均自由行程と呼ばれ, $\ell = 1/(n_s \sigma)$ と書ける. ここで σ, n_s は, それぞれ, 散乱断面積と散乱の対象になる粒子の数密度である. 重力崩壊中の中心核の半径を R とおくと, 光学的厚さと呼ばれる無次元量 $\tau = n_s \sigma R$ が定義できる. 仮にこれが 1 よりも大きいと, その中心核はニュートリノに対して光学的に厚いこ

閉じ込め (ニュートリノトラッピングと呼ばれる) が起きる. すると冷却機能が失われるので, 重力崩壊が断熱的に進むようになる. また, 閉じ込められるニュートリノがフェルミ粒子である性質上, 縮退を起こす. その結果, ニュートリノを生成する反応である電子捕獲が抑えられ, 以後, 中性子と陽子の比率がほとんど変化しなくなる (Y_e が変化しなくなる). また電子の減少が抑えられるので, 原始中性子星誕生まで, 電子の縮退圧が圧力を支配する状況が続く.

中心密度が原子核密度 ($\rho_N \approx 2.8 \times 10^{14}\,\mathrm{g\,cm^{-3}}$) を超えた時点で, 重力崩壊は止まる. 密度が原子核密度を上回ると, 核子間に働く斥力が強くなるため, 圧力が飛躍的に増すからである. 密度が原子核密度を超えた領域では, 原子核という概念に意味がなくなり, 星全体が主に中性子, 陽子, 電子からなる巨大な塊になる. 密度が非常に高いため電子の縮退は強く, そのフェルミエネルギーは $100\,\mathrm{MeV}$ ($1.16 \times 10^{12}\,\mathrm{K}$ 相当) を超える. 陽子と中性子の質量エネルギー差は $1.29\,\mathrm{MeV}$ にすぎないので, このような環境下では, 陽子 (p) が電子 (e^-) を吸って中性子 (n) を作った方が熱力学的に安定になる. つまり, 電子捕獲反応

$$p + e^- \to n + \nu_e \qquad (\nu_e \text{は電子ニュートリノ}) \tag{1.35}$$

が重力崩壊中にも増して進み, 中性子数が陽子数を凌駕する (ただし, ニュートリノが縮退している領域では反応が抑制的である). そして中性子過剰の中心核が, 原始中性子星になる.

原始中性子星形成後も, 外側から物質が降ってくる. それが, 原始中性子星表面で跳ね返り, 外向きの音波が発生する. そして, 内向きの落下物質の速度が音速を超える領域まで音波が進むと, 衝撃波が発生する. この衝撃波が, 超新星爆発の鍵を握ると考えられている.

衝撃波は当初, 外向きに伝播しながら物質を掃き集める. 仮にこれが十分に外側まで伝わり, 恒星全体を吹き飛ばせば, 重力崩壊型超新星爆発として観測されるはずである. しかし, 爆発はそう簡単には進まないことがわかっている. 理由の 1 つは, 鉄の光分解 [(1.33) 式参照] と関係している. 衝撃波は降積する物質を掃き集めながら伝播するが, 降積する物質とは最初は主に鉄である. 衝撃波面では, 高速

とになり, ニュートリノが中心核を抜け出るまでに酔歩運動のように散乱を繰り返すので, 平均散乱回数はおよそ $(R/\ell)^2$ になる. ニュートリノはほぼ光速度で動くので, 中心核を抜け出るのに必要な平均的時間は $(R/\ell)^2 \ell/c$ と書ける. この時間が重力崩壊を進める時間スケール t_d よりも長くなると, ニュートリノの閉じ込めが起きる.

で落下する鉄の運動エネルギーが熱へと変換されるため,その背後の温度は非常に高い ($\gtrsim 10^{10}$ K). そのため鉄は光分解され,その結果,衝撃波面のエネルギーが下がる. 鉄の光分解以外にも,ニュートリノ放射による冷却が影響する. これは,衝撃波面よりも内側の領域のエネルギーを下げ,衝撃波を下支えする圧力を減らす. これらの効果のため,衝撃波が外に向かう勢いは次第に削がれる. 鉄が外から降り積る限りこれが定常的に続くので,衝撃波はやがて外に進むことができなくなり,定在衝撃波になる. その後,定在衝撃波に十分なエネルギー注入がなければ,質量降積が進むにつれて,定在衝撃波面は次第に落下し,超新星爆発が失敗することになる. したがって,超新星爆発を起こすには,停滞してしまった定在衝撃波にエネルギーを再注入し,再び外に向かわせなくてはならない. また,爆発で吹き飛ぶ物質の総運動エネルギーは 10^{51} erg 程度と観測されているので,これも説明しなくてはならない. しかし,これらの問いに答える確立した理論は,今のところ存在しない. 次節では,現在,最も有望とされている爆発機構について紹介する.

1.6.2　ニュートリノ加熱機構に基づく超新星爆発

重力崩壊型超新星爆発および原始中性子星の進化の過程において,ニュートリノの果たす役割は極めて大きい. それは 10^{11} K を超える高温と 10^{14} g cm^{-3} を超える高密度の環境が実現するからである. 高密度環境下では,電磁波は物質と強く相互作用するため,外へ逃げ出すのに非常に長い時間を要する. したがって,系の冷却や加熱には寄与しない. 他方,ニュートリノは,電磁波と同程度のエネルギー密度で存在するが,電磁波に比べると物質との相互作用が桁違いに弱い. 先に述べたように,高密度環境で生成されるため,一時的には外に逃げるのを妨げられるが,それでも 10 秒程度 (系の自由落下時間の 1 万倍程度) で外に逃げることができる. そのため,冷却過程の主役を担うことになる.

重力崩壊によって原始中性子星が誕生する際に,解放された重力エネルギーは運動エネルギーに転化され,その後,運動エネルギーは,衝撃波発生を通じて内部エネルギーに転化される. したがって,定在衝撃波の内側に蓄えられるエネルギーの総量は,解放される重力エネルギーとほぼ等しい. それは,原始中性子星の質量 M と半径 R を用いて,およそ以下のように書ける:

$$\sim \frac{GM^2}{R} \approx 2.6 \times 10^{53} \left(\frac{M}{1.4 M_\odot}\right)^2 \left(\frac{R}{20\ \mathrm{km}}\right)^{-1} \mathrm{erg}. \tag{1.36}$$

この内部エネルギーが, 約 10 秒程度でニュートリノによって解放されて, 最終的には原始中性子星が中性子星に落ち着くと考えられている.

先に述べたように, 重力崩壊型超新星爆発において観測される典型的な運動エネルギー (爆発エネルギー) は約 10^{51} erg である. ニュートリノによって解放されるエネルギーが 10^{53} erg のオーダーなので, その一部を爆発エネルギーに受け渡す機構が発見できれば, 超新星爆発の謎が解決するはずである. この考察に基づいて, ニュートリノ加熱によって停滞した衝撃波を復活させるシナリオが, 大規模数値シミュレーションを駆使して長年研究されてきた.

この研究においては, 重力 (一般相対論), 電磁気力, 強い相互作用, 弱い相互作用, という自然界に存在する全ての相互作用を考慮しながら, 流体計算を行う必要がある. 最も厄介なのが, ニュートリノの輻射輸送を解く部分である. これまで述べてきたように, ニュートリノは爆発の主たる駆動力になりうるが, その輸送過程を正確に追うには, その分布関数に対するボルツマン方程式を解かなくてはならない. 空間的な対称性を仮定しなければ, 分布関数は, 実空間 3 次元, 運動量空間 3 次元の合計 6 次元の位相空間依存性を持つ. 実空間 3 次元しか考慮する必要のない流体や重力の方程式に比べれば, 次元数が巨大である. 考慮すべき空間の次元が増えると, 数値計算における計算量が飛躍的に増す. そのため, 最先端のハイパフォーマンスコンピュータを利用しても, この問題を正確に解くのは不可能である. したがって, ニュートリノ輻射輸送問題を解くには, 何らかの近似を用いざるを得ないのが現状である.

それ以外にも, 高温高密度環境下における物理素過程が正確に理解されていない点が, この問題の取り扱いを難しくしている. 具体的には, 中性子星の状態方程式やニュートリノと物質との間の吸収・散乱過程が, 正確にはわかっていないので, それらに対する幅広い可能性を考慮しながら, 多数のシミュレーションを実行しなくてはならない. さらに, 解像度の問題もある. 後に触れるが, 超新星爆発が起きるには, 強い対流や乱流が発生することが望ましい. これらの効果を正確に考慮するには, 高い解像度を保証した流体シミュレーションが必要になる. しかし, 先に述べたように, 計算機資源には限界があるので, 十分に高解像度の数値シミュレーションを実行するのは難しい. これら多くの問題が存在するため, 重力崩壊型超新星爆発の完全な理解を得るのが難しいのである.

現状で, これは確実に正しいと考えられているのは, 次の 3 点である. (i) 重力

崩壊後,原始中性子星が誕生し衝撃波が発生するが,それは一旦定在衝撃波になる.(ii) その後,ニュートリノによる定在衝撃波の加熱が重要な役割を果たす (はずである).(iii) しかし,系が球対称性を保つ限り,ニュートリノによる加熱は十分効率的にはならず,超新星爆発を引き起こすことができない.つまり,ニュートリノ加熱効率が,外縁部からの質量降着率に比べると低いので,最終的に,定在衝撃波とその上部の物質がまるごと原始中性子星に降り積ってしまう.この点は,歴史的にまずは球対称性を仮定した数値シミュレーションが広く行われ,得られた結論である.球対称計算であれば,巨大な計算資源を必要としないため,詳細な数値シミュレーションが可能だったのである.

結論 (iii) が得られたのは 2000 年代中頃だが,それ以後は,球対称性を仮定しない数値シミュレーションが行われるようになった.さらに,2010 年代半ば頃からは,対称性を全く仮定しない数値シミュレーションが行われ,ニュートリノ加熱効率を上げる物理過程について,理解が深められてきた.

定在衝撃波への加熱を促進する機構の 1 つは,対流によるエネルギー輸送である.対流は日常生活でも見慣れた現象である.ヤカンで湯を沸かすとき,熱せられて膨張した熱い湯が下から上へと浮かび上がる.これは,熱せられて膨張することで浮力が増し,下に留まるよりも上昇した方が安定になるために起きる.下部で暖まった湯は上昇し,直接的に上部の水を暖める.同様の機構が,定在衝撃波のやや内側で起きることが知られている.すでに述べたように,原始中性子星の表面付近からは大量のニュートリノが放射される.原始中性子星外部は密度が低いので,ニュートリノの多くは外向きに進むが,一部はゲイン領域と呼ばれる原始中性子星と定在衝撃波の中間領域で吸収され,物質を加熱する (図 1.16 参照).ゲイン半径上部が加熱されると,定在衝撃波に向かって対流が起きる.その結果,定在衝撃波にエネルギーが与えられる.なお,対流は非球対称な運動を伴うので,球対称性を仮定する限りは,取り入れることができない.

対流過程を取り入れるべく,2000 年代以降,球対称性を仮定しない数値シミュレーションが行われてきた.その結果,ニュートリノ加熱による対流効果は確かに重要で,衝撃波を活性化させる役割を果たすことが明らかになった.しかし,これまでに行われたシミュレーション研究を見る限り,ニュートリノ加熱と対流の効果だけで爆発を普遍的に駆動できるわけではなさそうである.対流が衝撃波にエネルギーを与える時間スケールよりも,外層からの物質降着により衝撃波が落下

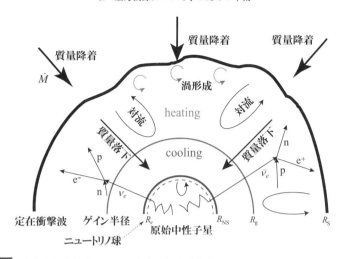

図 1.16 超新星爆発過程において定在衝撃波形成後に予想される状態の模式図. 爆発の鍵になりうる物理過程を模式的に記述. 太線で描かれた内側と外側の半円がそれぞれ, 原始中性子星の表面 (R_{NS}) と定在衝撃波面 (R_{S}) を表す. 原始中性子星表面近くにニュートリノ球 (R_ν) が存在する. この面の内側では, ニュートリノは光学的に厚く, 自由に逃げ出すことができない. 「heating」と「cooling」と書かれた領域はそれぞれ, ニュートリノによる加熱と冷却が支配的な領域を指し, それらの境界面はゲイン半径 (R_g) と呼ばれる. 加熱領域の最内縁付近 (ゲイン半径上部) でニュートリノが最も効率良く吸収され, 対流が発生し, 定在衝撃波にエネルギーが与えられる. また, 歪んだ定在衝撃波に向かって落下する物質は渦を発生させ, 渦はその後落下し, 原始中性子星付近で散逸する. その結果, 音波が発生し, 外向きに伝播するため, やはり定在衝撃波にエネルギーが与えられる. H.-Th. Janka, Astronomy and Astrophysics **368**, 527 (2001) より転載, 改変.

していく時間スケールの方が短く, 加熱が素早く起きないからである. したがって, さらに別の機構が必要そうである.

加熱効果を向上させる機構の候補の 1 つは, 対流とは異なる流体不安定性である. 特に 2000 年代半ば以降, 注目を集めているのは, 定在衝撃波不安定性 (Standing Accretion Shock Instability; SASI) である. この機構の要は, 定在衝撃波面の非球対称変形である. 仮に, 定在衝撃波面が球対称形状からゆらいだとしよう. すると, 外から降積する物質は, 動径方向にのみ運動してきたとしても, 定在衝撃波に対して斜めに入射することになる. その結果, 渦が生成される. 渦はそのまま中心に向かって落下するが, 密度と圧力が急激に上昇する原始中性子星の表面 (図 1.16 参照) で散逸される. すると今度は, 外向きの音波が発生する. この音波が定在衝

1.6 重力崩壊型超新星爆発の機構

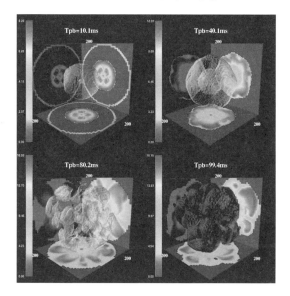

図 1.17 重力崩壊型超新星爆発に対する一般相対論的数値計算例．エントロピー分布の時間変化を表示 (衝撃波発生後，約 10, 40, 80, 100 ミリ秒後の状態を表示)．エントロピーの大きさをボルツマン定数を単位に表示．立体図が，ある等エントロピー面の形状を表す．背面の右側，下部，左側の図は，それぞれ，$x = 0$, $y = 0$, $z = 0$ 面のエントロピー分布を表す．非一様かつ非球対称に爆発が進むことがわかる．T. Kuroda et al., Astrophysical Journal **755**, 11 (2012) より転載．

撃波まで到達すると，そこに (非球対称に) エネルギーが与えられる．つまり，もともとは外層から落下してきた物質の運動エネルギーが，巡り巡って，内側から定在衝撃波にエネルギーを与える．この効果で，外縁部からの質量降積が進むよりも素早く定在衝撃波に十分なエネルギーを注入することができれば，衝撃波はやがて (非一様非等方的に) 膨張に転ずる．

図 1.17 に，SASI 駆動による超新星爆発の計算例を紹介する．定在衝撃波形成後，対流と SASI が駆動され，衝撃波面にエネルギーが素早く注入され，その落下が食い止められる．その結果，原始中性子星への質量降積率が，定在衝撃波への加熱率よりも低くなる．その後，外縁部から降積する物質の密度は下がる．すると外圧が減るため，衝撃波は膨張に転じ，最終的に超新星爆発が起きる．先に述べたように，SASI により衝撃波の非球対称性変形が引き起こされるため，爆発は非球対称に進む．

しかしこの機構にも，まだ不十分な点がある．数値シミュレーションでは，爆発

のエネルギー (衝撃波の運動エネルギー) が 10^{50} erg 程度になってしまい, 観測値の 1 割程度しか説明できないからである. つまり, ニュートリノ加熱と対流加熱と SASI だけでは, 十分なエネルギーを供給できない. 他にも重要な効果が見落とされている可能性がある.

その 1 つとして, そもそも, 重力崩壊前の親星 (つまり重力崩壊の初期条件) に対して, 現実的な条件が設定されていないのではないか, とする指摘がある. 多くの研究では, 初期条件として, 滑らかな密度場と速度場を持つ星が単純に与えられるが, 現実的には, 大質量の恒星の内部では対流が発生しており, 内部運動は複雑なはずである. 場合によっては, 乱流が発生しているかもしれない. 重力崩壊前のこの複雑な運動は, 重力崩壊中に成長し, 超新星爆発のダイナミクスに大きな影響を及ぼすかもしれない. 今後は, より現実的な初期設定のもとで, 数値シミュレーションを行う必要がある.

この節で述べたように, 超新星爆発は, 様々な物理過程が関連する極めて複雑な現象である. 純粋な理論研究だけから, 全貌を明らかにすることは非常に難しい. したがって, 爆発機構の理解には, 何らかの手段で原始中性子星近傍を観測する必要がある. 電磁波は透過性が非常に低いので, 原始中性子星近傍を観測するのには不向きである. 爆発機構をより直接的に観測するには, ニュートリノや重力波を用いる必要がある. 特に, 重力波は, 物質の大局的な運動を直接反映するので, 爆発機構の様子を探るには適している. 超新星爆発機構が, 重力波放射に如何に反映されるかについては, 6 章で詳しく述べる.

1.7 ガンマ線バースト

重力波源は, 突発的な高エネルギー天体現象と深く関わっている. これは, 重力波の効率的な放射源がコンパクトかつダイナミカルな強重力天体であり, そして 1.5 節のブラックホール降着円盤に関する議論で見たように, そのような強重力天体は, 効率的なエネルギー解放機構になりうるからである.

ガンマ線バーストは突発的な高エネルギー現象の代表格である. また, ブラックホール形成や強力な重力波源である中性子星連星の合体と密接に関係した現象と考えられている. そこで本節では, ガンマ線バーストについて解説する. なおガンマ線バーストについてより深く知りたい読者には, 文献 [8] を薦める.

1.7.1 ガンマ線バースト即時放射の観測的特徴

ガンマ線バーストは,太陽が一生をかけて放出するのに匹敵するエネルギーを $\Delta t = 0.01$–$1{,}000$ 秒程度の短時間にガンマ線で解放させる,宇宙最大の爆発現象である.遠方で起きたものでも十分に明るく輝くため,ガンマ線バーストは毎日のように観測される.宇宙全体を考慮すれば,観測できないものも含め,1日当り 1,000 イベント程度発生していると見積られる.ガンマ線バーストは,通常,Δt の間に起きる即時ガンマ線放射と,1.7.3 節で説明する残光 (afterglow) からなる.即時放射の光度曲線は,単一のパルス形状のもの,滑らかな変化を示すもの,ミリ秒程度の激しい時間変動を示すものなど多様である (図 1.18 参照).これは,発生源の多様な時間変動の様子を反映していると推測される.

即時放射の継続時間,Δt,は,2 秒程度を境に長いものと短いものとの 2 種類に大別できることが知られている (図 1.19 と表 1.2 参照).長い方は 30–50 秒辺りに継続時間分布のピークを持ち,ロングガンマ線バースト (LGRB) と呼ばれる.一方,短い方は約 0.8 秒に継続時間分布のピークを持ち,ショートガンマ線バースト (SGRB) と呼ばれる.この 2 種類は,全く異なる天体現象が起こすため,異なる継続時間分布を示すと考えられている (1.7.4 節参照).ただしこの分類は,以下の理由により,さほど厳密なものではない.まず,観測機器ごとの特性の違いにより,2 秒で分類するのが必ずしも適切とは限らない.次に,観測される継続時間は宇宙論的赤方偏移の影響を受け放射源での継続時間より長くなるが,その赤方偏移 z が測定できなければその補正は考慮されない.さらに,どちらの種類でも継続時間は広がった分布を持つため,本来は起源天体の違いで 2 種類に分けられたとしても,観測される継続時間で分類するとどうしてもお互いが混ざってしまう.他にも,SGRB の後期の活動性 (1.7.3 節) を即時放射と取り違えて,LGRB と分類し

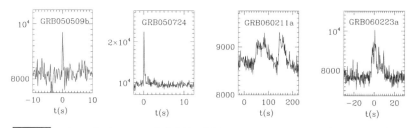

図 1.18 ガンマ線バーストの光度曲線.左側 2 つがショートガンマ線バースト,右側 2 つがロングガンマ線バーストのもの.https://swift.gsfc.nasa.gov/ より取得.

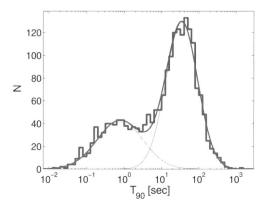

図 1.19 ガンマ線バーストの継続時間分布 (ヒストグラム) とそのモデル化. 2 本の実線は, ショートガンマ線バーストとロングガンマ線バーストの継続時間分布を, それぞれ対数正規分布と呼ばれる分布でモデル化したもの. 太い実線はその足し合わせを表す. E. Nakar, Physics Reports **442**, 166 (2007) より転載.

表 1.2　LGRB と SGRB の特徴の比較.

	継続時間	典型的光度	推定放出エネルギー	中心エンジンの形成過程
LGRB	$\gtrsim 2\,\mathrm{s}$	10^{50}–$10^{52}\,\mathrm{erg\,s^{-1}}$	10^{50}–$10^{52}\,\mathrm{erg}$	大質量星の重力崩壊
SGRB	$\lesssim 2\,\mathrm{s}$	10^{50}–$10^{52}\,\mathrm{erg\,s^{-1}}$	10^{48}–$10^{50}\,\mathrm{erg}$	中性子星連星の合体?

典型的光度とは L_{iso} のことを指す.

てしまう可能性もある. なお最近では, 継続時間が 10^4 秒を超える超ロング (ultra long) ガンマ線バーストと呼ばれるものも見つかっている. これが通常の LGRB と同一起源のものか, あるいは別種族のものか, 今のところわかっていない.

非熱的な放射スペクトルも即時放射の特徴である. 特に LGRB の場合, スペクトルの形は, バンド (Band) 関数と呼ばれる 2 成分の冪型と指数的カットオフの組み合わせで再現できることが知られている (図 1.20 参照). 放射される光子のエネルギーで見ると, 即時放射のピークエネルギーは, 典型的に 100 keV と 1 MeV の間にある. スペクトルを詳細に見ると, LGRB では比較的低エネルギーの光子が多く, SGRB では高エネルギーの光子が多くなる傾向があり, ピークエネルギーも SGRB の方が高めである. この性質のため, LGRB をロング・ソフト GRB, SGRB をショート・ハード GRB と呼ぶこともあり, やはり放射機構や起源天体の違いを反映していると推測される.

さらに, 少なくとも LGRB に対しては, 放射が等方的だと仮定して見積った全エネルギーやピーク光度と, 即時放射のピークエネルギーの間に, 強い相関があ

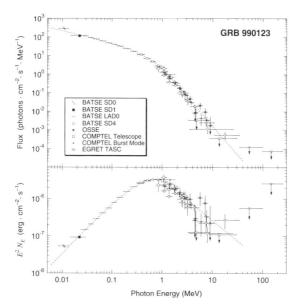

図 1.20 ロングガンマ線バースト GRB 990123 のスペクトル．バンド関数でうまくフィットされる．上図の縦軸が単位面積，単位時間，単位エネルギー当りのガンマ線の観測数を，下図の縦軸が単位時間当りのエネルギー流量を示す．横軸は，MeV を単位としたガンマ線のエネルギーである．M. S. Briggs et al., Astrophysical Journal **524**, 82 (1999) より転載．

る．提唱者の名前から，エネルギーに対する相関はアマチ (Amati) 関係，ピーク光度に対する相関は米徳関係と呼ばれる．これらの相関は，ガンマ線バーストの放射機構を探る際の手がかりを与えている．

このような相関関係が普遍的に成り立つならば，観測したガンマ線バーストのピークエネルギーから光度を決定できることになる．すると，見かけの明るさを測定すれば，ガンマ線バーストまでの光度距離を推定できる．距離測定に適したこのような天体は，標準光源と呼ばれる．代表的な標準光源であるセファイド型変光星や Ia 型超新星爆発は，現代宇宙論の発展に大きく貢献してきた．先に述べたように，ガンマ線バーストは宇宙最大の爆発現象であり，他の天体では見えないような遠方宇宙で起きても観測可能である．したがって，今後の遠方宇宙用の距離指標として有効利用できる可能性を秘めている．

1.7.2 コンパクトネス問題

ガンマ線バーストは，今でこそ，宇宙論的スケールで起きる大爆発現象であることがわかっているが，1967 年の初観測以後，30 年間，発生源までの距離を決定することができなかった．そのため，本来の光度がわからず，発生源を特定する糸口さえつかめなかったので，当初ガンマ線バーストは，我々の銀河系内で起きる小規模の爆発現象だろう，と漠然と推測されていた．宇宙論的距離で起きる大爆発とは考えられていなかったのだ．その理由になったのが，いわゆるコンパクトネス問題である．そこで以下では，これについて説明する．

ガンマ線バーストのエネルギー流量の観測値を F，推定される光度距離を D とおく．ここで，宇宙論的赤方偏移 z が 1 を超えるような (つまり距離が数 Gpc を超えるような) 遠方でガンマ線バーストが起きていて，さらにそのガンマ線放射が等方的だと仮定しよう．すると，観測量から見積られる光度 $L_{\rm iso}(=4\pi FD^2)$ は，典型的には $10^{52}\,{\rm erg\,s^{-1}}$ のオーダーになる．また，ガンマ線バーストの時間変動スケール δt が，ミリ秒程度になることがあるので，その放射領域は，この変動時間内に光速度で横切れるサイズ，$R_\gamma \sim 300\,{\rm km}\,(\delta t/1\,{\rm ms})$，以下であることが，単純に考えると要請される (この考え方に問題があったことが後ほどわかる)．これだけ狭い領域に莫大なエネルギーが集中すれば，ガンマ線は，対生成を介して電子・陽電子 ($e^-\cdot e^+$) との熱平衡状態に落ち着く．そのため，その放射スペクトルがプランク分布にしたがうと推測される．しかしこれは，非熱的スペクトルが観測される事実と矛盾する．これが，宇宙論的ガンマ線バースト仮説に対するコンパクトネス問題である．以下では，コンパクトネス問題を定量的に理解してみよう．

電子・陽電子対生成のためには，$m_e c^2 \approx 0.5\,{\rm MeV}$ より高いエネルギーを持つ光子が必要なので，そのような光子の割合を $f_\gamma\,(<1)$ とおく．ガンマ線バーストで放射される光子のエネルギーは，観測結果を単純に解釈すると 0.1–1 MeV 程度なので，f_γ が 1 に近い値になると推測される．f_γ を用いると，対生成に関与できる光子の数は，およそ $N_\gamma \sim f_\gamma L_{\rm iso}\delta t/(m_e c^2)$ と見積ることができる．すると，放射領域の対生成に対する光学的厚さは，次のように評価される：

$$\tau_{\gamma\gamma} \approx \frac{N_\gamma \sigma_{\rm T}}{4\pi R_\gamma^2} \sim 10^{15} f_\gamma \left(\frac{L_{\rm iso}}{10^{52}\,{\rm erg\,s^{-1}}}\right) \left(\frac{\delta t}{1\,{\rm ms}}\right)^{-1} \gg 1. \qquad (1.37)$$

以前と同様に，$\sigma_{\rm T}$ はトムソン散乱断面積を表す．(1.37) 式が示すように，パラメータの典型的な値に対して，光学的厚さは非常に大きな値になる．$L_{\rm iso}$ や δt は，イ

ベントごとに桁で変わるが, それでも $\tau_{\gamma\gamma}$ が 1 以下にはならない. そのため, 非熱的な放射が観測されることを説明できなかった.

しかし 1990 年代に入って観測が進み, 状況が変化した. まず, ガンマ線衛星 Compton の BATSE 検出器により, ガンマ線バーストは天球上で等方的に分布していることがわかった. 等方分布は, 我々の銀河系の形状による非等方性が見えないほど近くに分布しているか, あるいは宇宙論的距離に分布しているかのどちらかを意味する. そのため, 宇宙論仮説が改めて注目されるようになった.

観測的に決着が導かれたのは, 1997 年に BeppoSAX 衛星がガンマ線バーストの観測を開始してからである. BeppoSAX 衛星は, それ以前のガンマ線望遠鏡よりも位置決定精度がはるかに優れた X 線望遠鏡であり, ガンマ線バーストの位置決定を初めて可能にした. この衛星の登場以後, ガンマ線バーストの残光に対する追観測が様々な波長の望遠鏡によって実行できるようになった. 特に, Keck 望遠鏡のような大型光学望遠鏡によってスペクトルの分光観測が行われるようになった結果, 宇宙論的赤方偏移 z を決定できるようになり, ガンマ線バーストは, 宇宙論的距離で起きることが明らかになった. ガンマ線バーストの距離決定はその後も続き, 現在, 最遠方ガンマ線バーストは分光観測によるもので $z = 8.26$ (GRB 090423) まで, 測光観測であれば $z = 9.4$ (GRB 090429) まで報告されている. なお, $z = 9.4$ とは, 光度距離にしておよそ $100\,\mathrm{Gpc}$ の遠方で起きたことを意味する.

さて, コンパクトネス問題は, どのように解決したのだろうか? これは, ガンマ線バーストは超相対論的な現象だ, と気がつくことで解決した. つまり, ガンマ線バーストが超相対論的な速度で我々に向かってくる物質からの放射ならばよい. そうであれば, ローレンツブーストでエネルギーが高く見え, かつ時間変動の短さも見かけ上のものになるので, 高密度環境下で放射が起きると解釈する必要はなくなる. その結果, 光学的に厚いという解釈にならなくてすむことがわかった. これについて説明しよう. ガンマ線バーストが, ローレンツ因子 $\Gamma\,(= 1/\sqrt{1 - v^2/c^2} \gg 1)$ で我々に向かってくる流体からの放射だと仮定する. すると, 観測される時間変動のスケールは, 放射流体の静止系のものに比べ $1 - v/c \approx 1/(2\Gamma^2)$ 倍, 短くなる. したがって, 変動時間から見積った系のサイズは, 数係数を無視すれば Γ^2 倍になる. また, 観測されるガンマ線のエネルギーは, ローレンツブーストで Γ 倍されるので, 流体の静止系でのエネルギーははるかに低いことになる. したがって, 2 つの光子が寄与する過程であることを考えれば, Γ^2 倍だけ高いエネルギーを持った

光子だけが対生成を起こせることがわかる．観測されるガンマ線の個数は，高エネルギー側において典型的に指数 $\beta \approx -2.5$ の冪に比例する (バンドスペクトルでフィットすると, $\beta \approx -2.5$ という意味である). これを積分して, 対生成を起こすことのできる光子の割合を評価すると, f_γ は $\Gamma^{2\beta+2}$ にまで減ることがわかる．これらを考慮して $\tau_{\gamma\gamma}$ を評価すると, (1.37) 式に対して $\Gamma^{2\beta-2}$ 倍になることが導かれる. $2\beta-2$ はおよそ -7 なので, Γ が約 100 以上ならば, $\tau_{\gamma\gamma}$ が 1 以下になる．したがって, コンパクトネス問題は解決する．

ただし, コンパクトネス問題を回避するには, 巨大なローレンツ因子 (典型的には $\Gamma \gtrsim 100$) が必要である. 近年では, GeV 領域でも非熱的な即時放射が観測されることもあり, そのような場合には $\Gamma \gtrsim 1,000$ のようなさらに厳しい制限がローレンツ因子に課される. これらの制限は, 1.7.3 節で述べるように, ガンマ線バーストを駆動する中心エンジンのモデルを厳しく制限することになる.

なお, このような超相対論的速度の物質からの放射を観測対象にすると, 相対論的ビーミングにより, それぞれの物質が $1/\Gamma$ 程度の角度までしか観測できなくなる．そのため, 球対称な爆発かジェット状に絞られた爆発なのかが区別できなくなる．放射の形状を決定するには, さらなる観測的情報を得る必要がある. これについても, 1.7.3 節で述べる.

1.7.3 火の玉と放射モデル

では, 超相対論的な運動はどのように駆動されるのだろうか? これを説明する最も有力なモデルが, 火の玉 (fireball) モデルである. このモデルでは, 莫大な内部エネルギーが小さな領域に注入され, その圧力によって自身があたかも初期宇宙のビッグバンのように相対論的に膨張することを想定する．

まず, バリオンの存在が無視できる場合を考えよう. その場合, 火の玉は, 光子と対生成された熱的電子・陽電子対からなる. 初期の温度 (光子の平均エネルギー) は, 火の玉の全エネルギーとその体積で決まり, 観測から示唆される典型的なパラメータを採用すれば 0.1–1 MeV 程度になる. 光学的に厚い火の玉は, エントロピーおよび全エネルギーを保存しながら断熱膨張する. すると, 内部エネルギーが運動エネルギーに転化されて, 温度は半径に比例して下がる一方で, ローレンツ因子は半径に比例して大きくなる. 温度が下がると対消滅が進み, 光子に対する光学的厚さが下がるため, やがて火の玉から光子が抜け出せるようになる. そして,

熱的放射としてエネルギーが解放される．断熱膨張に伴う温度の低下とローレンツ因子の上昇の効果が打ち消し合うため，観測される熱的放射の温度は，火の玉の初期温度と同じになる．したがって，即時放射のピークエネルギー (0.1–1 MeV 程度) は，火の玉モデルでは初期条件で決まる．この性質は，エントロピーとエネルギーの保存則だけから導かれ，一様でさえあれば火の玉のダイナミクスにはよらない．

　ガンマ線バーストに対しては，その非熱的放射を説明することが不可欠なので，上のモデルでは不完全である．これを修正するには，適量のバリオンの存在を仮定する必要がある．適量のバリオンが存在すれば，火の玉のエネルギーの一部がバリオンの運動エネルギーに転換される．そして，その後のバリオン同士の衝突と衝撃波形成を考慮すれば，その運動エネルギーを散逸させることで，即時放射の非熱的スペクトルが構築できる (次の段落参照)．ただし，バリオンが十分な運動エネルギーを受け取る前に火の玉が晴れ上がってエネルギーを熱的放射で逃してはいけない，という制限から，典型的なガンマ線バーストに対して，バリオンの質量エネルギーは火の玉の全エネルギーの約 0.1%以上，という条件が課される．他方，コンパクトネス問題を回避するために，巨大なローレンツ因子 ($\Gamma \gtrsim 100$) が要請されるので，バリオンの質量エネルギーは，火の玉の全エネルギーの $1/\Gamma$ 以下，つまり 1%以下でなくてはならない．よって，火の玉に含まれるバリオン質量には微調整が必要になるのだが，これはバリオンローディング (baryon loading) 問題と呼ばれる．このバリオン質量に対する条件が常に満たされているのか，あるいは別の機構で回避されているのかについては，未だに理解が得られていない．

　バリオンの運動エネルギーを非熱的放射に転換する機構としては，内部衝撃波モデルが有望と考えられている．このモデルでは，火の玉内部にローレンツ因子の異なる多数のバリオン塊が存在し，それら同士の衝突が散逸を引き起こすことを想定する．ただし，残光 (次の段落参照) から見積られる火の玉の運動エネルギーと即時放射のエネルギーを比べると，単純には，50%を超える高い変換効率が要求される．運動エネルギーが，このような高効率で変換される機構については詳しくわかっていない．したがって，即時放射が非熱的成分のみからなるのであれば，内部衝撃波モデルは満足なモデルを提供していない．もっとも，即時放射は非熱的成分のみからなるのではなく，火の玉の光球からの熱的放射も即時放射に寄与しているのかもしれない．仮に即時放射が熱的成分と非熱的成分の両方から構成

されているとすれば，変換効率の問題は解決されうるが，その場合には，非熱的に見えるスペクトルも同時に説明できなくてはならない．これらの観測結果を首尾一貫して説明するには，熱的，非熱的成分間の配分に微妙なさじ加減が必要になるが，どのようにこれが実現されているのか，わかっていない．

ガンマ線バーストでは，即時放射に続き，残光が観測される．残光は，X線領域から電波領域にわたって幅広く観測される現象である．この残光成分については，外部衝撃波モデルでおおむね自然に理解できる．このモデルでは，超相対論的な速度の火の玉が，星間空間物質を掃き集める際に衝撃波が発生することを想定する．そして，発生した衝撃波の物理過程によって，残光を次のように説明する．まず，衝撃波面前後で電子が加速されると同時に，磁場が増幅されるとする．すると，増幅された磁場中で電子が相対論的な運動を行うため，シンクロトロン放射が発生する．電子が幅広い速度分布を持てば，シンクロトロン放射も幅広いスペクトルを持つ．そこで，このシンクロトロン放射を残光と解釈する．衝撃波はその後，星間物質を掃き集めた結果，減速するため，やがて磁場強度は弱まり，残光は暗くなる(このような現象ゆえ，英語で afterglow と呼ばれる)．

このような衝撃波由来のシンクロトロン放射は，宇宙の様々な爆発現象で観測されており，ガンマ線バースト残光はその超相対論的な典型例になっている．ただし，実際に観測される残光は，突発的なフレアを起こすなど，単純な理論モデルとは異なる時間的振る舞いを見せることも多い．さらに，GeV を超える高エネルギー光子の生成は，シンクロトロン放射では説明しにくいという問題もある (高エネルギー光子を放射すると電子が反作用で急激に減速してしまうため)．包括的な理解には，より詳細な研究が必要とされている．

残光の観測から得られる重要な結論の1つとして，ガンマ線バーストは非常に絞られたジェット状の爆発だ，という事実が挙げられる．先に述べたように，超相対論的速度の物質からの放射はビーミングを受けるため，放射している物質の開き角 θ_i が $1/\Gamma$ 以上であれば，球対称の放射と区別がつかない．しかし，星間物質に減速されてローレンツ因子が $1/\theta_i$ 以下になれば，区別可能になる．ここまで減速すると非球対称性が見え始め，残光は急速な減光を始めるはずで，これが実際に多数観測されている．この観測的遷移は，ジェットブレイクと呼ばれ，ガンマ線バーストがジェット状に起きる強い証拠になっている．残光の理論モデルを用いると，このジェットブレイクの時刻から，ジェットの開き角 θ_i を見積ることがで

き、LGRB だと典型的には $\theta_i =$ 5–10 度であることがほぼ確立している。SGRB では残光が暗いことが多く、ジェットブレイクの観測は数例しかなく不定性が大きいが、典型的にはやはり、5–10 度程度の開き角であることが示唆されている。

先に述べたように、ガンマ線バーストの放射が等方的だとすれば、その光度は $L_{\rm iso} = 4\pi F D^2$ と推定され、放射される全エネルギーは $E_{\rm iso} = L_{\rm iso}\Delta t$ と見積られる。ガンマ線バーストの中でもエネルギー流量 F が特に大きい場合には、$E_{\rm iso}$ が 10^{54} erg (太陽の静止質量エネルギー程度) を超える場合がある。このような莫大なエネルギーを短時間に放射可能な天体現象を挙げるのは、不可能である。しかし実際はジェット状の爆発なので、解放されるエネルギーは開き角 θ_i ($\ll 1\,{\rm rad}$) の 2 乗に比例して小さく見積られる ($\theta_i^2/4$ 倍になる)。すでに述べたように、θ_i は約 10 度 (約 0.175 rad) 以下なので、$\theta_i^2/4 \lesssim 0.01$ であり、その結果、1.7.4 節で挙げる相対論的な天体現象がガンマ線バーストの候補になる。

SGRB には、即時放射、残光以外にも、特徴的な放射が付随することがしばしばある。X 線の延長放射 (extended emission) が、その 1 つである。これは、即時放射の後に、10–100 秒程度継続する X 線放射である。それ以外にも、1,000–10,000 秒程度継続する別種の X 線放射が見られる場合もある。これらは、残光とは異なった複雑な活動性を示すことが多く、起源は全くの謎である。延長放射は、中心エンジンの活動に付随するのだろうと推測されているが、それがジェット状に起きるのか、それとも等方的に起こるのか、については、全くわかっていない。即時放射より延長放射の方がより多くのエネルギーを放射していると見られる SGRB も存在し、延長放射がバースト現象の重要な構成要素であることは間違いない。そのため、SGRB のモデルを議論する際には、この後期の放射までを説明することが求められる。

1.7.4　ガンマ線バーストの中心エンジンモデル

ガンマ線バーストの中心エンジンとして最も有力なのは、恒星サイズのブラックホールの周囲に太陽質量程度の物質が円盤を作り、その降着に伴うエネルギー解放が、超相対論的な速度のジェットを駆動するというモデルである (図 1.21 参照)。コンパクトな天体[*7)] が莫大なエネルギーを解放している、という観測的な

[*7)] コンパクトネス問題が超相対論的速度で運動する放射源を考えることで解決できる、と説明した際

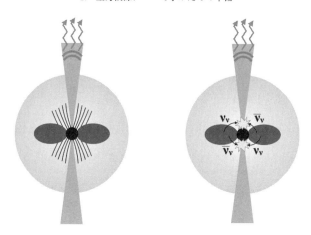

図 1.21 ガンマ線バーストの中心エンジンに対する概念図. 磁場駆動モデル (左) とニュートリノ駆動モデル (右) を表す. 松本達矢氏の提供による.

要請に整合したシナリオである. またブラックホールの極付近に存在する物質は, ブラックホールに吸い込まれるので, 火の玉を極付近に生成できれば, バリオンローディング問題が和らぐ点も好ましい (以下参照).

ジェットの駆動機構としては, 以下の 2 モデルが有力である (図 1.21 参照). 1 つは, 磁場駆動モデルである. これは, ブラックホール周りに存在する降着円盤起源の磁場が, ブラックホールを貫くような配位を取ることに注目する. このような磁場が存在すると, ブランドフォード・ツナジェク (Blandford–Znajek) 機構と呼ばれる物理過程により, ブラックホールの回転エネルギーが効率的に引き抜かれ, 電磁気学的エネルギーに転化されうる. そこで, それが最終的に, 物質の運動エネルギーに転化されること想定する. もう 1 つは, ニュートリノ駆動モデルである. このモデルでは, 高温高密度の物質がブラックホールに降着する際に発生する内部エネルギーが, 大量のニュートリノおよび反ニュートリノ放射を通じて解放され, さらにそれらがブラックホールの極付近で対消滅を起こすことで火の玉ジェットが発生する, ことを想定する. これまでのところ, このどちらかを支持するような観測的証拠はない. 両方が働いている可能性もある.

なお, 中心天体がブラックホールに限られるかどうかは, 必ずしも自明ではな

に, 流体の静止系では時間変動のスケールは短くない, と述べたが, 中心エンジンの静止系では, 観測される時間変動通りのスケールが要請される. したがって, 中心エンジンはコンパクトでなくてはならない.

い．例えば，高温高密度の大質量中性子星が誕生すれば，強力なニュートリノ放射源になるので (5 章参照)，ニュートリノ駆動モデルには都合が良いかもしれない．また，強磁場を持った高速回転中性子星がジェットを駆動すると仮定するマグネターモデルも，後期までの活動性を説明するには都合が良く，一定の注目を集めている．ガンマ線バーストの中心エンジンは，直接観測ができないため，理解するのが容易ではない．そのため，長年にわたり，宇宙物理学における未解決問題と位置付けられている．

　ガンマ線バーストが超相対論的ジェットであるとすれば，中心エンジンの周辺環境に対して様々な制限が課される．まず，バリオンローディング問題から，ジェットの通り道に大量の物質が存在してはいけない．超相対論的ジェットが中心付近で駆動できたとしても，ガンマ線が放射される前に大量の質量が掃き集まるとローレンツ因子が下がり，コンパクトネス問題を回避できなくなるからである．例えば，重力崩壊した星のコアからジェットが射出される場合であれば，何らかの過程でジェットの通り道に存在する物質が払い除けられた後に，ガンマ線バーストが駆動される，と考えざるを得ない．次に，即時放射の継続時間以内にジェットが外部から観測されるようになる必要があるため，周辺環境のサイズに対して上限が課される．さらに，何らかの機構でジェットが狭い開き角に絞りこまれている必要もある．星の外層のような物質が存在すると，ジェットが横に広がるのを抑えるので，外層の存在はこの観点から考えると肯定的に働く．これらの例が示すように，ガンマ線バーストの中心エンジンの周辺環境には，微妙な物質配置が成立していると想像される．

a. ロングガンマ線バースト (LGRB) の起源

　付随して起きる超新星爆発がこれまでに多数観測されているため，少なくとも一定数の LGRB は，大質量星の重力崩壊に付随して起きる現象であることがわかっている．LGRB に付随した超新星爆発は，極超新星 (hypernova) と呼ばれるような高い爆発エネルギー (典型的な値より 1 桁程度大きいエネルギー) を伴うものが多い．これは，LGRB に特殊な星の重力崩壊が関与していることを示唆している．また，LGRB 付随の超新星爆発は常に Ic 型と呼ばれるもので，水素とヘリウムの吸収線が観測されない．したがって，水素とヘリウムの外層を失ったウォルフ・ライエ (Wolf–Rayet) 星と呼ばれる大質量星が，親星だと推測されている．ウォルフ・ライエ星は半径が比較的小さいので，ジェットが外層を突き破りやすく，ガン

マ線バーストを起こすのに適している．LGRB はまた，星形成活動が活発な銀河で起きていることも観測的にわかっている．これも，恒星としての寿命が短い大質量星の重力崩壊説と整合的である．ジェットの駆動機構は未だに正確には理解されていないが，LGRB の主要な起源天体については判明したと考えてよい．

LGRB には超新星爆発が付随しないこともあるが，これは大質量星の重力崩壊説と矛盾するわけではない．大質量星の重力崩壊後，超新星爆発が起きずにブラックホールが誕生し，ブラックホール周りで LGRB が起きればよいからである．このことは，ブラックホールが誕生するような重力崩壊において，必ずしも超新星爆発が起きるわけではない，ということを示唆している．しかし，このようなタイプの重力崩壊が本当に存在することを，観測的に証明するのは容易ではない．電磁波では微弱にしか光らないからである．可能性の 1 つとして重力波による観測があるが，これについては 6.2 節で触れる．

b． ショートガンマ線バースト (SGRB) の起源候補

SGRB の起源天体を特定する観測的証拠は未だに得られていないが，多くの研究者は，それが中性子星連星の合体だと信じている．これは以下の理由による．まず，中性子星連星が合体すると，多くの場合，ガンマ線バーストの中心エンジンの有力候補であるブラックホールあるいは大質量中性子星と高温高密度の降着円盤からなる系が誕生することが，これまでの理論研究から明らかにされている (5 章参照)．そして誕生する降着円盤は，コンパクトで空間的にあまり広がっていない．したがって，短時間で質量降着が進み，全ての物質が中心天体に落ちる (あるいは吹き飛ぶ) と考えれば，SGRB の短い継続時間 (約 2 秒以下) を自然に説明できる．

次に，これまでに観測されてきた SGRB の母銀河には，LGRB の場合と異なり，多様性があることが挙げられる．SGRB は，星形成を活発に行っている若い銀河でも，星形成が不活発な年老いた銀河でも観測される．したがって，LGRB とは異なり，大質量星の重力崩壊が起源とは考え難く，中性子星連星の合体説と整合する．連星形成後，合体までに数千万–数十億年の時間がかかるので (1.4 節参照)，銀河のタイプによらず起きるのが自然だからである．

さらには，SGRB が，母銀河の外縁部で観測される例が少なからずあることも連星仮説を支持する．一部の中性子星連星が，非等方的な超新星爆発を経て誕生するならば，そのような連星が爆発時に運動量を獲得するため，形成から合体までの長い時間をかけて銀河内を移動するからである．

また, 不定性が大きいながらも, 中性子星連星の推定合体率が SGRB の発生率と大まかには合うことも, 状況証拠である. SGRB の発生率を見積るには, 観測できる割合を見積る必要があるが, これにはジェットの開き角の正確な情報が必要になる. これに対する不定性が大きいため, SGRB の発生率を正確に見積るのは難しいが, 開き角を 5-10 度程度と想定すれば, SGRB の発生率と中性子星連星の推定合体率が, 桁では一致する.

中性子星連星合体説を支持する最近得られた観測的証拠として, GRB 130603B に付随して見つかった近赤外線増光を挙げることができる. この SGRB はまず, Swift 衛星で即時放射が検出され, その追観測により, X 線や可視光線の残光が観測された. それに加えて, 即時放射から 9 日後に, Hubble 宇宙望遠鏡による観測で, 近赤外線 (H バンド) で残光理論から予測されるよりもはるかに明るい増光が見つかった. さらに, 母銀河の同定により, 宇宙論的赤方偏移が $z = 0.356$ と決定されたため, 増光の本来の光度も明らかになった. その結果, 超新星爆発のような既存の天体による増光の可能性は棄却され, 別種の突発現象であることが明らかにされた. この近赤外線での 1 週間程度の増光現象は, かねてから中性子星連星合体に付随して起きると予言されていたキロノバ (あるいはマクロノバと呼ばれる: 1.8 節参照) と定量的に整合したので, 中性子星連星合体説を支持することになった. 連星中性子星の合体にキロノバが伴うことは, 最終的には, GW170817 が重力波と電磁波で同時に観測されることで証明されるのだが (5.3 節参照), GRB 130603B に伴う発見はその先駆けになった.

SGRB の起源解明には, 重力波観測が決定的な役割を果たすはずである. もし中性子星連星合体からの重力波がガンマ線即時放射とほぼ同時に観測されれば, それは中性子星連星合体説の決定的な証拠になるからである. さらに, 観測された重力波を解析することで中性子星やブラックホールの質量, および中性子星の半径ないし潮汐変形率を得ることができれば, SGRB の駆動機構にも大きな手がかりが得られる. 重力波で観測可能な距離 (典型的には数百 Mpc 以内) は, SGRB を観測可能な距離よりもはるかに小さいので, 同時観測が可能な場合には, 延長放射や残光も見かけ上非常に明るくなり, イベント全体を詳細に観測できることになるだろう. ただし, 重力波はほぼ等方的に放射されるのに対し, ガンマ線バーストはジェット状に放射されるので, 観測される重力波に対し, ジェットが正面から見える典型的な SGRB を伴うものはせいぜい数%であると予想される. つまり, 運

の良いイベントが必要になる.例えば,5.3 節で取り上げる GW170817 では,合体の 1.7 秒後に Fermi 衛星や INTEGRAL 衛星により,約 2 秒間のガンマ線放射 GRB 170817A が検出された.しかし,このガンマ線放射の光度は,通常の SGRB に比べて 2 桁以上低く,超相対論的速度のジェットが引き起こす典型的な SGRB とは明らかに異なっている.また,ジェットからの残光らしい放射は,観測されなかった.ゆえに,超相対論的なジェットからの放射で GRB 170817A を素直には解釈できない.この現象では,ジェットの軸が我々の視線方向から 20–30 度程度ずれていたため,超相対論的ジェットによる SGRB の同時観測には至らなかったようである.しかし,近い将来重力波望遠鏡の感度が向上すれば,年間 10 回以上,中性子星連星の合体が観測できるようになると見積られるので,SGRB との同時観測はいずれ実現すると期待してよい.

1.8 速い中性子捕獲過程 (r プロセス) に伴う元素合成

1.3.1 節で述べたように,核子当りの束縛エネルギーが最も高く,最も安定な原子核は鉄である.他方,我々の身の回り (つまり太陽系内) には,原子番号のより大きい元素 (例えば,金,銀,プラチナ,水銀,鉛,レアアースなど) が存在する.このことは,他の恒星系でも同様である.したがって,何らかの天体現象においてこれらの重元素が合成されていることは間違いない.しかし,これらは恒星内の熱核反応では合成されず,その合成現場は完全には理解されていない.その解明は,現在の天体核物理学における最重要課題の 1 つとされている.

鉄よりも原子番号の大きい元素の大半は,自由中性子の捕獲過程によって合成されると推測されている [8].それは,原子番号が大きく強いクーロン斥力を受ける重原子核を成長させるには,電荷を持たない中性子を重原子核に照射して,より重くするのが効率的だからである.したがって,重元素の多くは,中性子に富んだ環境で合成されたと推測される.

中性子捕獲過程には,ベータ崩壊の時間スケールよりもゆっくりと中性子を捕獲する反応である s (slow) プロセスと,ベータ崩壊の時間スケールよりも素早く中性子を捕獲する反応である r (rapid) プロセスの 2 つが存在する.s プロセスは,

---

[8] 比較的陽子が過剰な重原子核を作る p プロセス元素合成という反応もあり,超新星爆発のような高エネルギー天体現象と関係している可能性があるが,本書では触れない.

中性子捕獲により質量数を増やすたびにベータ崩壊を伴う過程である．sプロセス元素合成は，準定常的に進行し，おおむね元素の安定線に沿って鉛までの重元素が合成される．この過程は理論的にも観測的にもほぼ理解されており，比較的質量の小さい恒星の進化の後期段階 (いわゆる漸近巨星分枝段階) において，ヘリウム燃焼に伴って放出される中性子が，種になる重元素に捕獲されて起きる，と推定されている．合成された重元素は，その後，星風などにより星間空間に撒かれると考えられる．

一方，rプロセスでは，中性子捕獲が素早く進むため，元素の安定線よりもはるかに中性子過剰な不安定核領域を，光分解との平衡に達するまで中性子を捕獲しながら進む．中性子が十分過剰に存在すれば，中性子ドリップライン (原子核の束縛エネルギーが正ではなくなりそれ以上中性子を捕獲できなくなる境界線) に達するまで，rプロセスが進むこともある．原子核が十分に中性子過剰になると，最終的にはベータ崩壊の時間スケールが十分に短くなるため，ベータ崩壊が起きる．すると，原子番号が増すため (安定線に多少近づくため)，また中性子を捕獲できるようになり，質量数を増やすことでrプロセスが進む．中性子が十分に存在すれば，sプロセスとは異なり，鉛よりも原子番号の大きい原子核も合成される．ただし，原子番号がウランやプルトニウムを超えるところにまで達すると，自身のクーロン反発力が強くなりすぎて，核分裂反応をついには起こす．この段階でも捕獲できる中性子が残っていれば，核分裂で生成された質量数の小さい原子核がrプロセス元素合成に参入し，再び重い元素を作るサイクルが走り出す (fission cyclingと呼ばれる)．中性子を捕獲し終えると，中性子過剰な不安定原子核はベータ崩壊を繰り返し安定な元素に落ち着く．そしてこれが，我々が現在観測するrプロセス元素になる．

rプロセス元素合成を起こすには，高密度の自由中性子が必要になる．必要とされる数密度 n_n は，競合するベータ崩壊の寿命と中性子捕獲の時間スケールとの比較から評価できる．例えば，関連するベータ崩壊の最短時間を $t_\beta = 1$ マイクロ秒としよう．中性子の熱的運動の典型的な速度 v_n を光速度の1%程度，中性子捕獲の断面積を $\sigma_n = 10^{-25}\,\mathrm{cm}^2$ とすれば，$n_n = 1/(\sigma_n v_n t_\beta) \sim 3 \times 10^{22}\,\mathrm{cm}^{-3}$ の中性子数密度が必要になる．より幅広い可能性を考慮しても，$n_n \gtrsim 10^{20}\,\mathrm{cm}^{-3}$ が必要だと評価される．これは，非常に高い数密度であり，このような環境を作り出すのは，中性子星が関係している現象しかありえない．さらに，合成された重元素は

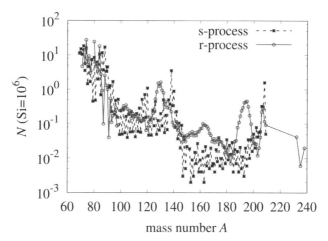

図 1.22 太陽系における s プロセスおよび r プロセス元素組成. 中性子の魔法数 50, 82, 126 に付随して, 質量数 $A = 80, 130, 195$ 付近に r プロセス元素のピークが存在し, それぞれ第一, 第二, 第三ピークと呼ばれる. ランタノイド元素は, 第二ピークと第三ピークの間に存在する. s プロセス元素にも同様のピークがあるが, r プロセス元素に比べて陽子数がやや増えてベータ安定線に乗るため, 少し質量数の大きいところにピークが現れる. データは C. Sneden et al., Annual Review of Astronomy and Astrophysics **46**, 241 (2008) より取得した.

生成源から放出されないと観測対象にならないので, 何らかのダイナミカルな過程が関与していることも示唆される. このような現象の候補は, 重力崩壊型超新星爆発か中性子星連星の合体しかない. したがって, r プロセス元素合成には重力波源が関わっており, r プロセス元素合成過程について深く理解すれば, 重力波源について理解が進むことが期待できる. そこで本節では, r プロセス元素合成について述べる.

1.8.1 r プロセス元素組成の観測的特徴

太陽系の元素組成は, 太陽大気や隕石を通じて観測される. 質量数が 80 を超える重元素側には, s プロセス起源元素と r プロセス起源元素, それぞれの組成に対して, 特徴的なピークが 3 つずつ見られる (図 1.22 参照). これは, 原子核構造における中性子の魔法数 (中性子が閉殻をなすため, 原子核が安定になる数) である 50, 82, 126 付近に, 多量の原子核が合成されることに起因する. 3 つのピークはそれぞれ, 第一ピーク, 第二ピーク, 第三ピークと呼ばれる. s プロセスの場合, 元素の安定線上において, この中性子数を持つ元素が多く合成される. その代表例

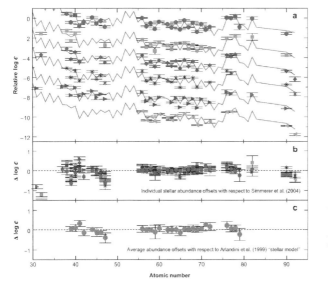

図 1.23 上段: r プロセス元素を豊富に含んだ金属欠乏星の組成と太陽系組成の比較. 6つの恒星の観測データを, 太陽系組成 (実線) と比較している. 見やすいように縦軸はずらしており, 異なる恒星のデータ間の比較には意味がないことに注意. 第二ピーク (原子番号 54 付近) の手前および第二ピークより原子番号が大きい側で, 太陽系組成との普遍的な一致が見られる. 中段: 個々の星の重元素組成の, 太陽系の r プロセス元素組成からのずれ. 下段: 6 つの星の平均重元素組成の, 太陽系の r プロセス元素組成からのずれ. なお, これらの比較においては, ユーロピウムの組成比をそろえている. C. Sneden et al., Annual Review of Astronomy and Astrophysics **46**, 241 (2008) より転載.

として, ストロンチウム, バリウム, 鉛が挙げられる. 一方, r プロセスでは, 安定線よりも中性子過剰な側で元素合成が進むため, 中性子数が同じ魔法数でも, s プロセスに比べ陽子数の少ない原子核が合成されるため, s プロセス元素よりもその原子番号はやや小さくなる. 例えば, 金, 銀, プラチナや, 第二・第三ピーク間にあるレアアースは, 主に r プロセスで合成される.

近年, 金属欠乏星 (鉄が少ない恒星) に対する分光観測が進んだが, その結果明らかになった興味深い観測事実として, r プロセス元素を過剰に含む太陽系外の天体の r プロセス元素組成比が, 多くの場合, 太陽系における組成比とほぼ一致することが挙げられる (図 1.23 参照). 金属欠乏星は, 超新星爆発による重元素合成の影響をほとんど経験していないガスから誕生したと考えられる. しかしながら, このような恒星に, ユーロピウムのような r プロセス元素が豊富に含まれるのであ

る．これは，rプロセス元素合成が，典型的な超新星爆発とは異なる経路で起きていることを示唆しており，その起源を探るための重要な手がかりを与えている．

金属欠乏星と太陽系のrプロセス元素組成比が似ている点は，一層興味深い．金属欠乏星には重元素がほとんど含まれていないので，その重元素組成は，ごく少数 (場合によっては1回) のrプロセス元素合成イベントによって決まった，と推測される．一方，太陽系組成は，過去に起きた数多の超新星爆発など様々な元素合成イベントの重ね合わせで決まっている．したがって，両者の組成比が似ているのは非常に不思議なことである．これを自然に説明するには，主要なrプロセス元素合成過程は1つしかなく，しかもその過程では常にほぼ同じ組成比で元素合成が起きる，と考えるしかない．異なる天体現象は，異なる元素組成を生み出すのが自然だからである．この組成比に対する普遍性 (universality) は，rプロセス元素の起源を探る上で重要な手がかりを与えている．

なお，この普遍性に関しては一点注意が必要である．質量数が約130 (第二ピーク元素の質量数) 以下の元素に対しては，普遍性がさほど明確には成り立たないからである．重元素が過剰でない恒星の中には，ストロンチウムなど比較的軽い重元素だけが多い恒星 (weak r-star と呼ばれる) が存在する．したがって，全てのrプロセス元素が特定の環境でしか合成されない，というわけではない．普遍性が成り立つのは，質量数の大きな重元素に対してのみであり，そのような重元素の合成過程に対しては主要な現象が存在し，その現象では常に似たような組成比を持つ元素合成が行われる，ということが示唆されている．

1.8.2 rプロセス元素合成の起源天体候補

先に述べたように，rプロセス元素合成には自由中性子過剰な環境が不可欠であり，そのような状態を実現できる天体現象の有力候補は，重力崩壊型超新星爆発と中性子星連星の合体である．しかし，以下に述べるように，典型的な重力崩壊型超新星爆発において，質量数の大きいrプロセス元素を合成するのは難しい．

重力崩壊型超新星爆発過程において原始中性子星が形成された後，それは大量のニュートリノを放射する (1.6節参照)．すると，その輻射圧が寄与する星風 (ニュートリノ風と呼ばれる) が吹き，原始中性子星周りの中性子過剰物質が放出され，rプロセス元素合成が起きる，と推測されてきた．しかし，この過程に対する詳細な数値シミュレーションの結果，放出物質の中性子過剰度を高く保つのは難しいこ

とが判明した．これは以下の理由による．原始中性子星から放射されるニュートリノは，電子型 (ν_e) も反電子型 ($\bar{\nu}_e$) も，光度や平均エネルギーに際立った違いはないので，以下の反応が同程度に起きる：

$$n + \nu_e \to p + e^-, \tag{1.38}$$

$$p + \bar{\nu}_e \to n + e^+. \tag{1.39}$$

すると，これらのニュートリノ吸収反応によって，中性子と陽子の数が一致する方向に組成が変化する．その結果，原始中性子星自体は中性子過剰だが，そこからニュートリノ風で放出される物質は，ニュートリノ照射のため中性子過剰状態が弱められてしまう．その結果，r プロセス元素合成が，第二，第三ピーク元素のような重い元素まで進まなくなる[*9]．

このため近年は，中性子星連星の合体に伴って物質が放出され，そこで r プロセス元素合成が起きるという説が有望視されている．連星中性子星が合体すると，激しい合体現象に伴い，系から太陽質量の 0.1–1% 程度の物質が，平均で光速度の 20% 程度の高速度で放出されうる (5.1 節と 5.3 節参照)．またブラックホール・中性子星連星の合体では，潮汐効果によって最大で太陽質量の 10% 程度の物質が，やはり高速度で放出されうる (5.4 節参照)．他にも，合体後に誕生するブラックホールまたは大質量中性子星周りの降着円盤からも，磁気乱流由来の粘性流体現象によって太陽質量の 1% を超える物質が放出されうる．放出される物質は，いずれも中性子星由来なので，中性子過剰である．また，それらは高速で噴出されるので，中心天体からのニュートリノ照射の影響を極端には受けない．したがって，r プロセス元素合成に最適の環境が実現される．

ただし，このシナリオにも今のところ不確定要素が多い．まず，連星の合体率がよくわかっておらず，連星から放出された物質が我々の宇宙の r プロセス元素の総量を賄えるかどうかまだわかっていない．この点については，今後の中性子星連星の合体に対する重力波観測が待たれる．さらに以下のような問題がある．連星の合体は，2 度の超新星爆発の後，数千万から数十億年程度の時間をかけて起きるのが典型的と推測されている (22 ページ表 1.1 参照)．これが本当ならば，r プロ

[*9] ただし，特殊な超新星爆発を考えれば，r プロセス元素合成の条件が満たされる可能性がないわけではない．中性子過剰物質が原始中性子星から逃げる速度が十分に大きく，ニュートリノ照射の影響をあまり受けなければ，r プロセス元素合成は十分に進みうるからである．

セス元素を豊富に含む金属欠乏星の起源を, 中性子星連星の合体に求めると矛盾が生じるかもしれない. なぜならば, 金属欠乏星は, 超新星爆発の影響をほとんど受けなかった宇宙初期のガスから誕生したと推測されるが, 合体が起きるまでの長い間に超新星爆発の影響を受けてしまうと考えるのが自然だからである. この点は, 宇宙の化学進化の観点からの検証が不可欠である. 他にも, 中性子星連星の合体で r プロセス元素が合成される場合, 観測的に示されている組成比の普遍性が説明できるのか, という問題もある. これも今後の研究課題である.

1.8.3 キロノバ

中性子星連星の合体時に r プロセス元素合成が起きていることを観測的に証明するには, 1.7 節で紹介したキロノバを重力波と同時に観測すればよい. r プロセス元素合成では, 当初, 中性子が非常に過剰で不安定な重原子核が合成される. その後, ベータ崩壊で重原子核の中性子過剰度が下がり, またアルファ崩壊や核分裂なども経て, 安定な重元素が生成される. これらの崩壊過程は発熱反応なので, r プロセス元素からできた物質自身は加熱される. その結果, 高光度放射が期待できる. この放射機構は, ニッケルやコバルトが鉄へと放射性崩壊する際の崩壊熱で輝く, Ia 型超新星爆発とよく似ている. 違いは, (i) 中性子星連星の合体では, 放出される物質の質量がより小さい一方で, 速度はより大きい. (ii) r プロセス元素の放射性崩壊では, 多様な原子核が様々な寿命で崩壊するため, 特定の不安定核の寿命で特徴的な放射時間スケールが決まらず, 光度が冪乗的に減衰する. そして, 特に重要な違いが, (iii) ランタノイド元素が存在しうる, 点である. ランタノイド元素には, 紫外線から赤外線の波長域に極めて多数の束縛遷移が存在する. そのため, この元素が有意に存在すると, 光の吸収係数 (opacity) が興味ある観測波長帯で高くなる. (i)–(iii) の性質のため, キロノバは 1 日から数十日程度の時間スケールで, 紫外線から近赤外線領域で, Ia 型超新星とは異なる特徴で輝くと予言される. 1.7.4 節で述べた GRB 130603B の近赤外線増光, および 5.3 節で詳しく紹介する GW170817 の可視光線と近赤外線の観測結果は, この予言と整合しており, r プロセス元素が合成されたことを示唆している.

キロノバの性質を決める重要な量は, 放出物質の質量 $M_{\rm ej}$, 速度, 中性子過剰度, 光の吸収係数 κ, およびその放射性崩壊におけるエネルギー解放率である. 放出物質の性質を理論的に調べるには, 5 章で紹介するように, 数値相対論に基づくシ

ミュレーションが不可欠である. さらに, その結果から, 正確な光度やスペクトルの進化を得るには, r プロセス元素による吸収および放射を網羅的に取り入れた輻射輸送シミュレーションを行う必要がある. ただし, 放射のピーク時刻 $t_{\rm peak}$ やそのときのピーク光度 $L_{\rm peak}$ のような特徴的な量だけを見積りたければ, 以下で紹介する評価法が有用である.

ここでは, 簡単のため, 放出される物質は球対称かつ密度一様とする. 表面速度が $V_{\rm ej}$ であれば, 合体後時間 t 経過したときの半径は $R = V_{\rm ej} t$ で与えられ, また密度は $\rho = 3M_{\rm ej}/(4\pi R^3)$ になる. 光の吸収係数を波長によらず κ だとすれば, 光子の平均自由行程は $\ell = 1/(\kappa\rho) = 4\pi R^3/(3\kappa M_{\rm ej})$ で与えられ, 表面から中心までの光学的厚さは $\tau = R/\ell$ になる (45 ページ脚注 6 参照). これが 1 よりも十分に大きい場合, 光は放出物質から即座に抜け出せず, 拡散的に漏れ出す. 光子が酔歩運動をすると仮定すれば, 光が抜け出すまでに経験する散乱回数は $N = (R/\ell)^2$ になるので, 合体から時間 t 後に中心からの光が抜け出すのにかかる時間スケール (拡散時間) は

$$t_{\rm diff} = N\left(\frac{\ell}{c}\right) = \frac{3\kappa M_{\rm ej}}{4\pi V_{\rm ej} c t} \tag{1.40}$$

で与えられる. これが t そのものと等しくなると, 物質全体からの放射が観測できるようになるので, これを近似的なピーク時刻とすると

$$t_{\rm peak} \approx \sqrt{\frac{3\kappa M_{\rm ej}}{4\pi V_{\rm ej} c}} \tag{1.41}$$

になる. なお, このときの光学的厚さは $\tau_{\rm peak} \approx c/V_{\rm ej}$ になる.

さらに, 質量エネルギーのうち f の割合が, 放射性崩壊を通じて輻射に寄与するとすれば, ピーク光度は以下のように書ける:

$$L_{\rm peak} \approx \frac{f M_{\rm ej} c^2}{t_{\rm peak}} \approx f\sqrt{\frac{4\pi M_{\rm ej} V_{\rm ej} c^5}{3\kappa}}. \tag{1.42}$$

ここで f は時間に依存する量で (次の段落参照), 質量数の大きい r プロセス元素が十分に合成されれば, 合体後 1 日の時点で 10^{-6} 程度になると見積られている. なお, 放出物質の密度分布を考慮すると, (1.41) 式と (1.42) 式は, 数係数程度変化することを注意する. これらの式から, 以下の点がわかる. (i) 質量が大きいと時間をかけて高光度で輝く. (ii) 速度が大きいか, あるいは光の吸収係数が小さいと, 素早く高光度に達する. したがって, 観測的にピーク時刻とピーク光度がわか

れば, 放出物質の質量や速度に対する手がかりが得られる.

現実的な中性子星連星の合体では, 放出される物質は球対称でも一様密度でもない. また, κ や f は合成される r プロセス元素の組成で決まるのだが, それは放出物質の中性子過剰度に依存し, 場所によって異なり, また複数の成分を持つと考えるのが自然である. さらに f は, ベータ崩壊などで解放されるエネルギーが時間とともにどう変わり (5.1.2 節参照), 解放されたエネルギーのうちどの程度が, ニュートリノやガンマ線として物質から逃げずに, 加熱に寄与できるかに依存している. さらに複雑なことに, 光の吸収係数 κ は極めて波長依存性が高いうえに, 温度によって電離状態が異なるため, f と同様に時間的にも一様でなく, 放射物質が冷えて中性化すると変化する. 現段階では, 放出される物質の性質についても, r プロセス元素の微視的な性質についても, 理解されていない点が多く, 定量的に正確な理解にはさらなる研究が必要とされている.

Chapter 2

重力波の理論

　一般相対論によれば，天体が存在すると時空は曲がる．天体が運動すれば，曲がり方も変化する．曲がり方に変化が生じると，その変化の履歴が，微小な時空歪みのさざ波として光速度で周りに伝わる．それが重力波である．本章では，重力波の基本的な性質を，アインシュタイン方程式から導く．なお，重力波をより詳しく解説した良書として，文献 [9] を挙げる．

2.1　波動方程式としてのアインシュタイン方程式

　まず，アインシュタイン方程式を波動方程式の形に書き換えよう．それには，文献 [4] で示されているように，(1.1) 式を，テンソル密度，

$$\mathcal{G}^{\mu\nu} := \sqrt{-g}g^{\mu\nu} \tag{2.1}$$

の関数として書き下せばよい．$\mathcal{G}^{\mu\nu}$ を用いると，(1.1) 式は

$$\partial_\alpha \partial_\beta (\mathcal{G}^{\mu\nu}\mathcal{G}^{\alpha\beta} - \mathcal{G}^{\mu\alpha}\mathcal{G}^{\nu\beta}) = \frac{16\pi G}{c^4}(-g)(T^{\mu\nu} + t_{\mathrm{LL}}^{\mu\nu}) \tag{2.2}$$

と書き換えられる．ここで，$t_{\mathrm{LL}}^{\mu\nu}$ はランダウ・リフシッツの擬テンソルと呼ばれる量であり，$\partial_\alpha \mathcal{G}^{\mu\nu}$ の 2 次の項からなる．

　一般相対論は共変的な (選んだ座標によらない) 理論なので，座標変換自由度が存在する (ゲージ自由度とも呼ばれる)．そこで，ハーモニック座標条件

$$\Box_g x^\mu = \frac{1}{\sqrt{-g}}\partial_\nu \mathcal{G}^{\mu\nu} = 0 \tag{2.3}$$

を採用し，自由度を固定する．すると，(2.2) 式は以下のようになる：

$$\sqrt{-g}\,\Box_g \mathcal{G}^{\mu\nu} = \frac{16\pi G}{c^4}(-g)(T^{\mu\nu} + t_{\mathrm{LL}}^{\mu\nu}) + \partial_\alpha \mathcal{G}^{\nu\beta}\partial_\beta \mathcal{G}^{\mu\alpha}. \tag{2.4}$$

ただし, $\Box_g$ は一般相対論的なダランベルシアンの一種で,

$$\Box_g = \frac{1}{\sqrt{-g}}\partial_\alpha(\sqrt{-g}g^{\alpha\beta}\partial_\beta) \tag{2.5}$$

を表す. (2.4) 式が示すように, アインシュタイン方程式は, 計量に対する双曲型の波動方程式とみなされる. このことから, 重力波の存在が示唆される.

2.2　線形のアインシュタイン方程式

計量 $g_{\mu\nu}$ と平坦計量 $\eta_{\mu\nu}$ の差が小さい場合,

$$g_{\mu\nu} = \eta_{\mu\nu} + h_{\mu\nu} \tag{2.6}$$

とおいて, アインシュタイン方程式を $h_{\mu\nu}$ に関して摂動展開し, $h_{\mu\nu}$ の 1 次までの項を考慮するような近似が有効になる. このような近似は線形近似と呼ばれる. なお, 平坦計量とは, 対角成分のみゼロでない値を持ち, (t,x,y,z) 成分に対してそれぞれ $(-c^2, 1, 1, 1)$ の値を持つ計量である. また, 簡単のため本章では, 特に断らない限り, 座標系として常に (t,x,y,z) を採用する.

線形近似において, リーマンテンソルは以下のように書ける:

$$R_{\alpha\beta\gamma\sigma} = \frac{1}{2}\left(\partial_\alpha\partial_\sigma h_{\beta\gamma} + \partial_\beta\partial_\gamma h_{\alpha\sigma} - \partial_\beta\partial_\sigma h_{\alpha\gamma} - \partial_\alpha\partial_\gamma h_{\beta\sigma}\right). \tag{2.7}$$

これから, 線形近似におけるリッチテンソルやアインシュタインテンソルが計算されるが, ここで以下のような量を定義すると便利である:

$$\psi_{\mu\nu} := h_{\mu\nu} - \frac{1}{2}\eta_{\mu\nu}\eta^{\alpha\beta}h_{\alpha\beta}. \tag{2.8}$$

これを用いると, 線形化されたアインシュタインテンソルは

$$G_{\mu\nu} = \frac{1}{2}\left(-\Box\psi_{\mu\nu} + \partial_\alpha\partial_\mu\psi^\alpha{}_\nu + \partial_\alpha\partial_\nu\psi^\alpha{}_\mu - \eta_{\mu\nu}\partial_\alpha\partial_\beta\psi^{\alpha\beta}\right) \tag{2.9}$$

と書くことができる. ここで, $\Box$ は平坦時空のダランベルシアンを表し ($\Box = \eta^{\alpha\beta}\partial_\alpha\partial_\beta$), また $\psi^\alpha{}_\mu = \eta^{\alpha\beta}\psi_{\beta\mu}$, $\psi^{\alpha\beta} = \eta^{\alpha\mu}\eta^{\beta\nu}\psi_{\mu\nu}$ と定義した. (2.9) 式を (1.1) 式に代入すれば, 線形のアインシュタイン方程式が得られる.

次に, 座標変換自由度を用いて (2.9) 式を書き換える. 今の場合, 微小座標変位 ξ^μ 分の無限小座標変換 $x^\mu \to x^\mu - \xi^\mu$ に対して, $h_{\mu\nu}$ と $\psi_{\mu\nu}$ はそれぞれ

$$h_{\mu\nu} \to \bar{h}_{\mu\nu} = h_{\mu\nu} + \partial_\mu\xi_\nu + \partial_\nu\xi_\mu, \tag{2.10}$$

$$\psi_{\mu\nu} \to \bar{\psi}_{\mu\nu} = \psi_{\mu\nu} + \partial_\mu \xi_\nu + \partial_\nu \xi_\mu - \eta_{\mu\nu} \partial_\alpha \xi^\alpha, \tag{2.11}$$

と変換される.ただし,$\xi_\mu = \eta_{\mu\nu} \xi^\nu$ である.そこで座標条件として,

$$\eta^{\alpha\beta} \partial_\alpha \bar{\psi}_{\beta\mu} = 0 \tag{2.12}$$

が満たされるようなものを選択する.そのためには,次式が要請される:

$$0 = \eta^{\alpha\beta} \partial_\alpha \psi_{\beta\mu} + \Box \xi_\mu. \tag{2.13}$$

ξ^μ の 4 つの自由度を使うことによって,与えられた $\psi_{\mu\nu}$ に対して,(2.13) 式を満足させることができるので,この座標条件は選択可能である.(2.12) 式で定まる座標条件は,ローレンツ条件と呼ばれる.これは,線形近似の枠内ではハーモニック条件 (2.3) と一致する.なお,この節では常に,ローレンツ条件のもとでの表式を導出することに留意していただきたい.

ローレンツ条件において,線形のアインシュタインテンソルは

$$G_{\mu\nu} = -\frac{1}{2} \Box \psi_{\mu\nu} \tag{2.14}$$

と簡単に書ける.よって,線形のアインシュタイン方程式は,

$$\Box \psi_{\mu\nu} = -\frac{16\pi G}{c^4} T_{\mu\nu} \tag{2.15}$$

となり,エネルギー運動量テンソルを源とした波動方程式に帰着される.

なお,(2.7) 式と (2.9) 式から即座に示せるように,線形のリーマンテンソルとアインシュタインテンソルは,座標変換に伴う線形計量の変換 [(2.10) 式] に対して形を変えない.したがって,いかなる座標で評価しても物理的な意味を持つ量である.

2.3 重力波の伝播

まず,真空における重力波の伝播を考えよう.それには,テンソル波動方程式

$$\Box \psi_{\mu\nu} = 0 \tag{2.16}$$

の解を調べればよい.(2.16) 式は 10 成分の方程式だが,ローレンツ条件を課してしまった後なので,6 成分しか自由度が存在しない.

ローレンツ条件の固有の性質として, 以下の式を満足する ξ^μ の分だけさらなる座標変換を行っても, (2.16) 式が変化しない点を挙げることができる:

$$\Box \xi^\mu = 0. \tag{2.17}$$

この ξ^μ に存在する 4 つの自由度を用いれば, $\psi_{\mu\nu}$ に残った 6 つの自由度を 2 つにまで減らせる. その結果, 波動方程式 (2.16) の解の真の自由度は, 2 成分しか存在しないことがわかる. この自由度が重力波の自由度を表し, + (プラス) モードと × (クロス) モード (h_+ と $h_\times$) と呼ばれる.

具体的には, 座標変換の自由度を用いて, 以下の形の解を得ることができる:

$$\psi_{\mu\nu} = \begin{pmatrix} 0 & 0 & 0 & 0 \\ 0 & h_+ & h_\times & 0 \\ 0 & h_\times & -h_+ & 0 \\ 0 & 0 & 0 & 0 \end{pmatrix}. \tag{2.18}$$

ここで行列成分は, t, x, y, z の順に表示し, 重力波は $+z$ 方向に伝播することを仮定した. また, h_+ と $h_\times$ は遅延時間, $t - z/c$, の関数である. なおトレースがゼロなので, $h_{\mu\nu} = \psi_{\mu\nu}$ である. 本書では, 重力波が (2.18) 式のように表現できる座標 (ゲージ) を, TT (トランスバース・トレースレス) ゲージと呼ぶことにする.

(2.18) 式からわかるように, 重力波はトレースがゼロでかつ横波の成分だけを持つ (伝播方向には成分を持たない). そこで, TT ゲージ以外の座標系で計算する場合に重力波の成分を抽出するには, 伝播方向を n^i として, 射影演算子 $P_i{}^k = \delta_i{}^k - n_i n^k$ をまず定義する. そして,

$$h_{ij}^{\rm GW} = \left[P_i{}^k P_j{}^l - \frac{1}{2} P_{ij} P^{kl} \right] h_{kl} \tag{2.19}$$

と作用させればよい. こうすると, 進行方向の成分が消去され, またトレースもゼロになるので, 重力波の自由度が抽出される.

重力波が通過した場合の空間の歪み方を知るには, 測地線偏差の方程式を用いるとよい [(3.4) 式参照]. 例として, (2.18) 式で表される重力波を考えよう. すると, τ を観測者の固有時間として, x-y 平面に置かれた近接する 2 つの物体間の固有距離は, 以下の運動方程式にしたがって変化する:

$$\frac{D^2 x}{d\tau^2} = \frac{1}{2}\left(\ddot{h}_+ x + \ddot{h}_\times y\right), \qquad \frac{D^2 y}{d\tau^2} = \frac{1}{2}\left(\ddot{h}_\times x - \ddot{h}_+ y\right). \tag{2.20}$$

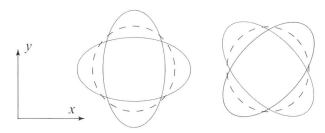

図 2.1 紙面に垂直に重力波が通過した場合の, 空間の歪み方. もともと破線上の円のように配置されていた質点は, 重力波がやってくると, 実線のように楕円形に分布を変化させる. 左図, 右図がそれぞれ, $h_+, h_\times$ による歪みを表す.

ここで左辺は, 加速度を概念的に表記しているが, 正確には 3 章で述べるように (3.4) 式から導出する必要がある. 図 2.1 に, (2.20) 式にしたがった場合の空間の歪み方を示した. 左図, 右図がそれぞれ, $h_+, h_\times$ による歪みである. 図は, 紙面に垂直方向に重力波が伝播することを仮定して描かれている. 重力波の通過によって空間が歪み, 円形に配置された物体は楕円体形に配置を変えることが示されている. また, + と × のモードによる変形は, 45 度だけ主軸がずれているのが特徴である.

この節で示したように, 一般相対論では, 重力波には 2 つの偏光モード, h_+ と $h_\times$, しか存在しない. しかし, 空間計量は 6 成分存在する. そのため, 一般相対論とは異なる重力理論では, 3 つ以上の重力波偏光モードが一般には存在しうる. したがって, 偏光が 2 つしか存在しないことが示されれば, 一般相対論を支持する証拠が得られる. 逆に, 3 つ以上の偏光成分が見つかれば, 一般相対論に変わる新たな理論が必要なことを意味し, 物理学における革命的な発見になる. 重力波望遠鏡の重要な役割の 1 つは, 重力波の偏光数を決めることである.

2.4 重力波の発生

次に, エネルギー運動量テンソルが存在する場合に対して, (2.15) 式の解を導出しよう. (t,x,y,z) を座標として採用しているので, (2.15) 式は, 10 成分のスカラー波動方程式と同等になる. すると, グリーン関数法を用いて, 形式的に解が次のように書ける:

$$\psi_{\mu\nu}(t,x^i) = \frac{4G}{c^4} \int \frac{T_{\mu\nu}(t-|x^i-y^i|/c, y^i)}{|x^i-y^i|} d^3y. \quad (2.21)$$

以下では, 物質が限られた領域にのみ分布していると仮定しよう. そして, 物質か

ら十分に離れた場所 (正確には, 重力波の波長 λ よりも離れた領域である波動帯) での $\psi_{\mu\nu}$ を考える. そこで, $D := |x^i| \gg \lambda$, $D \gg |y^i|$ とする. ここで, $|y^i|$ は物質の分布している領域のサイズを表す. このとき, $1/D$ の 1 次の項にのみ着目すれば, (2.21) 式は

$$\psi_{\mu\nu}(t, x^i) = \frac{4G}{c^4 D} \int T_{\mu\nu}\left(t - \frac{|x^i - y^i|}{c}, y^i\right) d^3y, \qquad (2.22)$$

と書き換えられる. さらに,

$$T_{\mu\nu}\left(t - \frac{|x^i - y^i|}{c}, y^i\right) = T_{\mu\nu}\left(t_{\text{ret}}, y^i\right) - \frac{\sum_j x^j y^j}{cD} \partial_t T_{\mu\nu}\left(t_{\text{ret}}, y^i\right) + \cdots \qquad (2.23)$$

とテーラー展開可能である. ただし, $t_{\text{ret}} := t - D/c$ は遅延時間を表す.

ここで, $T_{\mu\nu}$ の変化にかかる特徴的時間を T とすれば, (2.23) 式の右辺 2 項目と 1 項目の大きさの比は, およそ $|y^i|/(cT)$ である. $|y^i|/T$ は重力波源の特徴的速度 v 程度の量なので, $|y^i|/(cT) \sim v/c$ である. つまり (2.23) 式の展開は, v/c によるテーラー展開に等しい. そこで, v は光速度に比べて十分に小さいとし, v/c の最低次の項以外は全て無視する. すると, 以下の式が得られる:

$$\psi_{\mu\nu}(t, x^i) = \frac{4G}{c^4 D} \int T_{\mu\nu}\left(t_{\text{ret}}, y^i\right) d^3y. \qquad (2.24)$$

以下では, $T_{\mu\nu}$ として, 理想流体のエネルギー運動量テンソルを採用する. すると, ρ と v^i を流体の静止質量密度と速度として, v/c の最低次の近似では, $T_{tt} = \rho c^4$ および $T_{ti} = \rho c^2 v^i$ になる. これらを (2.24) 式に代入し, (t,t), (t,x^k) 成分を書くと以下のようになる.

$$\psi_{tt}(t, x^i) = \frac{4G}{D} \int \rho \, d^3y, \quad \psi_{tk}(t, x^i) = \frac{4G}{c^2 D} \int \rho v^k \, d^3y. \qquad (2.25)$$

ここで ρ や v^k は, 遅延時間 t_{ret} の関数としての量である. (2.25) 式の積分を実行すれば, それぞれ質量と運動量になる. これらは保存量なので, ψ_{tt} と ψ_{tk} は時間変化しない. ゆえに, 重力波を表さない.

残った成分を計算するには, $\partial_\mu T^{\mu\nu} = 0$ から導かれる以下の公式を利用する.

$$T^{ij} = \frac{1}{2}\left[\partial_k(T^{ki}x^j + T^{kj}x^i) + \partial_t(T^{ti}x^j + T^{tj}x^i)\right], \qquad (2.26)$$

$$T^{ti} = \partial_k(T^{kt}x^i) + \partial_t T^{tt}x^i. \qquad (2.27)$$

2.4 重力波の発生

すると, 次式が得られる:

$$\psi^{ij} = \frac{2G}{c^4 D} \int d^3x \left[\partial_k(T^{ki}x^j + T^{kj}x^i) + \partial_k\partial_t(T^{kt}x^i x^j) + \partial_t^2 T^{tt} x^i x^j \right]. \tag{2.28}$$

v/c の最低次では, 近似的に $T^{tt} = \rho$ とおくことができる. さらに, 部分積分を用いた後に表面項を消去し, また時間偏微分は積分の外から作用させると

$$\psi^{ij} = \frac{2G}{c^4 D} \frac{d^2}{dt^2} \int d^3x \, \rho x^i x^j = \frac{2G}{c^4 D} \ddot{I}_{ij}(t_{\rm ret}) \tag{2.29}$$

が得られる. ただし, I_{ij} は系の 4 重極モーメントを表す.

ψ^{ij} からトレースがゼロでかつ横波の重力波成分を抽出するには, さらに射影演算子を作用させる必要がある [(2.19) 式参照]. そこで

$$h^{\rm GW}_{ij} = \frac{2G}{c^4 D} \frac{d^2 I^{\rm TT}_{ij}}{dt^2} = \left[P_i{}^k P_j{}^l - \frac{1}{2} P_{ij} P^{kl} \right] \frac{2G}{c^4 D} \frac{d^2 \mathcal{I}_{kl}}{dt^2} \tag{2.30}$$

とする. こうして 4 重極公式が得られる. ただし, 4 重極モーメントのトレースを $\sum_k I_{kk}$ として, トレースゼロの成分 $\mathcal{I}_{ij}$ は以下のように定義される.

$$\mathcal{I}_{ij} := I_{ij} - \frac{1}{3}\delta_{ij}\sum_k I_{kk}. \tag{2.31}$$

ここで導出した 4 重極公式は, 線形近似の枠内で得られた公式である. 注意すべきは, 線形近似が自己重力系に適用できない点である. このことは, 線形近似における保存則 $\partial_\mu T^{\mu\nu} = 0$ からは, 平坦な時空に対する運動方程式しか導出されないことからわかる. したがって, 連星系や大質量星の重力崩壊から放射される重力波を計算するのに, ここで求めた公式は本来適用できない. ところが, 幸いなことに, 自己重力系で適用されるべき非線形波動方程式を用いたとしても, $v/c \ll 1$ である限りは, 得られる 4 重極公式は (2.30) 式に一致する. つまり, 4 重極公式は, 物体の運動が光速度に比べて十分遅い限りは, 自己重力系に対しても適用できる公式である.

(2.30) 式で射影テンソルが掛かることから理解できるように, 重力波の振幅は, 重力波源をどの方向から観測するかに依存する. 以後有用なので, 重力波の最大振幅 $h_{\max}$ の表式を与えておこう. 系が軸対称かつ赤道面対称の場合には, その赤道面方向から観測した場合に振幅が最大になる. 対称軸を z とし, 円筒座標における動径座標を ϖ とすれば, $I_{\varpi\varpi} = I_{xx} + I_{yy}$ を用いて, それは次のように表す

ことができる:

$$h_{\max} = \frac{G}{2c^4 D}|2\ddot{I}_{zz} - \ddot{I}_{\varpi\varpi}|. \tag{2.32}$$

非軸対称系として連星のような重力波源を考えた場合, その回転軸方向から観測すると, 重力波の振幅が最大になる. 回転軸を z とし, 他の座標を x, y とすれば, それは次のように与えられる:

$$h_{\max} = \frac{G}{c^4 D}|\ddot{I}_{xx} - \ddot{I}_{yy}| \quad \text{あるいは} \quad h_{\max} = \frac{2G}{c^4 D}|\ddot{I}_{xy}|. \tag{2.33}$$

次に, エネルギー放射の公式を与える. x^k 方向に沿って伝播する重力波の単位時間, 単位面積当りのエネルギー流量は, 次式から得られる (文献 [4] 参照):

$$t_{tk} = \frac{1}{32\pi} \frac{c^4}{G} \sum_{i,j} \left\langle \dot{h}_{ij}^{\mathrm{GW}} \partial_k h_{ij}^{\mathrm{GW}} \right\rangle. \tag{2.34}$$

ここで $\langle \cdots \rangle$ は, 数波長分で時間平均を取ることを意味する. 平均操作が必要なのは, 一般相対論においてはエネルギーを局所的に定義できないからである. つまり, 合計でどれだけエネルギーが放射されたか議論することは可能だが, ある瞬間にどれだけ放射されたのかについては厳密には議論できない.

t_{tk} を用いれば, $\bar{n}^k$ を単位法線ベクトルとする球面を通過する単位立体角, 単位時間当りの重力波の流量は

$$\frac{dE}{dtd\Omega} = t_{tk} D^2 \bar{n}^k = \frac{1}{8\pi} \frac{G}{c^5} \sum_{i,j} \left\langle \frac{d^3 I_{ij}^{\mathrm{TT}}}{dt^3} \frac{d^3 I_{ij}^{\mathrm{TT}}}{dt^3} \right\rangle \tag{2.35}$$

と計算される. これは射影演算子を通して方向に依存しており, それを球面全体で表面積分すれば, 以下のようにエネルギー放射光度が得られる:

$$\frac{dE}{dt} = \frac{1}{5} \frac{G}{c^5} \sum_{i,j} \left\langle \frac{d^3 I_{ij}}{dt^3} \frac{d^3 I_{ij}}{dt^3} \right\rangle. \tag{2.36}$$

ここで, dE/dt の大きさを見積るために, オーダー評価をしてみよう. オーダー評価とは, 積分演算子を特徴的な量の掛け算に, 微分演算子を特徴的な量の割り算に置き換えて評価することを意味する. $d^3 I_{ij}/dt^3$ の大きさは, 重力波源の質量, 特徴的な長さスケール, 時間変化のスケール, 非球対称度をそれぞれ, M, R, T, δ_I とすれば, $MR^2 T^{-3} \delta_I$ と見積られる. よって,

$$\frac{dE}{dt} \sim \frac{G}{5c^5} M^2 R^4 T^{-6} \delta_I^2 = \frac{c^5}{5G} \delta_I^2 \left(\frac{GM}{c^2 R}\right)^2 \left(\frac{R}{cT}\right)^6 \tag{2.37}$$

と得られる．ここで，$GM/(c^2R)$ は，天体のコンパクトネス C である．δ_I, $GM/(c^2R)$, $R/(cT) \sim v/c$ (v は特徴的速度) は，いずれも 1 を超えることがないので，光度はどんなに大きくても，c^5/G の 10%程度ということがわかる．c^5/G は古典論で達成しうる最大光度を表し，その大きさは，およそ $3.6 \times 10^{59}\,\mathrm{erg\,s^{-1}}$ にもおよぶ．これは，宇宙で最大光度の電磁波放射を行うガンマ線バーストの典型的な光度よりも，7, 8 桁高い光度である．したがって，(2.37) 式は，重力波の光度が，桁外れに高くなりうることを示している．

反対に，観測される重力波の振幅は一般には非常に小さい．(2.30) 式に対して，4 重極モーメントの 2 階微分を $MR^2/T^2 \sim Mv^2$ と評価すると，

$$h \propto \delta_I \left(\frac{GM}{c^2 D}\right)\left(\frac{v}{c}\right)^2 \quad \text{あるいは} \quad h \propto \delta_I \left(\frac{cT}{D}\right)\left(\frac{GM}{c^2 R}\right)\left(\frac{v}{c}\right)^3 \quad (2.38)$$

が得られる．よって重力波の振幅は，与えられた周波数 $f \sim T^{-1}$ に対して，波源が光速度近くで運動し，コンパクトであり，かつ高い非球対称度を持つ場合に大きい．重力場が時間的にも空間的にも激しく変動する一般相対論的現象が，強力な重力波源になる．しかし，(2.38) 式の後者が示すように，振幅はどんなに大きくても cT/D 程度である．cT は重力波の波長程度なので，重力波源として天体現象を想定する限り，それは宇宙論的な距離である D に比べれば圧倒的に小さい．

例えば，質量が $10M_\odot$ の星がブラックホールに重力崩壊すると，GM/c^2 (および cT) は約 $15\,\mathrm{km}$ で δ_I や v/c は 1 よりも小さい．したがって，仮に運良く我々の銀河系中心 ($D \approx 8\,\mathrm{kpc} \approx 2.5 \times 10^{17}\,\mathrm{km}$) で重力波が発生したとしても，$h$ はせいぜい 10^{-17} と大変小さい．重力波が通過すると，例えば，長さ L の棒は $hL/2$ (3.2.1 節参照) だけ伸縮するが，この場合 L が $1\,\mathrm{km}$ でも，hL は $10^{-12}\,\mathrm{cm}$ であり，原子半径よりもはるかに小さく，原子核半径の 10 倍程度である．つまり，重力波の検出には微小長の精密測定が必要になる．これが重力波の直接検出が難しいとされてきた理由である．

2.5 有力な重力波の源とは?

これまで見てきたように，非球対称かつ非定常の天体は，どんなものでも，重力波を放射する．しかし，限られたものだけが検出可能な重力波を放射する「重力波の源」になる．狭い意味で重力波源と呼ばれるものは，以下の 3 つの条件を満足す

る. (1) 大量に重力波を放射する. 多くの重力波源の場合, 重力波のエネルギー放射量は, 電磁波の放射量よりも多い. (2) 与えられた検出器で十分な頻度の検出が期待できる. 具体的には, 1年に数回程度は検出可能である. (3) 発生する重力波の波形が理論的に予想できる. (3) の条件は, 重力波望遠鏡で取得したデータから重力波信号を抽出する際に必要になる条件である. これが必要である理由は, 重力波検出実験特有の事情によるので, 少々説明を加えたい.

有力とされる重力波源から地球にやってくる重力波信号といえども, その振幅は, 重力波望遠鏡の雑音振幅に比べ, それほど圧倒的に高いわけではない. このような場合, 検出器がとらえたデータを単純に目で追っても, データの中に信号が含まれているのかどうか判断するのは不可能である. そのため, 重力波を確実にとらえるには, データ解析が大変重要になる. 具体的には, 予想される重力波の波形をあらかじめ, できるだけ正確に理論的に導出しておく必要がある. そして, 受信する信号に対して, それらの理論波形群との相関をリアルタイムで次々に取っていく. そして, 相関が大きい場合には, 重力波の信号が含まれている可能性があるとして, データを分別する. もちろん, 分別されたデータのほとんどには, 信号は含まれていない. 検出器の雑音が偽の信号を作り出してしまうからである. 信号が本当にやって来たと解釈できるのは, 偽の信号の受信確率が十分に低いとできるほどに相関が高い場合のみである. ここで, 十分に高い相関を実際に達成するためには, 非常に精度の良い理論波形が必要になる. 仮に, 理論波形の精度が低ければ, 高い相関を正しく得ることはできないだろう. すると, 重力波の発見も難しくなってしまう. これらの理由のため, (3) の条件が必要になる. したがって, 重力波の観測においては, 理論研究者が正確に重力波の理論波形を導出しておくことが極めて重要である.

3つの条件を満足する最も良質な重力波源が, ブラックホールや中性子星からなる連星の合体である. なぜならば, それらは既存の (または近い将来稼働予定の) 重力波望遠鏡を用いて十分な頻度で観測できると予想でき, かつその放射される重力波の波形を, 理論的に正確に予想することが可能だからである. そこで本書では, コンパクト星連星の合体に関する解説に多くの紙面を割く.

なお, 将来的により感度の高い望遠鏡が稼働すれば, 波形の予想できない天体現象からの重力波も検出できるようになるかもしれない. しかしその場合にも, 波形から波源の性質を読み取るには, 理論波形の導出が不可欠である.

2.6 コンパクト星連星からの重力波放射とその反作用

　一般相対論的天体の近接連星 (以下ではコンパクト星連星と呼ぶ) は，2.5 節で述べた条件を満たす最も有力な重力波源である．そこで本節では，その重力波放射の特徴を，4 重極公式によって近似的に評価し，半定量的に示しておくとともに，重力波放射の反作用で，連星がどのように進化するのか説明を与える．4 章や 5 章では，より精度の高い波形を紹介する．

　2 つの星の質量を m_1 と m_2，その和を $M = m_1 + m_2$ とし，またこれらが円軌道にあるとする．重心を原点とし，軌道面を赤道面にし，そして $t = 0$ で 2 つの星が x 軸上に位置していたとすれば，ある時刻 t でのそれぞれの位置は

$$(x_1, y_1) = [a_1 \cos(\Omega t), a_1 \sin(\Omega t)],$$
$$(x_2, y_2) = [-a_2 \cos(\Omega t), -a_2 \sin(\Omega t)], \tag{2.39}$$

と書ける．ただし Ω は軌道角速度を表す．2 体間距離 (軌道半径) を r とすれば，$a_1 = m_2 r/M$, $a_2 = m_1 r/M$ である．以後，簡単のため，2 つの星を質点とみなし，またニュートン重力によって運動が決定していると仮定する．よって，$\Omega = \sqrt{GM/r^3}$ である．

　個々の星を質点で近似したので，系の 4 重極モーメントのゼロでない成分は，

$$I_{xx} = \mu r^2 \cos^2(\Omega t),\ I_{yy} = \mu r^2 \sin^2(\Omega t),\ I_{xy} = \mu r^2 \cos(\Omega t) \sin(\Omega t), \tag{2.40}$$

と書ける．ここで，$\mu := m_1 m_2/M$ は換算質量を表し，$\mu \leq M/4$ である．

　観測者が，軌道面に垂直な方向から重力波を観測すると振幅は最大になり，その振幅は (2.33) 式を用いて以下のように書ける:

$$h_{\max} = \frac{4G}{c^4}\frac{\mu r^2 \Omega^2}{D} = \frac{4G^2}{c^4}\frac{M\mu}{Dr} = \frac{4(G\mathcal{M})^{5/3}(\pi f)^{2/3}}{c^4 D}. \tag{2.41}$$

ここで，D は連星から観測者までの距離を表す．f は重力波の周波数を表し，$f = \Omega/\pi$ と書ける．$f = \Omega/2\pi$ ではないのは，重力波が 4 重極モーメントの時間変化によって放射されるため，軌道周期当りに 2 回，波が発生するからである．$\mathcal{M}$ は $\mu^{3/5}M^{2/5}$ で定義される質量の次元を持つ量で，チャープ質量と呼ばれる．4.1

節で述べるように, これは連星からの重力波観測において最も基本的な測定量になる. チャープ質量の重要な性質の1つは, それが連星の総質量の下限を与えることである. チャープ質量は, symmetric mass ratio と呼ばれる無次元量 $\eta := \mu/M$ を用いると, $\mathcal{M} = M\eta^{3/5}$ と書くことができるが, $\eta \leq 1/4$ なので, 以下が導かれる:

$$M = 2.2974\mathcal{M} \left(\frac{\eta}{1/4}\right)^{-3/5} \geq 2.2974\mathcal{M}. \tag{2.42}$$

(2.41) 式で導出した h_max は, 重力波の振幅を時間の関数として観察した場合の最大振幅である. 実際の重力波観測では, 長時間にわたって連続的なデータが取得され, フーリエ変換が施される. すると, 各周波数における実効的な振幅は, h_max よりも大きくなる. これについては 4.1 節で説明する.

(2.36) 式より, 重力波の光度は以下のように導かれる:

$$\left(\frac{dE}{dt}\right)_\mathrm{GW} = \frac{32G^4}{5c^5}\left(\frac{\mu}{M}\right)^2 \left(\frac{M}{r}\right)^5. \tag{2.43}$$

他方, 連星の全運動エネルギーとポテンシャルエネルギーの合計は $E = -GM\mu/(2r)$ である. 連星が, 重力波放射によって断熱的に (軌道周期に比べて十分に時間をかけて) エネルギーを失い, 軌道半径が縮まるとすれば,

$$\frac{dE}{dt} = \frac{GM\mu}{2r^2}\frac{dr}{dt} \tag{2.44}$$

が成り立つ. ここで質量は保存するとした. エネルギー減少の割合が, 重力波放射量に等しいとすれば, つまり $dE/dt = -(dE/dt)_\mathrm{GW}$ と置けば,

$$\frac{dr}{dt} = -\frac{64}{5}\frac{G^3 M^2 \mu}{r^3 c^5} \tag{2.45}$$

が成り立つ. この方程式は積分でき, その解は

$$r^4 = r_0^4 - \frac{256}{5}\frac{G^3 M^2 \mu}{c^5}t \tag{2.46}$$

と求まる. ただし, r_0 は $t = 0$ における軌道半径である. (2.46) 式に対して $r = 0$ とおけば, r_0 から合体にまでかかる時間 (合体時間) が, 次のように求まる:

$$t_0 = \frac{5}{256}\frac{c^5 r_0^4}{G^3 M^2 \mu} = \frac{5}{256(Gc^{-3}\mathcal{M})^{5/3}(\pi f_0)^{8/3}}. \tag{2.47}$$

ここで, f_0 は, $t = 0$ の時点での重力波の周波数を表す. 合体時間 t_0 は, ある軌道半径 r_0 に連星が留まる時間に大体等しい. そこでこれを, 重力波放射の特徴的時

間スケールと呼ぶことにする. なお, 周波数 f_0 を指定した場合, t_0 はチャープ質量のみに依存するので, f_0 と t_0 が得られれば, $\mathcal{M}$ が求まることになる. この関係式は, 重力波観測においてチャープ質量を概算するのにとても便利である.

t_0 と $r = r_0$ における軌道周期 $P_0 = 2\pi\sqrt{r_0^3/GM}$ の比を取ると,

$$\frac{t_0}{P_0} = \frac{5}{512\pi}\left(\frac{c^2 r_0}{GM}\right)^{5/2}\left(\frac{M}{\mu}\right) \approx 1.1\left(\frac{c^2 r_0}{6GM}\right)^{5/2}\left(\frac{M}{4\mu}\right) \quad (2.48)$$

と書ける. $\mu \leq M/4$ なので, $r_0 \geq 6GM/c^2$ に対して t_0 は P_0 よりも常に大きい. よって, 軌道が $6GM/c^2$ まで縮む以前は, 連星は断熱的に軌道半径を縮める. ここで, $6GM/c^2$ は

$$\frac{6GM}{c^2} = 25\left(\frac{M}{2.8M_\odot}\right) \text{ km}. \quad (2.49)$$

つまり, $6GM/c^2$ は中性子星の半径の 2 倍程度なので, 連星中性子星の場合には断熱的な進化は合体直前まで続く. また, 連星ブラックホールの場合も, $6GM/c^2$ は ISCO の軌道半径にほぼ等しい. ISCO 以内では安定な円軌道が存在しないため, 2 つのブラックホールがそこまで近づくと合体が始まると考えられる. よって如何なる一般相対論的連星も, 合体直前までは断熱的に重力波を放射しながら, 軌道半径を縮める. そして最後に, 重力波放射の反作用によって急激に軌道半径を縮め, 合体が始まる.

2.7 ブラックホール誕生時の重力波

ブラックホール近傍で放射された重力波は, ブラックホールの大きな曲率のため散乱されるが, その際, 準固有振動と呼ばれる共鳴振動が起きる. そして, 共鳴振動成分が卓越した重力波が, 外部へ放射される. 準固有振動の周波数は, ブラックホールの質量とスピンのみで決まることが, ブラックホール摂動論から深く理解されている. ここでブラックホール摂動論とは, (2.6) 式の代わりに, アインシュタイン方程式に対するブラックホール解, $g_{\mu\nu}^{\mathrm{BH}}$, を用いて

$$g_{\mu\nu} = g_{\mu\nu}^{\mathrm{BH}} + h_{\mu\nu}, \quad (2.50)$$

と計量を展開して, 線形波動方程式を導出し, ブラックホール背景時空上での線形摂動の振る舞いを調べる理論である. ブラックホール摂動論に対する研究は, 1970

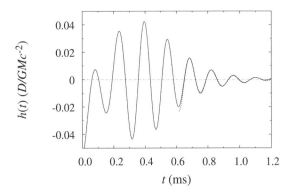

図 2.2 ブラックホール形成時に放射される重力波の 1 計算例. 連星中性子星が合体し, ブラックホールが誕生する場合を採用. 横軸が時間を表し, $t=0$ 付近で中性子星同士が合体している. 縦軸は, 規格化された重力波振幅を表す. D は波源までの距離を表し, M は連星中性子星の総質量で今の場合 $2.7M_\odot$ である. $t \gtrsim 0.6\,\mathrm{ms}$ で, 準固有振動に付随した減衰振動が特徴的な重力波が放射されている. 波長や特徴的減衰時間はブラックホールの質量とスピンにのみ依存する. この場合, ブラックホールの質量が約 $2.64M_\odot$, スピンパラメータが $\chi \approx 0.808$ である. $0.6\,\mathrm{ms}$ から先の破線がブラックホール摂動論に基づく理論曲線を表すが, 波形とよく一致していることがわかる. なおこの例では, 極端に柔らかい中性子星の状態方程式を採用したため, 合体後即座にブラックホールが誕生する点に注意 (5.1 節参照).

年代にアメリカで盛んに行われた. 日本でも 1980 年代初頭から, 佐々木 (節) らによって研究が進められ, 特に重力波放射の理論研究に対してブラックホール摂動論が応用され, 大きな成果が得られた.

図 2.2 にブラックホールの準固有振動に伴う, 典型的な波形の一例を示した. この波形で特徴的なのは, 周波数がほぼ一定なこと, および単調な減衰振動であること, の 2 点である. つまり, 波形は次式で表現できる:

$$A_0 e^{-t/t_{\mathrm{qnm}}} \sin(2\pi f_{\mathrm{qnm}} t + \delta). \tag{2.51}$$

ここで, t_{qnm}, f_{qnm}, δ, A_0 は, それぞれ減衰時間, 周波数, 位相, 振幅を表すパラメータで, t_{qnm} と f_{qnm} はブラックホールの質量とスピンにのみ依存することがブラックホール摂動論からわかっている. 具体的には, ブラックホールの質量と無次元スピンパラメータを M と $\chi = ca/GM$ ($|\chi| < 1$) とおけば, それらは, 非軸対称な基本モードに対しては, 近似的に以下のように書ける:

$$f_{\mathrm{qnm}} \approx 3.23 \left(\frac{M}{10M_\odot}\right)^{-1} \left[1.5251 - 1.1568(1-\chi)^{0.1292}\right]\,\mathrm{kHz}, \tag{2.52}$$

2.7 ブラックホール誕生時の重力波

$$t_{\text{qnm}} \approx \frac{0.700 + 1.4187(1-\chi)^{-0.4990}}{\pi f_{\text{qnm}}}. \tag{2.53}$$

他方, 軸対称の基本モードに対しては, 次式のようになる:

$$f_{\text{qnm}} \approx 3.23 \left(\frac{M}{10 M_\odot}\right)^{-1} \left[0.4437 - 0.0739(1-\chi)^{0.3350}\right] \text{ kHz}, \tag{2.54}$$

$$t_{\text{qnm}} \approx \frac{4.000 - 1.955(1-\chi)^{0.1420}}{\pi f_{\text{qnm}}}. \tag{2.55}$$

$M = 10 M_\odot$, $\chi = 0$ であれば, どちらの場合も $f_{\text{qnm}} \approx 1.2\,\text{kHz}$ である.

図 2.2 のように, 減衰振動で特徴付けられる重力波を観測できれば, ブラックホールの存在が直接検証され, しかも f_{qnm} と t_{qnm} から, その質量とスピンが決定される. GW150914 の発見時には, この手法が実際に使われたのだが, これについては 4.4 節で触れる.

この節の残りでは, 減衰振動時に放射される全エネルギー ΔE が与えられた場合に, 振幅を推定するための公式を導出する. まず, 非軸対称かつ赤道面対称にブラックホールが形成される場合を考えよう. このとき, 4 重極成分の重力波のみに着目すれば, 波動帯での空間部分の線素は, 球座標を用いて, 以下のように表すことができる:

$$ds^2 = dr^2 + r^2 \left[(1+h_+)d\theta^2 + \sin^2\theta(1-h_+)d\varphi^2 + 2h_\times \sin\theta\, d\theta d\varphi\right], \tag{2.56}$$

$$h_+ = \frac{1+\cos^2\theta}{2r} A(u)\cos(2\varphi+\delta), \tag{2.57}$$

$$h_\times = -\frac{\cos\theta}{r} A(u)\sin(2\varphi+\delta). \tag{2.58}$$

ここで, $A(u)$ は遅延時間 $u \approx t - r/c$ の関数を表し, δ は位相を表す定数である. (2.34) 式から重力波の光度は, 以下のように求まる:

$$\frac{dE}{dt} = \frac{c^3}{10G}\left(\frac{dA}{du}\right)^2. \tag{2.59}$$

ここで, A が (2.51) 式と同じ形になると仮定し, 次のようにおく:

$$A(u) = A_0 e^{-u/t_{\text{qnm}}} \sin(2\pi f_{\text{qnm}} u) \quad (u \geq 0). \tag{2.60}$$

A_0 は振幅を決める定数であり, また簡単のため $u < 0$ では $A = 0$ としておく. (2.59) 式を $u = 0$ から ∞ まで積分すれば, 全放射エネルギー ΔE は

$$\Delta E = \frac{c^3}{10G}(\pi f_{\rm qnm})^2 t_{\rm qnm} A_0^2 \tag{2.61}$$

と求まる．したがって，重力波の近似的な最大振幅 A_0/D は，次のようになる:

$$h_{\rm max} = \frac{1}{D\pi f_{\rm qnm}} \left(\frac{10G\Delta E}{c^3 t_{\rm qnm}}\right)^{1/2}. \tag{2.62}$$

例えば，連星ブラックホールが合体して，ブラックホールが新たに形成される場合の特徴的な値を代入すれば，

$$\begin{aligned} h_{\rm max} \approx 1\times 10^{-21} & \left(\frac{500\,{\rm Mpc}}{D}\right)\left(\frac{\epsilon_E}{10^{-2}}\right)^{1/2} \\ & \times \left(\frac{M}{60M_\odot}\right)^{1/2}\left(\frac{f_{\rm qnm}}{300\,{\rm Hz}}\right)^{-1}\left(\frac{t_{\rm qnm}}{10\,{\rm ms}}\right)^{-1/2} \end{aligned} \tag{2.63}$$

と評価される．ただし，$\epsilon_E = \Delta E/(Mc^2)$ と定義した．

次に，軸対称かつ赤道面対称の場合を考えよう．4 重極成分の重力波のみに着目すれば，空間線素は次式のように書ける:

$$ds^2 = dr^2 + r^2(1+h)d\theta^2 + r^2\sin^2\theta(1-h)d\varphi^2. \tag{2.64}$$

この場合，$h = A(u)\sin^2\theta/r$ と書かれる．(2.34) 式から重力波の光度は

$$\frac{dE}{dt} = \frac{2c^3}{15G}\left(\frac{dA}{du}\right)^2 \tag{2.65}$$

と求まる．$A(u,r) = A_0 e^{-u/t_{\rm qnm}}\sin(2\pi f_{\rm qnm} u)$ とすれば，先に行ったのと同様の計算から，

$$\Delta E = \frac{2c^3}{15G}(\pi f_{\rm qnm})^2 t_{\rm qnm} A_0^2 \tag{2.66}$$

が得られ，重力波の近似的な最大振幅は，次のように見積られる:

$$h_{\rm max} = \frac{1}{D\pi f_{\rm qnm}}\left(\frac{15G\Delta E}{2c^3 t_{\rm qnm}}\right)^{1/2}. \tag{2.67}$$

2.8　数 値 相 対 論

　数値相対論とは，中性子星やブラックホール同士が合体するような，強い重力場で起きるダイナミカルな現象を，一般相対論的な数値計算によって解き明かす研

究を指す. 一般相対論の基本方程式であるアインシュタイン方程式は時空構造を決めるための式だが, 初期値問題を解く形式に書き改めれば, 空間の曲がり具合が時間とともにどう変化していくかを定式化したものと解釈できる. つまりこれを解けば, 例えば, 2つのブラックホールが合体する現象において, 空間の曲がり具合がどのように変化していくか, 重力波がどのように放射されるか, などが計算できる. ただし, アインシュタイン方程式は非線形連立偏微分方程式と呼ばれる非常に複雑な式であり, 解析的に解を求めることは不可能である. そのため, 数値的な解法を取り入れることが不可欠になり, 数値相対論という分野が誕生した.

ここで言う数値的な解法とは, 本来微分すべきところを差分に置き換えて解くことを指す. つまり, 時空を不連続な代表点の集合で表し, 変化率を求めるために微分すべきところを, 代表点に割り当てられた物理量間の引き算による近似で代用して解く[*1]. 厳密解は得られないが, 代表点の間隔を細かくしていき, 連続極限を取ることで, 数値的にでも十分に正確な解を得ることができる.

数値相対論は1970年代初頭から研究が始まり, 1990年代から本格化した. 日本でも京都大学を中心とするグループが黎明期から今日に至るまで活躍し, その発展に大きく貢献してきた. 1990年代以降, 研究が本格化したのは, アメリカのLIGO計画をはじめとする大型重力波望遠鏡の建設計画が進んだからである. 2.5節で述べたように, 重力波観測においては, 重力波波形をあらかじめ予想しておく必要がある. 最も有力な重力波の放射源が, ブラックホールあるいは中性子星2つからなる連星の合体だが, このような非線形かつ強重力の現象を解き明かす唯一の方法が数値相対論であるため, 必要不可欠になったのである. 数値相対論の手法は2000年代になって確立され, 現在では, アインシュタイン方程式を数値的に解くのに適した2つの定式化が存在する. 1つが, Baumgarte–Shapiro–Shibata–Nakamura (BSSN) と呼ばれる定式化である. この定式化では, 空間を時間方向に発展させる形式 (3+1形式) にアインシュタイン方程式を書き下した後に, 数値計算に適した形に方程式を再構築する. もう1つが, (2.3) 式で定義されるハーモニック座標を選択し, 波動方程式をあからさまに書き下す定式化である. なお, 前者の確立に

[*1] 他にも, 幾何学量を空間座標の関数の完全系で展開して, 本来は無限個の係数が必要なところを, 有限個の係数のみに対する方程式を立てて解く手法 (スペクトル法と呼ばれる) がある. この手法は滑らかな関数を扱う場合には強力なため, 真空時空, 特に, 連星ブラックホール合体のシミュレーションでは威力を発揮している.

は, 我々日本人研究者が大きく貢献してきた.

以下では, 3+1形式におけるアインシュタイン方程式の定式化について簡単に触れておこう. より深く勉強したい読者には, 文献[10]をお薦めしたい.

数値相対論の主目的は, ダイナミカルな系の時間発展を調べることである. そのためには, アインシュタイン方程式を, 初期値問題の形式に適した形に定式化する必要がある. この目的に沿った定式化が, 3+1形式である. この形式では, まず4次元の時空計量 $g_{\mu\nu}$ から3次元の空間計量 $\gamma_{\mu\nu}$ を定義する:

$$\gamma_{\mu\nu} := g_{\mu\nu} + n_\mu n_\nu. \tag{2.68}$$

ここで, n^μ は, 時間一定のある3次元空間超曲面を決めた場合に, その面に直交する (つまり時間方向を向いた) 単位法線ベクトルとして定義される. n^μ は, 規格化条件 $n_\mu n^\mu = -1$ を満たす. 定義された3次元計量は, $\gamma_{\mu\nu} n^\mu = 0$ を満足するので, 空間的なテンソルであることが保証されている.

γ_{ij} に加えて, $D_i \gamma_{jk} = 0$ を満たす空間的共変微分 D_i を定義し, アインシュタイン方程式 (1.1) を, これらの幾何学量を用いて書き改める. すると, 3+1形式の定式化が完成する. 具体的な定式化には, 次式で定義される, 外的曲率を用いると便利である:

$$K_{ij} := -\gamma_i{}^\mu \gamma_j{}^\nu \nabla_\mu n_\nu. \tag{2.69}$$

この式は $n^\mu = (1/\alpha, -\beta^i/\alpha)$ と書くと,

$$\dot{\gamma}_{ij} = -2\alpha K_{ij} + D_i \beta_j + D_j \beta_i \tag{2.70}$$

のように, γ_{ij} の発展方程式の形に書き換えることができる. ここで, $\dot{\gamma}_{ij}$ は γ_{ij} の時間偏微分であり, また α, β^i は, それぞれ, ラプス関数, シフトベクトルと呼ばれる量である. α と β^i は, 座標変換の自由度に対応する変数であり, 自由に選ぶことができる. $g_{\mu\nu}$ は10成分のテンソルだが, これが, 6成分の γ_{ij}, 1成分の α, 3成分の β^i に分解されたことになる.

これらの準備の後に, アインシュタイン方程式を次のように3成分に分解する:

$$G_{\mu\nu} n^\mu n^\nu = \frac{8\pi G}{c^4} T_{\mu\nu} n^\mu n^\nu =: \rho_{\rm h}, \tag{2.71}$$

$$G_{\mu\nu} n^\mu \gamma^\nu{}_i = \frac{8\pi G}{c^4} T_{\mu\nu} n^\mu \gamma^\nu{}_i, \tag{2.72}$$

$$G_{\mu\nu} \gamma^\mu{}_i \gamma^\nu{}_j = \frac{8\pi G}{c^4} T_{\mu\nu} \gamma^\mu{}_i \gamma^\nu{}_j =: S_{ij}. \tag{2.73}$$

そしてこれらの左辺に対して, ガウス (Gauss) の方程式やコダッチ (Codazzi) の方程式を用いて, アインシュタインテンソルに関係する部分を, γ_{ij}, α, β^i, K_{ij}, D_i だけを用いて書き換える. すると最終的に, (2.71) 式と (2.72) 式からは, K_{ij} の時間微分を含まない拘束条件の方程式が 4 成分得られ, (2.73) 式からは, K_{ij} の時間発展を記述する式が得られる. 最後の式は, 以下のように書ける:

$$\dot{K}_{ij} = \alpha R^{(3)}_{ij} - \alpha \left[S_{ij} - \frac{1}{2}\gamma_{ij}(S_k^{\ k} - \rho_{\rm h}) \right] + \alpha \left(-2K_{ik}K_j^{\ k} + KK_{ij} \right) \\ - D_i D_j \alpha + \beta^k D_k K_{ij} + K_{ik} D_j \beta^k + K_{kj} D_i \beta^k. \tag{2.74}$$

ここで, $R^{(3)}_{ij}$ は, γ_{ij} に対するリッチテンソルである. これを (2.70) 式とともに解けば, 空間の曲がり具合の時間発展が得られる.

しかしながら, この定式化をそのまま採用したのでは, 数値計算が破綻する. それは, (2.71) 式や (2.72) 式から導出される拘束条件が, 時間発展に伴い破れてしまうからである. それを回避する定式化の 1 つが, 先に述べた BSSN 形式である. この形式では, 拘束条件を用いて (2.70) 式と (2.74) 式を改良することにより, 拘束条件の破れを防ぐ方法を採用している (詳しくは文献 [10] 参照).

中性子星のように物質から構成される天体を扱うには, プラズマ流体の運動を記述する磁気流体力学方程式, 電磁場の発展を記述するマクスウェル方程式, ニュートリノの輸送過程を記述する輻射輸送方程式なども同時に解く必要がある. これらを解くには, アインシュタイン方程式を解くのとは異なる努力が必要であり, これについても 2000 年代以降, 日本人研究者の多大な貢献もあり, 着実に発展した.

現在では, 連星ブラックホールの合体現象については, 高い精度の計算が実行可能であり, 重力波の多様な理論波形が次々と導出されている (4 章参照). 中性子星を含む連星の合体についても, 合体直後までは高精度で重力波の波形が導出可能になっている (5 章参照). 磁気流体不安定性やニュートリノ輻射輸送が重要になる合体後に対する研究は発展途上であるが, 高性能のコンピュータが使用可能になったため, 2010 年代から高精度の計算が可能になった. 例えば, 2012 年から本格運用されている日本の「京」コンピュータは, 数値相対論の発展および重力波源の理解に大変役立っている. 日本ではさらに, 演算速度が「京」の約 100 倍のコンピュータ (ポスト「京」コンピュータ) の開発が進められているが, その完成後には重力波源に対する理解がさらに深まると期待できる.

Chapter 3

重力波の観測方法

　この章では,重力波検出のための基本原理,Advanced LIGO を代表とする稼働中の重力波望遠鏡,および重力波観測に対する将来計画について解説する.重力波検出器に関する詳細を知りたい読者には,文献 [9] を薦める.

3.1　重力波検出の基本原理

　この節では,2.3 節で述べた重力波の伝播に伴う効果をもう少し掘り下げながら,重力波検出の基本戦略を説明する.以下では常に,真空の平坦時空上を伝わる重力波を考える.これは地球上やその周辺での重力波観測を考える限り,十分に良い近似だからである.

3.1.1　重力波が質点に及ぼす影響

　重力波を検出するには,重力波がどのような効果を及ぼすのか知る必要がある.まずは,単独の質点に対する作用を観察しても重力波が検出できないことを確認する.これは,局所的な重力場は常に座標変換で消せる,とする等価原理を基本原理として採用している一般相対論では自明な事実だが,数式に馴染むためにあえて示すことにする.

　4 元速度 u^α を持つ自由質点の運動は,以下の測地線方程式にしたがう:

$$u^\mu \nabla_\mu u^\alpha = 0. \tag{3.1}$$

これを固有時間 τ を用いて具体的に書き下すと,以下のようになる:

$$\frac{1}{c}\frac{du^\alpha}{d\tau} = u^\mu \frac{\partial u^\alpha}{\partial x^\mu} = -\Gamma^\alpha{}_{\mu\nu} u^\mu u^\nu. \tag{3.2}$$

右辺のクリストッフェル記号が重力場を反映するが,これはテンソルではなく,座

標の選び方 (ゲージ) に依存した量である点を留意されたい.

重力波が存在しない場合に質点が静止しているとすれば, $u^\alpha = (1/c, 0, 0, 0)$ であり, 固有時間 τ は座標時刻 t と原点の選び方を除いて一致する. この質点が重力波の影響でどのように動くかを考える. 重力波の振幅が十分に小さく, その 1 次の効果のみを考えれば十分な場合には, 右辺の u^α については時間成分のみを考慮すればよいので, (3.2) 式は以下のように近似できる:

$$\frac{du^\alpha}{dt} \approx -\frac{1}{c}\Gamma^\alpha{}_{tt} \tag{3.3}$$

具体的に, 2.3 節で用いた TT ゲージで考えると, $\psi_{t\alpha} = h_{t\alpha} = 0$ なので右辺がゼロになる. よって, 重力波が到来しても, 観測者から見た質点の位置は変化しない. このように, 単独の自由質点に対する重力波の影響は, 感知できないことが確認される.

重力波を検知するには, (重力波の波長に比べて) 微小な距離隔てられた 2 点間の重力の差, つまり潮汐力, を測定する必要がある. この測定を定式化するには, 隣接する測地線間の空間的偏差を考える必要がある. そこで測地線間の微小偏差を表す空間的ベクトルを X^α とおけば, 以下の測地線偏差方程式が導出される (文献 [3] 参照):

$$u^\nu \nabla_\nu (u^\mu \nabla_\mu X^\alpha) = -R^\alpha{}_{\mu\beta\nu} u^\mu X^\beta u^\nu. \tag{3.4}$$

なお導出にあたっては, u^α, X^α を接ベクトルとする座標系を常に選べることを利用した.

(3.2) 式と異なり, (3.4) 式は右辺がテンソル量で書かれておりゲージ不変な物理的な意味を持つが, これが単位質量当りの潮汐力を表す. 標準的な教科書でしばしば見られるように, TT ゲージを用いて線形のリーマンテンソル [(2.7) 式参照] を評価すれば, 平坦時空上を伝わる微小振幅の重力波に対して以下の表式が得られる:

$$R_{itjt} = -\frac{1}{2}\frac{d^2 h_{ij}^{\mathrm{GW}}}{dt^2}. \tag{3.5}$$

重力波が存在すればこれはゼロではない. よって, 重力波による潮汐力が, 選ぶ座標によらず存在することが確認される. なお, (3.5) 式を z 方向に伝わる重力波に対して記述し, 測地線偏差方程式を書き下した結果が (2.20) 式である.

TT ゲージ以外にも, クリストッフェル記号とその時間微分が局所的にゼロに

なるフェルミ正規座標系が, 重力波の解析にはしばしば利用される. この座標系では, $(X^\alpha X_\alpha)^{1/2}$ が測地線に沿った固有長を与えるので, 重力波の影響を見るには座標長のみを解析すればよく便利だからである. この座標系 $(\hat{x}^\alpha)$ で測地線偏差方程式の空間成分を書くと, 次式が得られる:

$$\frac{d^2 X^{\hat{i}}}{d\hat{t}^2} = -R^{\hat{i}}{}_{\hat{t}\hat{j}\hat{t}} X^{\hat{j}} = \frac{1}{2}\left(\partial_{\hat{i}}\partial_{\hat{j}} h_{\hat{t}\hat{t}}\right) X^{\hat{j}}. \tag{3.6}$$

ここで $h_{\hat{t}\hat{t}}$ は, TT ゲージから座標変換を行えば, 局所的には $(d^2 h_{ij}^{\rm GW}/dt^2)X^i X^j/2$ と書くことができる. その結果, 局所的には R_{itjt} と $R_{\hat{i}\hat{t}\hat{j}\hat{t}}$ が一致する. これは, 線形理論における座標変換に対するリーマンテンソルの不変性を反映している.

(3.6) 式を時間について積分すると, 2 つの自由質点間の固有距離が, 重力波の振幅と 2 点間の距離に比例して変化することが示せる. よって, 有限の距離に対する影響を観測することが, 重力波検出に対する基本戦略になる. ただし, 重力波振幅は微小なので, 変化量は非常に小さい. 例えば, 2 点間距離が 1 km なら, 重力波の典型的な振幅, 10^{-21}, に対して, その変化量は 10^{-16} cm にすぎない. 2 点間距離を太陽と地球との距離である 1 AU にとっても, 変化量は 1.5×10^{-8} cm, つまり水素原子 1 つ分程度である. 重力波の検出がいかに高精度な測定を要求するかが理解できる.

2 章で見たように, 重力波の解析には, 通常, フェルミ正規座標系ではなく TT ゲージが利用される. このゲージで測地線偏差方程式を書き下すと, 左辺の共変微分から現れるクリストッフェル記号関連の項が右辺のリーマンテンソルと打ち消し合い, 最終的に, $X^i = $ 一定, が得られる. この節の最初で述べたように, TT ゲージでは測地線に沿って運動する質点の空間座標が不変なので, これは当然の結果である. ただし, 座標は不変でも空間は曲がっているので, 2 点間の物理的な距離は変化する. TT ゲージでこの重力波の効果を見るには, 空間的な距離の変化よりも光の伝播時間の変化を調べる方が便利である. そこで次節では, 重力波が光の伝播に及ぼす効果を解析する.

3.1.2 重力波が光の伝播に及ぼす影響

以下では, レーザー干渉計を用いた重力波検出器を念頭において, 重力波が光の伝播に及ぼす影響について説明する. レーザー干渉計とは, 反射鏡を用いながら異なる 2 方向に光を往復させた後に, 2 方向から戻ってきた光を干渉させる装置であ

3.1 重力波検出の基本原理

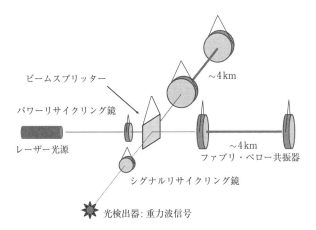

図 3.1 レーザー干渉計型重力波検出器の概略図. 実際には, ここに描かれていない真空装置, モードクリーナーのような装置も重要である.

る (図 3.1 参照). 重力波検出器として活用する場合には, 重力波の影響で光の伝播距離が変化することを利用する. 伝播距離が非対称に時間変化すれば干渉光の強度が変動するので, この変動を測定することで重力波検出が可能になる. したがって, レーザー干渉計型重力波望遠鏡の基本原理を理解するには, 重力波によって光の伝播が受ける影響を知っておく必要がある. レーザー干渉計以外でも, パルサータイミングアレイを用いる方法では (3.3.1 節参照), 規則正しい時間間隔で到来するはずの電波パルスが, 重力波によって乱されることを利用して重力波検出を試みる. この手法を理解するにも, 光の伝播に対する重力波の影響を知っておく必要がある.

光の伝播に対する重力波の影響を学ぶため, 以下のような装置を考える. まず, 座標原点に発信機を置く. そしてそこから, $(x, y, z) = (L\sin\Theta, 0, L\cos\Theta)$ に置いた受信機に向けて周波数が ν の電磁波を送る. このような装置に, $+z$ 方向に向かう平面重力波が入射してくる状況を考えよう (図 3.2 参照). 重力波が存在しなければ, 電磁波は光的 4 元ベクトル

$$k^\alpha = \frac{\nu}{c^2}(1, c\sin\Theta, 0, c\cos\Theta) \qquad (k^\alpha k_\alpha = 0) \tag{3.7}$$

で記述される光的測地線に沿って進み, 伝播にかかる時間は L/c である. 重力波が入射すれば, k^α は変化するが, 以下では直接観測される量 (ゲージ不変量) だけを解析するので, 最も取り扱いやすい TT ゲージで考えることにする. すると, 線

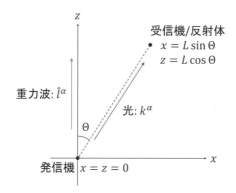

図 3.2 光の進行方向と重力波の進行方向との関係.

形摂動の計量は (2.18) 式で与えられるので, 光的 4 元ベクトルは

$$k_*^\alpha = \frac{\nu_*}{c^2}\left(1, c\left[1 - \frac{h_+(t - z/c)}{2}\right]\sin\Theta_*, 0, c\cos\Theta_*\right) \tag{3.8}$$

に変化する. x 成分への補正は k_*^α が光的であること (つまり $k_*^\alpha k_{*\alpha} = 0$) から定まる. またその結果, ν_* と Θ_* の値は ν と Θ から変化する. なお本節の解析では, 重力波の振幅は十分に小さいことを想定し, h_+ の 1 次の項のみを考慮する.

この解析で最も重要な作業は, 受信時の周波数が発信時からどう変化するかを定式化することである. この関係を導出するために,「時空の対称性を表すキリングベクトルと測地線を記述するベクトルとの内積は, その測地線に沿って一定に保たれる」という事実を利用する. 具体的に今の問題設定では, x 方向のベクトル $(0, 1, 0, 0)$ および重力波の伝播に沿った方向 $(1/c, 0, 0, 1)$ の 2 つのキリングベクトルを利用する. 光の発信時刻を t_E, 受信時刻を t_R とおけば, k_x が一定であることから, まず x 方向の運動量保存に対応して次式が得られる:

$$\nu_\mathrm{E}\left[1 + \frac{h_+(t_\mathrm{E})}{2}\right]\sin\Theta_\mathrm{E} = \nu_\mathrm{R}\left[1 + \frac{h_+(t_\mathrm{R} - L\cos\Theta/c)}{2}\right]\sin\Theta_\mathrm{R}. \tag{3.9}$$

次に, $k_t/c + k_x$ が一定であることから, エネルギー保存則として

$$\nu_\mathrm{E}(1 - \cos\Theta_\mathrm{E}) = \nu_\mathrm{R}(1 - \cos\Theta_\mathrm{R}) \tag{3.10}$$

が得られる. ここで, 添字 E, R は, 発信機および受信機の時空座標での量を表す. また, 微小量 h_+ の引数には元の値である Θ を用いた. (3.9) 式と (3.10) 式から Θ_R を消去すると, 周波数変化の式が以下のように得られる:

$$\frac{\nu_\mathrm{R}}{\nu_\mathrm{E}} = 1 + \frac{1+\cos\Theta}{2}[h_+(t_\mathrm{E}) - h_+(t_\mathrm{R} - L\cos\Theta/c)]. \tag{3.11}$$

TT ゲージでの座標時刻は固有時間そのものであるため, (3.11) 式がゲージ不変な観測量の間の関係を与える. (3.11) 式に寄与するのは, 光が発信および受信される座標での重力波の情報のみであり, 伝播中の重力波の詳細には依存しない. なお, (3.11) 式の右辺で h_+ の引数に入っている t_R は, h_+ の高次補正を無視して $t_\mathrm{E} + L/c$ としてよい.

レーザー干渉計を考える場合, 鏡で光を打ち返すので, 往復でどのくらいの周波数差が生じるかを解析する必要がある. 復路については, 光の進行方向が Θ から $-\Theta$ になることにだけ注意すれば, 往路と同様に式を導くことができる. 表記を簡単にするため, 時刻 t に発信された光の振動数を ν, 打ち返されて戻ってきた光の周波数を ν' とおくと

$$\begin{aligned}\frac{\nu' - \nu}{\nu} = \frac{1}{2}[&(1+\cos\Theta)h_+(t) - 2\cos\Theta h_+(t + L[1-\cos\Theta]/c) \\ &-(1-\cos\Theta)h_+(t + 2L/c)]\end{aligned} \tag{3.12}$$

が得られる. なお, 光の進行方向に対し重力波が (反) 平行に入射してきた場合 ($\Theta = 0$ あるいは π) には, 周波数は往路, 復路のどちらでも全く影響を受けない. これは重力波が横波であり, 進行方向には影響を与えないからである.

重力波の波長が L よりも十分に長く, 光の往復時間が重力波の 1 周期に比べて無視できる場合には, $h_+(t+L/c) \approx h_+(t) + (dh_+/dt)(L/c)$ のようにテーラー展開ができる. すると, 周波数変化の式は以下のように簡略化される:

$$\frac{\nu' - \nu}{\nu} \approx -\frac{L\sin^2\Theta}{c}\frac{dh_+}{dt}. \tag{3.13}$$

さらにこれを時間で積分すれば, 位相のずれを以下のように書くことができる:

$$\delta\phi \approx -\frac{L\nu\sin^2\Theta}{c}h_+. \tag{3.14}$$

地上のレーザー干渉計では, この長波長近似が非常によく成り立つので, (3.14) 式で表される位相差を観測することが目的になる.

3.2　レーザー干渉計型重力波検出器

実用的な重力波望遠鏡で現在稼働中のものは全て, レーザー干渉計型である. こ

の型の検出器は, 幅広い周波数帯域に対して感度を上げることができるため, コンパクト星連星の合体のような広い周波数帯域に放射する重力波源を観測するのに適している. 本節では, まずレーザー干渉計を用いた重力波検出の原理について解説する. 次に, 現在稼働中の地上重力波望遠鏡やその後継計画を紹介し, 最後に今後進展すると期待される, 飛翔体を用いたレーザー干渉計型重力波望遠鏡について述べる.

3.2.1 レーザー干渉計による重力波検出

3.1.2 節で触れたように, 2 方向の長さが重力波によって非対称に変化する際に生じる干渉光の強度変動を検出するのが, レーザー干渉計型重力波検出器の基本戦略である. ここでは簡単のため, レーザー干渉計が長さ L の直交する 2 本のアームからなり, それぞれ x 方向と y 方向を向いているとする. 重力波が存在しなければ, どちらの腕に対しても, レーザー光は $2L/c$ の時間をかけて往復し, 進む位相は $\phi_0 := 2L\nu/c$ で, 位相差は生じない. ここに長波長の重力波が z 方向から入射すると, x, y 両方向を往復する光の周波数はともに変化する. 原点で時間が $2L/c$ だけ経過した時点で, レーザー光の位相は, (3.14) 式にしたがって, x, y 方向に対してそれぞれ $\mp \phi_0 h_+/2$ だけ変化する. よって, 両者には絶対値で $\phi_0 h_+$ の位相差が生じる. これは, x, y 方向に沿ってそれぞれ, $\pm L h_+/2$ だけ干渉計のアーム長が変化したことを意味する. アーム長の変化の差が位相差に反映されることから, アーム長は全体で実効的に

$$\delta L = L h_+ \tag{3.15}$$

だけ変化したと解釈できる. なお, 光の往復時間に比べて重力波の振動周期が十分に長くない (長波長近似が成り立たない) 場合には, 重力波が及ぼす効果が光の伝播中に相殺するため, 位相変化の仕方が複雑になる. この場合, 位相差を導出するには, 検出器の周波数特性を考慮する必要が生じる.

より一般的なアームの配置を持つ干渉計の重力波に対する応答を計算するには, アームの配置を表すテンソルを以下のように定義するとよい:

$$d^{ij} = \frac{L}{2}\left[(e_A)^i(e_A)^j - (e_B)^i(e_B)^j\right]. \tag{3.16}$$

すると, 干渉計のアーム長の実効的な変化長を, 次式で表すことができる:

$$\delta L = d^{ij} h_{ij}^{\mathrm{GW}}. \tag{3.17}$$

ここで $(e_A)^i$ および $(e_B)^i$ は，アームの2方向それぞれに対する単位ベクトルを表す．2方向は，必ずしも直交している必要はない．現在稼働中の重力波望遠鏡では，この2つが直交するように作られているが，LISA のような宇宙望遠鏡では，60度の開き角が計画されている (3.2.3節参照)．

(3.16) 式を変形することで，検出器の感度の方向依存性を表すアンテナパターン関数を導くことができる．具体例として，Advanced LIGO のような直交するアームを持つ干渉計を考え，それぞれが x および y 方向を向いているとする．この座標で天球面上 (θ, φ) に存在する重力波源を考えると，重力波は

$$n^i = (\sin\theta\cos\varphi, \sin\theta\sin\varphi, \cos\theta) \tag{3.18}$$

の方向からやってくることになる．重力波の2つの偏光，h_+ および $h_\times$，はこの方向に垂直な平面 (すなわち天球面) に対して定義する必要があるが，平面のどの方向をそのための軸に取るかは任意なので，天球面上で回転自由度が生じる．この自由度に対応する角度 ψ は，偏光角 (polarization angle) と呼ばれる．連星を考えるならば，軌道面を天球面上に射影してできる楕円の長軸方向を，偏光を定義する軸に設定するのが1つの自然な定め方である [*1)]．このときの干渉計のアーム長の変化は，上で述べた方法で定められた h_+ および $h_\times$ に対して，

$$\frac{\delta L}{L} = F_+(\theta, \varphi, \psi) h_+ + F_\times(\theta, \varphi, \psi) h_\times \tag{3.19}$$

と書くことができる．ここで，F_+ と $F_\times$ は，$d^{ij} h_{ij}^{\mathrm{GW}}$ の具体的な計算から得られるアンテナパターン関数を表し，以下のようになる:

$$F_+ = \frac{1}{2}(1 + \cos^2\theta)\cos 2\varphi \cos 2\psi + \cos\theta \sin 2\varphi \sin 2\psi, \tag{3.20}$$

$$F_\times = \frac{1}{2}(1 + \cos^2\theta)\cos 2\varphi \sin 2\psi - \cos\theta \sin 2\varphi \cos 2\psi. \tag{3.21}$$

偏光角の定義の仕方によって各項は変わりうるが，δL は定義によらない．このように書くと，重力波源自身の性質 $(h_+, h_\times)$ と，相対位置に応じた検出器の応答 $(F_+, F_\times)$ とが明確に分離され，δL の依存性が明確になる．

[*1)] ただし，完全な円軌道かつ軌道面が完全に我々の視線方向と垂直なときは，この方法で自然な偏光角を定めることはできない．

アンテナパターン関数から,重力波望遠鏡が最も高い感度を持つ方向がわかる.それは検出器の平面に垂直な方向 ($\theta = 0$ または π) で,このとき $F_+^2 + F_\times^2 = 1$ が成り立つ.一方,検出器のなす平面に平行な方向から重力波が入射する場合 ($\theta = \pi/2$ の場合) には,検出器の感度が落ち,さらに $\varphi = \pi/4$ の場合には,感度が全くなくなる.このように指向性が存在する.なお,F_+^2 と $F_\times^2$ の3つの角度 (θ, φ, ψ) に対する平均は,どちらも 0.2 になる.

ここで,重力波が検出されたときに決定できる量について考察しよう.(3.19) 式が示すように,各時刻に観測される重力波の振幅は $F_+ h_+ + F_\times h_\times$ である.これは,重力波の偏光モードそれぞれの振幅 $h_+, h_\times$,およびアンテナパターン関数を通じて天球面上の位置 (θ, φ) と偏光角 ψ に依存している.したがって,未知の量が5つある.振幅は検出器1つにつき1つしか得られないので,5つの検出器がないと全ての量が決定できないように見える.しかし実際には,離れた場所に各検出器が存在するので,それぞれに対する重力波の到来時刻も有益な情報になる.3台の検出器を用いると,その間の到来時刻差から幾何学的な関係を用いて,(到来時刻の測定誤差の範囲で) 入射角 (θ, φ) を決定できる.したがって,検出器が3台あれば,到来方向が決定できる.そして,3つの振幅から残り3つのパラメータ,$h_+, h_\times, \psi$ が,やはり誤差の範囲内で決まる.これが,地上重力波望遠鏡がネットワークを構築する際の意義の1つである.次節で紹介する宇宙重力波望遠鏡では,自身が太陽周りを公転運動するので,長期間観測可能な連星に対しては,得られる情報の数を単独でも増やすことができる[*2].

2.3節の最後で述べたように,偏光を分離して観測できれば,一般相対論が正しいのかどうかテストすることができる.一般相対論では,重力波の偏光は,テンソルモードである $h_+, h_\times$ の2つしか存在しない.他方,一般相対論以外の多くの修正重力理論では,この2つに加えて,スカラーモードの存在を予言する.また,ベクトルモードの重力波の存在を予言する理論もある.テンソルモード以外の偏光成分が存在しないかどうか確認することは,一般相対論の検証として極めて重要である.逆に,もしもテンソルモード以外の存在が検証されれば,それは一般相対論の破れを意味し,物理学に対して革命的な知見をもたらす.ただし,テンソル成

[*2] 地上望遠鏡でも,パルサーからの連続波など,長時間観測が可能な重力波源に対しては,地球の公転運動を利用して,得られる情報を増やすことができる.

分以外の重力波成分が存在するのかどうか調べるには，4 台以上の検出器が必要になる．偏光の数を調べるためには，重力波望遠鏡は 3 台では不十分な点を，次小節を読む際には留意してほしい．

3.2.2 地上に設置された重力波望遠鏡

2018 年時点で，本格稼働しているレーザー干渉計型重力波望遠鏡は，アメリカの Advanced LIGO (Laser Interferometer Gravitational-wave Observatory: 図 3.3) とイタリア・フランス共同の Advanced Virgo である．Advanced LIGO は，4 km のアームを持つ 2 台の検出器からなり，1 つはルイジアナ州リビングストンに，もう 1 つはワシントン州ハンフォードに設置されている．Advanced Virgo はイタリアのピサ近郊のカッシーナに設置されており，3 km のアームを持つ．これ以外にも，2019 年から本格稼働が予定されているものとして，日本の KAGRA (KAmioka GRAvitational wave detector: 図 3.4) がある．KAGRA は岐阜県の神岡にあり，アーム長は Advanced Virgo と同じで 3 km だが，後述するように地下に設置されているなど独自の特徴を持つ．本格的には未稼働だが，2016 年の 3–4 月に試験運転を済ませている．これら 3 つは第 2 世代検出器と呼ばれ，それぞれ initial LIGO, initial Virgo, TAMA300 といった第 1 世代検出器の発展版として構築された．他にも，イギリスとドイツによる GEO600 が，第 1 世代検出器として稼働し，現在も運用されている．

図 3.3 アメリカのハンフォードに設置されている，4 km のアームを持つレーザー干渉計型重力波望遠鏡 LIGO のうちの 1 台．もう 1 台がリビングストンにある．Caltech/MIT/LIGO より (http://www.ligo.caltech.edu/).

図 3.4 神岡, 池ノ山の地下に設置されている, アーム長 3 km のレーザー干渉計型重力波望遠鏡 KAGRA の概念図. 東京大学宇宙線研究所より (http://www.icrr.u-tokyo.ac.jp/gr/plans.html). 口絵 1 参照.

4 章以降で述べるように, Advanced LIGO は連星ブラックホールの合体を観測することにより, 重力波の初の直接検出を成し遂げた. その結果, この計画を中心的に推進したレイナー・ワイス (Rainer Weiss), キップ・ソーン (Kip S. Thorne), バリー・バリッシュ (Barry C. Barish) には, 2017 年のノーベル物理学賞が授与された. Advanced Virgo も, 2017 年 8 月の本格観測開始直後に連星中性子星からの重力波 GW170817 の観測に寄与し, 様々な電磁波追観測と相まって大きな成果を挙げた.

これら現在稼働中のレーザー干渉計型重力波望遠鏡は, 図 3.1 のような構成を持つ. 波長 1 μm 程度のレーザーをビームスプリッターで 2 つに分け, それぞれが直交する 3–4 km のアームに送られる. アームは後述するようにファブリ・ペロー (Fabry–Pérot) 共振器を構成し, その端には数十 kg の鏡が, 地面振動の影響を低減するために, 振り子のように吊るされている. この鏡は水平面内ではテスト粒子のように振る舞いながらレーザー光を跳ね返し, 跳ね返された 2 つのレーザー光は, ビームスプリッターで干渉する. 重力波が存在しない場合には, 戻ってきた光が干渉した結果としてレーザー源の方向に戻るように設計されるので, 光検出器である光ダイオードは何も検出しない. 重力波が到来してアーム長が変化すると, 干渉状態が変化し光検出器に信号が到来する. この原理で重力波を検出するのが, 地上レーザー干渉計型重力波望遠鏡である.

図 3.1 では簡略化されているが, 実際の重力波検出器ははるかに複雑な構造を

3.2 レーザー干渉計型重力波検出器

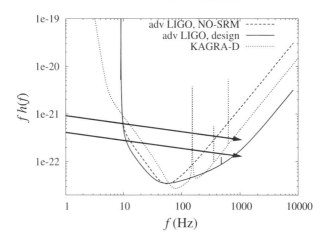

図 3.5 Advanced LIGO および KAGRA の設計目標感度. "adv LIGO, NO-SRM" および "design" はそれぞれシグナルリサイクリングと呼ばれる感度向上技術を用いない場合, 用いる場合の目標感度 (データは https://dcc.ligo.org/cgi-bin/DocDB/ShowDocument?docid=2974 より取得). "KAGRA-D" は KAGRA の目標感度. 重力波望遠鏡の感度は $\mathrm{Hz}^{-1/2}$ の次元を持った片側雑音スペクトル密度の平方根 $\sqrt{S(f)}$ で表されることが多いが, $f^{1/2}$ を乗じて無次元化し, 重力波の振幅と比較しやすいようにしている. 矢印は 100 Mpc 先にある $1.4M_\odot$ の中性子星同士の合体から放射される重力波の実効的な振幅. 上は連星が検出器の平面に直交する方向にあり, かつ軌道面が望遠鏡の方向を向いている理想的な場合, 下は連星の天球面上の位置および軌道面の向きについて平均した場合.

持つ. 例えば, 光が進む速度は真空度に依存してしまうため, レーザーの通り道は 3–4 km にわたって高真空に保つよう真空装置が設置されている. また, より低周波数帯の感度を向上させることを目的に, アームをファブリ・ペロー共振器にし, レーザー光を 100 回以上往復させることで, 実効的な光路長を 1,000 km 弱にまで伸ばしている. 他にもレーザー干渉計には, 防振や熱雑音の低減, 量子雑音の低減など, 様々な高度技術が投入されている.

図 3.5 に Advanced LIGO および KAGRA の設計目標感度を示した. 2017 年までの Advanced LIGO の雑音レベルは, 全周波数帯でこれより 2–3 倍高いが, 2020 年代前半には目標感度に到達する見込みである. また, 周波数特性そのものはあまり変わらない. 図 3.5 が示すように, これらの地上レーザー干渉計は 10 Hz から 1 kHz 付近までに高い感度を持つ. 10 Hz より低い周波数帯域では, 地面振動による雑音が大きすぎて感度を上げることが難しい. 低〜中周波数帯では鏡の懸

架に伴う熱雑音やレーザー光の放射圧雑音が，感度の向上を妨げる．中〜高周波数帯では，レーザー光の散射雑音で感度が制限される．なお，レーザー光の放射圧と散射雑音とは，合わせて量子雑音と総称されることが多い．連星中性子星や恒星サイズの連星ブラックホールは，おおむね 100 Hz から 1 kHz 付近で合体を迎える．そのため，レーザー干渉計型重力波検出器は，コンパクト星連星の合体を観測するのに適している．

KAGRA は，Advanced LIGO や Advanced Virgo と異なる技術を用いて感度を向上させることを目指している．まず，低周波数側で深刻な地面振動の影響を軽減するため，神岡，池ノ山の地下に掘られた 3 km のトンネル 2 本の中に検出器が設置されている．また，低〜中周波数帯で最も深刻な雑音源の 1 つである鏡の熱雑音を抑えるため，熱伝導度の高いサファイアの鏡を 20 K 程度の低温に冷やすことを計画している (他方，Advanced LIGO や Advanced Virgo の鏡は石英ガラス製で，低温化は考えていない)[*3]．これらの組み合わせにより，アーム長や鏡の重さ，レーザー出力などで Advanced LIGO よりも劣る部分はあるものの，それに匹敵する感度を実現することを目指している．特に，低温技術を採用していることから，第 2.5 世代検出器と呼ばれることもある．

Advanced LIGO などよりも設計目標感度が 1 桁高い，第 3 世代検出器の建設計画も提案されている．欧州では，アーム長が 10 km の三角形型のレーザー干渉計を地下に設置する Einstein Telescope 計画が提案されている．アメリカでも，アーム長が 40 km の Cosmic Explorer 計画が提案されている．これらの計画では，鏡の冷却を予定している．したがって，KAGRA が採用している先進技術は，これら第 3 世代地上重力波望遠鏡の実現に向けた技術検証という側面もある．LIGO チームは，第 3 世代検出器に先駆けて，A+ や Voyager と呼ばれる多段階のアップグレードを計画している．また，インドに Advanced LIGO と同程度の感度を持つ検出器，LIGO-India，を建設する計画を進めている．

3.2.1 節で述べたように，Advanced LIGO, Advanced Virgo, KAGRA などの複数の重力波望遠鏡がネットワークを構築すれば，到来時刻差から重力波源の天球面上での位置を推定できる．例えば，Advanced LIGO の 2 台の検出器は約

[*3] KAGRA は当初，低温の (cryogenic) 検出器であることを強調するため，LCGT (Large-scale Cryogenic Gravitational-wave Telescope) と名付けられた．

3,000 km 離れており，重力波は最大 10 ミリ秒の時間差で到来しうる．Advanced LIGO 2 台による初期の連星ブラックホール観測では，この手法によって，天球面上の位置をリング状に制限することができたので，電磁波による追観測につなげることができた．しかし，天球面上の位置を定めるための情報が足りず，位置決定精度も典型的には 1,000 平方度程度と，電磁波追観測には不満足な精度であった (全天は約 41,253 平方度)．

この状況は，Advanced Virgo が観測に加わってから大幅に改善された．検出器が 3 台存在すると，時間計測の誤差の範囲内で重力波源の天球面上の位置を決定できるからである．Advanced Virgo も重力波を検出した連星ブラックホールの合体イベント GW170814 では，天球面上の位置を約 60 平方度の誤差で決定することに成功したため，有意義な電磁波追観測が行われた．さらに，連星中性子星の合体イベント GW170817 でも，約 30 平方度の誤差で位置が決定され，その結果，電磁波追観測で華々しい成果が得られた (5.3 節参照)．

ここにさらに，KAGRA や LIGO-India が加わると，位置決定精度はさらに向上し，より遠方の低振幅の重力波源に対しても十分な精度で位置が決定できるようになる．その結果，効率的な電磁波追観測が可能になると期待できる．また，多数の重力波望遠鏡による観測で，重力波の偏光数の調査も可能になる．望遠鏡が 3 台しか存在しない状況では，テンソル (通常の重力波) 成分にスカラー成分が混ざっているかどうかなどの，有意義な検証はできない．また，Advanced LIGO のアームは 2 台ともにほぼ同じ方向を向いている点も，偏光観測を難しくしている．今後，KAGRA や LIGO-India が本格稼働して，有意義な偏光モード分離観測がなされることが強く期待される．

3.2.3　飛翔体を用いた重力波望遠鏡

3.2.2 節で紹介した地上重力波望遠鏡は，すでに多くの観測成果を挙げている (4 章と 5 章参照)．さらに今後は，より高感度でかつより多数の望遠鏡による観測が予定されており，一層の成果が期待できる．しかし，地上重力波望遠鏡では，10 Hz 以下の低周波数帯域の重力波観測は原理的に難しい．地面振動による雑音が，($\text{Hz}^{-1/2}$ の単位で) f^{-2} に比例して増えるからである．例えば，連星 SMBH から放射される低周波数重力波を，地上に設置された重力波望遠鏡で観測することは不可能である．

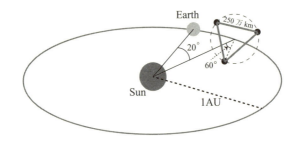

図 3.6 LISA の軌道の概念図. 最新の計画では, eLISA 時代の 100 万 km ではなく 250 万 km のアーム長が提案されている (本文参照).

他方, 宇宙には地面振動が存在しない. さらに, 地上では実現不可能な水準の真空が実現されているため, レーザー干渉計を構成する上でも都合が良い. したがって, 10 Hz 以下の低周波数重力波を観測するには, 飛翔体を用いて宇宙重力波望遠鏡を構築するのが自然な戦略である.

飛翔体を用いたレーザー干渉計型重力波望遠鏡の代表的な計画は, LISA (Laser Interferometer Space Antenna) 計画である. 最新の LISA 計画では, 各々が 250 万 km 離れた 3 台の衛星を, 地球とほぼ同じ太陽公転軌道上に, 地球の後方約 20 度の地点に打ち上げることを予定している (図 3.6 参照). そして, 3 台が正三角形を保ちながら, それらの重心周りを円運動する, いわゆるレコード盤軌道を構成させ, その 3 台間でレーザーを往復させることにより干渉計を構築する計画である. 250 万 km も離れた相手に光を送る場合, いかに指向性の高いレーザーといえどもほとんどの光は拡散してしまう. そこで, 反射鏡を用いて光を往復させるのではなく, 各衛星に到達したわずかな光を受信し, その位相を固定した状態で改めてレーザーを発信する設計になっている. また, 衛星内に置かれた装置は, 重力場にしたがって測地線に沿って運動し, 所定の軌道を周るように設定される. 地上重力波望遠鏡においては, 鏡が水平方向に動かないように能動的に制御されるが, これとは異なる手法が用いられる. 具体的には, 装置が外乱に影響されることなく測地線に沿って進めるように, 衛星の方で装置に対する相対位置を一定に保つためのドラッグフリー制御を行う. また, 重力波の微細な影響を捉えるため, 衛星 3 台の編隊飛行は精度良く制御されなければならない. 宇宙における重力波検出の試みは初めてということもあり, 他にも技術的には様々な挑戦が必要になる.

しかし, 少なくともその一部に関しては, LISA Pathfinder 衛星の成功によっ

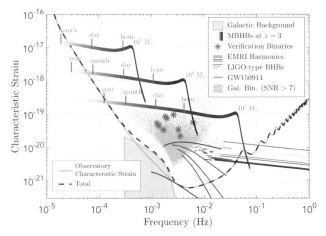

図 3.7 LISA で計画されている感度曲線 (下に凸の曲線) と,期待される様々な波源からの重力波の実効振幅. "Galactic Background" は解像しきれない系内連星白色矮星からの寄与で,他の重力波を観測する際には雑音になる. "MBHB at $z = 3$" は $z = 3$ での超巨大ブラックホール同士の合体による重力波. "Verification Binaries" は電磁波観測ですでに知られている系内の連星白色矮星からの重力波. "EMRI Harmonics" は恒星質量ブラックホールが超巨大ブラックホールに落ちる EMRI (7.5 節参照) からの様々な高調波重力波. "LIGO-type BHBs" は,大きな軌道半径を持つ恒星サイズのブラックホール同士の連星による重力波 (7.2 節参照). "Gal. Bin. (SNR > 7)" は信号対雑音比が 7 を超えており個々に解像できると期待される系内の連星からの重力波. 図は LISA の white paper (arXiv:1702.00786) より取得. 口絵 2 参照.

て,不安が解消された [M. Armano et al., Physical Review Letters **116**, 231101 (2016)]. 図 3.7 に示すように,LISA は主に 1–10 mHz の周波数帯に高い感度を持つ計画である. 低周波数側では,装置が受ける重力的加速度に起因する雑音が,高周波数側では,地上重力波望遠鏡と同様にレーザーの散射雑音が,それぞれ主な雑音源になる. 加速度雑音に対して衛星を十分に制御し,期待通りの感度を実現できるのか,という疑問に答えるため,LISA Pathfinder が 2015 年末に打ち上げられた. LISA Pathfinder は,LISA の要求よりは 1 桁精度が悪い加速度雑音の抑制を目標にしていた. しかし,LISA で要求されるのと同程度に雑音を抑えたばかりか,LISA の要求を上回る抑制を達成した. LISA の実現に向けて,大きな期待を抱かせる結果が得られたのである.

LISA が狙う 1–10 mHz 帯の重力波を放射すると予想される重力波源は,SMBH の連星の中でも比較的軽めのものの合体 (7.3 節参照) や,SMBH に恒星サイズの

天体が落下する，いわゆる EMRI (Extreme Mass Ratio Inspiral: 7.5 節参照) である (図 3.7 参照). 他にも，銀河系内の連星白色矮星が確実な観測対象である (7.1 節参照). LISA で観測できる重力波源とその周波数特性は，7 章で改めて述べる．

LISA は一組の重力波望遠鏡ではあるが，太陽周りを公転するため，自身の運動が観測される重力波にドップラー偏移や振幅の変調を誘起する．そのため，長期間観測できる波源に対しては，地上重力波望遠鏡ネットワークに匹敵する位置決定精度を，独力で実現できると見込まれる．これは連星 SMBH の合体に伴う電磁波放射の追観測や，母銀河の同定に向けて非常に重要な特徴である．

なお，LISA 計画は元々，NASA と ESA との共同で提案された．しかし，2011 年に，NASA が一度撤退し，それ以降は eLISA (evolved Laser Interferometer Space Antenna) という名前で，ESA 単独で推進されてきた．予算などの制限のため，eLISA 計画は元々の LISA 計画から縮小され，例えば，当初 500 万 km とされたアーム長は 100 万 km に変更された．しかし 2015 年に重力波が初検出されたことが追い風になり，アーム長を 250 万 km に再設定するなど計画が改まり，名前も LISA に戻った．LISA は ESA の L3 ミッションとして 2030 年頃の打ち上げが計画され，最低でも 4 年間の観測が予定されている．

さて，地上重力波望遠鏡は約 10 Hz 以下の周波数帯域で感度が低い一方，LISA は 0.1 Hz 以上の帯域で感度が低い．そこで，0.1–10 Hz の周波数帯域の観測を目的として提案された宇宙重力波望遠鏡が，日本の DECIGO (DECi-hertz Interferometer Gravitational wave Observatory) や ESA 主体の BBO (Big Bang Observatory) である．ただしこれらは LISA とは異なり，まだ提案段階の計画である．これらの計画でも，複数の衛星を太陽周回軌道に乗せて編隊飛行させることが想定されている．LISA とは異なり，それぞれのアーム長は 1,000 km 程度で，3 つの衛星による正三角形の干渉計を最大 4 組打ち上げることが提案されている．遠方の連星ブラックホールや連星中性子星を観測して暗黒エネルギーの状態方程式を測定することに加えて，3.3.2 節で述べるインフレーション由来の原始重力波を直接観測することが，これらの計画の主たる科学的目標である．

3.3 その他の重力波観測方法

重力波検出装置は，レーザー干渉計に限られるわけではない．歴史的にはジョセ

フ・ウェーバー (Joseph Weber) が, 共振型重力波検出器を用いて, 先駆的な研究を進めたことがよく知られている. この方法では, 重力波が弾性体に振動を誘起することを用いて重力波検出を試みる. 他にも, 重力波が弾性体に回転を励起することを利用するねじれ振り子型検出器や, 冷却した原子雲をレーザーで2つに分けてから戻す際に, 重力波によって波動関数の位相が変化するため干渉が起きることを利用する原子干渉計型検出器など, 様々な手法が提案されている. ただしいずれも, 重力波望遠鏡として実用的になるほどには技術開発が進んではいない.

重力波の検出には, これらの実験的手法ではなく, むしろ, 天体, あるいは宇宙そのものに対する観測を利用する方法が, 現在は有望視されている. その代表例が, ミリ秒パルサーを多数観測するパルサータイミングアレイ, および宇宙マイクロ波背景放射の B モード偏光観測である. 以下では, これら2つを, 対象とする重力波源とともに, 簡単に紹介する.

3.3.1 パルサータイミングアレイ

1.3.4 節で紹介したパルサーは, 規則正しくパルスを放射するので, 宇宙における安定した正確な時計とみなすことができる. とりわけ, ミリ秒パルサーからの電波パルス周期は, 15 桁程度の精度で極めて安定である. この性質を利用し, 多数のミリ秒パルサーを観測し, 雑音を統計的に低減して, 感度の高い重力波検出システムとしての運用を目指すのが, パルサータイミングアレイである. この観測システムの基本戦略は, パルスの (片道) 伝播時間が重力波によって変化させられる効果を捉えることであり, レーザー干渉計と原理的に共通する. 基礎になる方程式は, (3.11) 式に導いてあるので, 以下ではこれをそのまま利用する.

今回は, 我々が原点におり, Θ 方向にあるパルサーからのパルスを受信すると考える. すると, (3.11) 式から, パルス周波数の変化に対して次式を得る:

$$z_p := \frac{\nu_\mathrm{E}}{\nu_\mathrm{p}} - 1 = \frac{1}{2}(1 - \cos\Theta)\,(h_{+,\mathrm{p}} - h_{+,\mathrm{E}}). \tag{3.22}$$

ここで $h_{+,\mathrm{p}}$ は, パルサーがパルスを放射した時空座標での重力波振幅を, $h_{+,\mathrm{E}}$ は地球でパルスを受信した時空座標での重力波振幅を表す. 右辺の $h_{+,\mathrm{p}}$ はパルサー項 (pulsar term), $h_{+,\mathrm{E}}$ は地球項 (Earth term) と呼ばれる. なお, パルサータイミングアレイに必須の長期間観測では, 地球の運動による影響が無視できないため, 実際の解析では, その効果を差し引く必要がある (そのためには, 地球よりも

太陽系重心 (solar system barycenter) で考えた方が実用的である). また, 重力波による効果は微弱なため, その効果を抽出するためのより適切な観測量は, 赤方偏移 z_p を時間積分して得られるパルスのタイミング残差

$$r = \int z_p \, dt \tag{3.23}$$

である.

多数のミリ秒パルサーを観測する必要のあるパルサータイミングアレイでは, 重力波源に対するミリ秒パルサーの一般的な配置を考慮しなくてはならない. そこで, レーザー干渉計に対するアンテナパターン関数を導出したときと同様に, 重力波源の方向を n^i, それに直交する 2 つの偏光テンソルを e_{ij}^+ および $e_{ij}^\times$ として, 重力波を以下のように表す:

$$h_{ij}^{\rm GW} = h_+ e_{ij}^+ + h_\times e_{ij}^\times. \tag{3.24}$$

すると, ミリ秒パルサー方向の単位ベクトルを p^i で表せば, z_p は以下のように書くことができる:

$$z_p(n^i, p^i) = \frac{1}{2} \frac{p^i p^j}{1 + p^k n_k} \left\{ e_{ij}^+ [h_{+,{\rm P}} - h_{+,{\rm E}}] + e_{ij}^\times [h_{\times,{\rm P}} - h_{\times,{\rm E}}] \right\}. \tag{3.25}$$

煩雑になるので省略したが, 右辺に現れる p^i 以外の量は全て, n^i に依存する.

レーザー干渉計の場合とは異なり, パルサータイミングアレイでは長波長近似は適切でなく, パルサー項と地球項とに対して異なる取り扱いが必要になる. このことを理解するには, 観測対象になる重力波の周波数をまず知る必要がある.

パルサータイミングアレイで観測できる重力波周波数の下限は, 我々がパルサーを観測する期間で決まる. 重力波を観測するには, その振動を検出する必要があるので, 観測期間よりも十分に周期の長い重力波を検出することができないからである. 例えば観測期間が 30 年間なら, 30 年を大幅に超える周期を持つ重力波の影響は, パルサー自身の変化と区別できない. したがって, 観測期間の逆数から, 1/(30 年) ∼ 1 nHz 程度が観測可能な周波数の下限になる. 観測期間が長いほど, より低周波数帯域を観測できるようになるのが, パルサータイミングアレイ観測の特徴である. ここで, ミリ秒パルサーまでの距離は, 30 光年 (約 10 pc) よりもはるかに大きい. そして 30 光年は, 観測対象とする重力波の波長の上限である. ゆえに, 長波長近似が成立しない.

一方, 観測可能な周波数の上限は, 時間解像度, つまり各々のミリ秒パルサーを

観測する頻度で決まる.例えば, 1 週間に一度観測するならば,それよりも振動周期の短い重力波を観測することは難しいので, 1/(1 週間) ～ μHz 程度が観測できる周波数の上限になる.

パルサータイミングアレイで検出が期待される重力波のうち最も有望なものは,連星 SMBH である.特に, LISA の観測対象 (7 章参照) よりもさらに大質量の ($10^8 M_\odot$ 以上の) SMBH の連星が対象になる.パルサータイミングアレイの観測周波数帯域にある重力波を放射する連星 SMBH は,合体までに非常に長い時間を要するため,軌道半径がほとんど時間変化しない.したがって,軌道進化の影響が微弱な連星からの準定常的な重力波が主たる観測対象になる.また,離心率の高い連星 SMBH が存在すれば,近星点通過時に放射されるバースト的な重力波も観測対象になる.

もしも近傍の銀河内に存在すれば,単独の連星 SMBH からの重力波が検出可能になる.この場合,その影響はあらゆるミリ秒パルサーに対する大きなタイミング残差として現れる.パルサータイミングアレイ全体の信号対雑音比は,個々のパルサーの残差解析から得られた信号対雑音比の 2 乗和の平方根として定義される.したがって,信号対雑音比は,タイミングアレイとして利用しているミリ秒パルサーの数の 1/2 乗に近似的に比例して向上する.

遠方に位置するため個々の振幅が微弱な重力波しか存在しない場合でも,それらが多数存在するならば確率的重力波背景放射 (stochastic gravitational wave background) になり,パルサータイミングアレイの観測目標になる.連星 SMBH が作る重力波背景放射の振幅やスペクトルは, 7 章で解説するように,宇宙の大域的構造の形成過程を反映しているので,宇宙の構造進化に関する貴重な情報をもたらしうる.この重力波背景放射を検出するには,パルサー間のタイミング残差の相関が,パルサー間を見込む角度 γ によって特徴的なパターンを示すことを利用する.期待される相関は, (3.25) 式で与えられるパルサーの応答を 2 つのパルサーについて掛け合わせた後に,重力波の到来方向 n^i について平均することで得られる.特に重力波背景放射が無偏光で等方的な場合には,パルサー間のタイミング残差の相関はヘリングス・ダウンズ (Hellings–Downs) 曲線

$$C_{\mathrm{HD}}(\gamma) \propto 1 + \frac{\cos \gamma}{3} + 4(1 - \cos \gamma) \ln\left(\sin \frac{\gamma}{2}\right) \tag{3.26}$$

にしたがうと期待される (図 3.8 参照).パルサータイミングアレイによる重力波

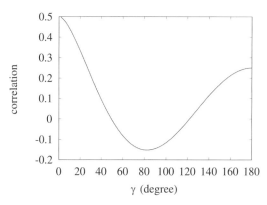

図 3.8　パルサー間の角度に対するタイミング残差の相関を表す, ヘリングス・ダウンズ曲線.

検出では, 地球の運動を補正する際の誤差など, 全パルサーで相関するタイミング残差を生んでしまう誤差が避けられない. そのような状況において, 特定の角度相関を示す残差だけを抽出できれば, 重力波背景放射を効率的に検出することが可能になる. この場合もパルサーの数を増やせば信号の有意度が上がる. 具体的には, 信号対雑音比はパルサーの数に近似的に比例する.

現在観測を進めているパルサータイミングアレイは, EPTA (European Pulsar Timing Array), NANOGrav (North American Nanohertz Observatory for Gravitational waves), PPTA (Parkes Pulsar Timing Array) の 3 つである. 現状では, これらの観測グループが各々で観測しているミリ秒パルサーの数は数十程度であるが, データを共有して構成した IPTA (International Pulsar Timing Array) がより高い感度で重力波を探査している. しかし, 2018 年春の段階で重力波検出には成功しておらず, 重力波の総量に対する上限が課されるのみである. ただし, 得られた上限は, 一部の理論モデルを棄却する段階にあり, 科学的な成果が現れつつある. 今後, 電波干渉計 SKA (Square Kilometer Array) が動き出すとミリ秒パルサーが 1,000 以上見つかると期待されており, またタイミングの計測精度も向上すると予想される. パルサータイミングアレイは, 近い将来の発展が大いに期待される重力波観測装置である.

3.3.2　宇宙マイクロ波背景放射 (CMB) の B モード偏光観測

最も周波数の低い帯域での重力波検出手段として期待されているのが, 宇宙マ

イクロ波背景放射 (Cosmic Microwave Background; CMB) の B モード偏光観測である．これまでに述べたものとは異なり，この手法では重力波を直接検出することを狙わず，CMB の中に存在する重力波に付随した効果を抽出することを狙う．そこで先に進む前にまず，CMB について簡単に説明しておく．CMB は，温度パラメータが約 2.73 K のプランク分布で特徴付けられる，現在の宇宙をほぼ一様に満たしているマイクロ波である．我々の宇宙がかつて高温状態にあったときの名残と考えられ，ビッグバン宇宙論の最も強い証拠である [*4)]．

CMB を用いて宇宙を直接的に観測できるのは，宇宙が中性化した，いわゆる宇宙の晴れ上がり以降である．宇宙が熱い間は，大量に存在する光子が水素原子を電離してしまう．すると，光子は電子によって頻繁にトムソン散乱され，自由に進むことができない．しかし，宇宙が膨張して温度が 3,000 K 程度まで下がると，陽子と電子が結合して宇宙の中性化が十分に進み，光子が直進できるようになる．そして中性化時点で直進を始めた光が，現在観測される CMB になる．

宇宙の晴れ上がり ($z \sim 1,100$) 以前の宇宙初期を，電磁波で直接観測することはできない．直接観測には，ニュートリノや重力波を用いるしかないが，当面それは難しい．初期宇宙の状態を知るための現状で最善の方法は，CMB 観測を通じて，CMB に刻印された宇宙初期の情報を間接的に抽出することである．

CMB 観測において，今後さらなる進展が最も期待されるのが，この節の主題である B モード偏光観測である．そこでまず偏光が生じる原因について簡単に解説する．上で述べたように，宇宙の晴れ上がり直前まで，光子 (つまり電磁波) は電子によってトムソン散乱を受けるが，天球面上方向を進んでいた電磁波が，トムソン散乱によって我々の視線方向に向かってくる場合を考えよう．電磁波は横波なので，進行方向に垂直な面に 2 成分の偏光を持つが，この設定では，散乱前の電磁波は，我々の視線方向と天球面上の 1 方向に偏光成分を持つ．したがって，散乱され我々に向かってくる電磁波は，天球面上の 1 方向にしか偏光を持たない．つまり，トムソン散乱は直線偏光を作り出す．しかし，$z \sim 1,100$ の天球面上での放射場が完全に一様であれば，多数の光子が完全に等方的に散乱され偏光が打ち消し

[*4)] ビッグバン宇宙論の証拠の 1 つとして，宇宙における水素とヘリウムの組成比 (質量比にして約 3 : 1) を挙げることができるが，この観測事実も宇宙重力波背景放射の総エネルギー量に対して上限を与えている．宇宙初期の元素合成期以前に宇宙の放射成分が多すぎると，宇宙膨張が速くなりすぎ，弱い相互作用で陽子に転換されることなく多くの中性子が残され，その結果，元素合成期にヘリウムが合成されすぎてしまうため，現在の観測事実と矛盾するからである．

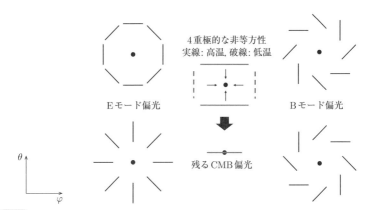

図 3.9 トムソン散乱による偏光の生成機構 (中) と, E モード偏光 (左) および B モード偏光 (右) の分類. この図では, 左右の破線が低温の, 上下の太線が高温の放射成分を表し, 偏光ベクトルとして電場の振動方向を描いた.

合い, CMB は無偏光になる.

　散乱の重ね合わせの結果, 有限の偏光が生じるには, 放射場が 4 重極以上の非等方性を持つ必要がある. ここでは 4 重極成分にのみ着目し, 天球面上のある電子の周りで θ 方向には温度が高く, φ 方向には温度が低い分布が実現されているとしよう (図 3.9 参照). すると, θ 方向から入射され我々の視線方向に散乱された光がより多く到来し, φ 方向に沿った偏光が観測されるはずである. つまり, 電子の周囲に 4 重極型の温度ゆらぎがあれば, 低温側を結ぶ成分を持つ偏光が生成される. これが CMB が偏光を持つ基本的な機構である.

　CMB 偏光は天球面上のベクトル場の配位であり, 様々な方法で記述できる. これをベクトルの空間反転対称性で分類し, 空間座標変換に対してベクトルの符号を変えるもの (極性ベクトル成分) を電場にたとえて E モード偏光, 変えないもの (軸性ベクトル成分) を磁場にたとえて B モード偏光と呼ぶのが慣習である.

　宇宙重力波背景放射は, ビッグバン以前の宇宙の加速膨張期, すなわちインフレーション期に生成されると推測されている. インフレーションの重要な役割の 1 つが, 物質場の量子ゆらぎを通じて, 銀河のような構造の種になる密度ゆらぎを生成することである. この際, 密度に付随して CMB の温度もゆらぐことが予言される. 実際, CMB に観測される温度ゆらぎは, 標準的なインフレーション理論の予言と整合的である. 密度ゆらぎから温度ゆらぎが生じるので, CMB の偏光も生成される. しかし, 密度ゆらぎからは極性ベクトルのゆらぎしか生じない. した

がって, E モード偏光は生成されても, B モード偏光は生成されない.

ところがインフレーションは, 量子ゆらぎを通じて, テンソル成分, すなわち重力波成分も生成する. 重力波は 4 重極パターンで空間を伸縮させるので, 存在すれば, 温度が 4 重極パターンのゆらぎを持つようになり, CMB に偏光が生じる. ここで重要なのは, 重力波は h_+ と $h_\times$ の 2 偏光を持つため, 密度ゆらぎとは異なり, CMB に E モード, B モード両方の偏光を生成しうることである. したがって, CMB の B モード偏光を発見することは, 宇宙重力波背景放射の存在の強力な証拠になる. そして, インフレーションが起こったことに対する強い証拠を与えるとともに, 重力が量子化されていたことをも示唆する. さらには, 重力波の振幅から, インフレーションを引き起こした物質場のポテンシャルエネルギーが推定され, インフレーションの起源に関する重要な手がかりが得られると期待される. したがって, CMB の B モード観測は, 初期宇宙観測の切り札的役割を担いうる.

なお, 宇宙重力波背景放射の影響を CMB で観測できるのは, 天球面角で最大数十度程度の大スケールの偏光パターンである. これは Gpc オーダーの波長に相当し, 周波数に焼き直せば約 10^{-17} Hz に対応する. このような大スケールに天体起源の重力波が存在するとは考えにくい. よって, B モード偏光に刻印される重力波が発見されれば, それは宇宙論的スケールの現象が起源と結論できる.

しかし, 以下の理由により, CMB の B モードから原始重力波の証拠を取り出すのは容易ではない. まず, B モード偏光は重力波によってだけでなく, CMB が宇宙空間を伝播する途中で受ける重力レンズ効果によっても生じる. 純粋に重力波によって生じる B モード偏光を抽出するには, 重力レンズ効果による寄与を正確に差し引く必要がある. また, 我々の銀河系内に存在する塵からの熱的放射や銀河系に付随して存在する磁場中を相対論的に運動する電子からのシンクロトロン放射にもマイクロ波が含まれ, かつ B モード偏光を持つ. CMB 起源ではないこのようなマイクロ波の寄与も正確に差し引かなくてならない. これらの作業には, 複数の周波数および幅広い角度スケールに対してマイクロ波を精密に測定することが必要になる. これらの事情が, CMB に含まれる重力波起源の B モードの観測を挑戦的な課題にしている. 日本では LiteBIRD 観測衛星計画が提案されているが, このような将来計画の進捗に今後期待したい.

Chapter 4

連星ブラックホールの合体

　この章では, 連星ブラックホールの合体について解説する. 最初の 3 節で, まずは, 連星ブラックホールの合体に対する理論的な理解について述べる. その後, 重力波観測で初めて発見された連星ブラックホールの合体 (GW150914), およびその後の進捗について触れる. 最後に, 重力波観測によってもたらされたブラックホールに対する新たな知見について解説する.

4.1　コンパクト星連星の合体

　まず, コンパクト星連星が合体に至るまでの進化過程とその間に放射される重力波の特徴について述べる. 合体の直前までは, ブラックホールと中性子星のいずれにせよ, それらの大きさ (半径) は, 軌道半径よりも十分に小さい. そのため, 天体の構造は無視でき, 各々の質量とスピンだけが指定されれば, 連星の運動や重力波の放射量は, 質点近似の枠組みで求めることが可能である. そこでこの節では, ブラックホールと中性子星を区別せずに議論を進める.

　コンパクト星連星形成後の進化の概略を, PSR B1913+16 を例に説明しよう. 現在この連星中性子星は, 軌道周期 7.75 時間, 離心率 0.617 の楕円軌道を持ち, その軌道長半径は約 190 万 km (太陽半径の 3 倍弱) である. 安定な軌道を保持しているが, 重力波放射のためにゆっくりと軌道長半径と離心率を減少させており, 約 3 億年後に合体すると推定されている. また合体直前までには, 離心率もほぼゼロに落ち着く. なぜならば, 重力波放射の反作用で軌道が進化するとすれば, 軌道長半径 a と離心率 e は近似的に以下の関係にしたがうので,

$$a(e) = \frac{c_0 e^{12/19}}{1-e^2}\left[1 + \frac{121}{304}e^2\right]^{870/2299}, \qquad (4.1)$$

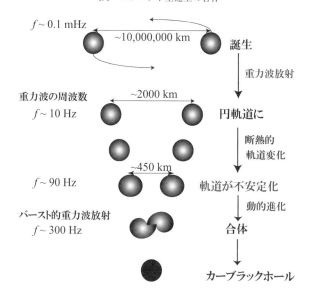

図 4.1 個々の質量が $30M_\odot$ の連星ブラックホールの誕生から合体までの概略, および重力波の特徴的な周波数. この例では, $f = 10\,\text{Hz}$ となって以後, 合体まで, およそ 6 秒間である.

離心率は, 軌道長半径の約 19/12 乗に比例して減少するからである. ここで c_0 は, 系の初期条件で決まる定数である.

同様の進化過程を, 連星ブラックホールを想定して図示したのが, 図 4.1 である. この例では, 2 つのブラックホールの質量をともに $30M_\odot$ としている. 形成時に円軌道にある場合, この系の初期軌道半径がおよそ 3,300 万 km 以内であれば, 宇宙年齢 (約 138 億年) 以内に合体が可能である [(2.47) 式参照].

連星が円軌道にあるとすれば, 重力波の周波数は次のように書ける:

$$f = \frac{1}{\pi}\sqrt{\frac{GM}{a^3}} = 10\left(\frac{M}{60M_\odot}\right)^{1/2}\left(\frac{a}{2000\,\text{km}}\right)^{-3/2}\,\text{Hz}. \quad (4.2)$$

ここで M は連星の合計質量を, a は軌道半径を表す. 現在稼働中の重力波検出器は, 約 10 Hz 以上, 1 kHz 以下において感度が良い. よって $M = 60M_\odot$ であれば, 軌道半径が約 2,000 km になった時点で観測可能になる. (2.47) 式を用いると, 軌道半径が 2,000 km になってから合体までにかかる時間は, 等質量の連星であれば約 6 秒間と計算できる. また, $M = 2.7M_\odot$ の等質量の連星中性子星であれば, 軌道半径が約 710 km になったときに重力波の周波数が 10 Hz になり, その後合体ま

でにかかる時間は,約 18 分間である.

　重力波放射によって軌道半径が変化する時間スケールは,合体直前まで軌道周期よりも長い [(2.48) 式参照].そのため,観測開始後大半は,断熱的な進化をする.一方,合体直前になると,重力波放射の時間スケールが軌道周期に比べて無視できないほど短くなり,軌道半径の減少が加速される.さらに,軌道半径が縮めば,2 体間に働く一般相対論的相互作用や中性子星の場合には潮汐相互作用によって,連星は安定な円軌道を保てなくなり,合体に至る.合体直前の連星は,軌道周期が数ミリから数十ミリ秒という短周期で公転している.その結果,軌道速度が光速度の 30–40％にも達する.合体後,何が起きるかについては,連星ブラックホールに対しては 4.2 節で,連星中性子星に対しては 5 章で述べる.

　以下では,断熱的にゆっくりと軌道半径を縮めていく連星から放射される重力波のスペクトルを導出する.まず,重力波の位相を

$$\Phi(t) = \int 2\pi F(t) dt \quad (4.3)$$

と定義する.$F(t)$ は,各時刻における重力波の周波数を表す.4 重極公式 (2.30) を使うと,観測される重力波の波形,$h(t)$,は

$$h(t) = A(t)\cos\Phi(t) = 4Q_h \frac{G\mathcal{M}}{c^2 D}\left(\frac{G\pi\mathcal{M}F(t)}{c^3}\right)^{2/3}\cos\Phi(t) \quad (4.4)$$

のように書くことができる.ただし,Q_h は検出器への入射角,連星の軌道面の視線方向に対する傾斜角 $\imath$,重力波の偏光の情報を含んだ量で,アンテナパターン関数 [(3.21) 式参照] を用いて以下のように書くことができる:

$$Q_h := \sqrt{\left(F_+\frac{1+\cos^2\imath}{2}\right)^2 + (F_\times \cos\imath)^2}\,. \quad (4.5)$$

Q_h は 1 以下で,全天の角度,軌道傾斜角,偏光角に対する 2 乗平均は 0.4 である.

　(4.4) 式が示すように,4 重極公式で求めた重力波の振幅には,質量の次元を持つ量はチャープ質量,$\mathcal{M}$,しか現れない (2.6 節参照).また以下で見るように,位相にも $\mathcal{M}$ しか現れない.したがって,基本的には $\mathcal{M}$ が測定量になる.

　重力波放射の反作用で連星軌道半径が小さくなる結果,$F(t)$ は次第に大きくなる.(2.45) 式と (4.2) 式を用いると,その発展方程式は以下のように書ける:

$$\frac{dF}{dt} = \frac{96c^6}{5\pi G^2 \mathcal{M}^2}\left(\frac{G\pi\mathcal{M}F(t)}{c^3}\right)^{11/3}. \quad (4.6)$$

4.1 コンパクト星連星の合体

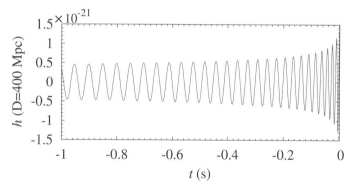

図 4.2 合体直前の連星ブラックホールからの重力波の理論波形. 2 つのブラックホールの質量がともに $30M_\odot$ で, スピンが存在しない場合. 我々から波源までの距離を 400 Mpc と仮定し, 軌道面に対し垂直方向から観測した場合 (与えられた距離に対して最も振幅が大きくなる場合) の波形を表示. 横軸は時間で, $t = 0$ がおよその合体時刻を表す. 縦軸は振幅を表し, 10^{-21} が単位である.

この式を積分して $F = F(t)$ の解を求めた後に, (4.3) 式を解けば,

$$\Phi(t) = \Phi_0 - \frac{1}{16}\left(\frac{G\pi\mathcal{M}F(t)}{c^3}\right)^{-5/3} \tag{4.7}$$

が得られる. Φ_0 は近似的に, 合体時の位相を表す.

以上の結果を用いれば, 合体直前のコンパクト星連星からの重力波の波形が近似的に計算できる. 図 4.2 に, 質量がともに $30M_\odot$ の連星ブラックホールの, 合体 1 秒前からの波形を例示した. 軌道半径が縮まるにつれ, 振幅と周波数が徐々に大きくなるのが特徴である. このような波形はチャープ波形と呼ばれる.

次に, 重力波のフーリエ変換を以下のように定義する:

$$\hat{h}(f) = \int h(t) e^{2\pi i f t} dt. \tag{4.8}$$

重力波放射の時間スケールが軌道周期に比べて十分に長い場合, (4.8) 式の積分に対し停留位相近似が使える (文献 [9] 参照). すると, 以下の式が得られる:

$$\hat{h}(f) = \left(\frac{5}{24\pi^3}\right)^{1/2} \frac{Q_h c}{D} f^{-7/6} \left(\frac{G\pi\mathcal{M}}{c^3}\right)^{5/6} e^{i\psi(f)}, \tag{4.9}$$

$$\psi(f) = \psi_0 + 2\pi f t_c + \frac{3}{128}\left(\frac{G\pi\mathcal{M}f}{c^3}\right)^{-5/3}. \tag{4.10}$$

ここで, ψ_0 は積分定数で, t_c は合体時刻を表す. $\hat{h}(f)$ は時間の次元を持つので, 以下では無次元量 $|f\hat{h}(f)|$ を重力波の実効振幅, h_{eff}, と定義する.

ここで, ある時刻の周波数を $f = F(t)$ とおき, $h_{\rm eff}$ とその時点での重力波の振幅 $[A = 4Q_h\{GM/(c^2D)\}(G\pi\mathcal{M}f/c^3)^{2/3}$: (4.4) 式参照] との比を取ると

$$\frac{h_{\rm eff}}{A} = \left(\frac{5}{384\pi}\right)^{1/2} \left(\frac{G\pi\mathcal{M}f}{c^3}\right)^{-5/6} \approx 84 \left(\frac{f}{10\,{\rm Hz}}\right)^{-5/6} \left(\frac{\mathcal{M}}{1.175M_\odot}\right)^{-5/6}$$

$$\approx 6.4 \left(\frac{f}{10\,{\rm Hz}}\right)^{-5/6} \left(\frac{\mathcal{M}}{26.12M_\odot}\right)^{-5/6} \quad (4.11)$$

を得る. ここでは, 連星ブラックホールを想定した場合, $\mathcal{M} = 26.12M_\odot$ (等質量連星なら $M = 60M_\odot$) とし, 連星中性子星を想定した場合, $\mathcal{M} = 1.175M_\odot$ (等質量連星なら $M = 2.7M_\odot$) とした. ともに, 合体に至るまでは, 実効振幅の方が A より大きい. 合体に至る以前, つまり断熱的進化時には, 重力波放射によって軌道半径が変化する時間スケールが周期に比べて長いため, 与えられた周波数に対して多数の波が積算され, 振幅が実効的に増幅されるからである.

なお, (4.11) 式は, (4.6) 式を用いると $f(df/dt)^{-1/2}/2$ と書くことができる. ここで, $f^2(df/dt)^{-1}$ は, (2.45), (2.47), (4.2) 式を用いて, $8ft_0/3$ と書ける [(2.47) 式の f_0 を f に置き換えた]. また, ある周波数 f を持つ重力波の総放射サイクル数 N は, ft_0 程度である. そこで $N_{\rm eff} := 2ft_0/3$ と定義すれば, $h_{\rm eff}$ は A よりも $\sqrt{N_{\rm eff}}\,(\propto f^{-5/6})$ 倍大きいことになる. $N_{\rm eff}$ が大きい場合, この積算効果は, 重力波を観測する上で大変重要になる.

図 4.3 に, 実効振幅 $h_{\rm eff}$ の理論曲線を示した. IMBH-IMBH, BH-BH, NS-NS は, それぞれ, 中間質量ブラックホールの連星, 恒星サイズのブラックホールの連星, 連星中性子星を表す. 中間質量ブラックホール, 恒星サイズのブラックホール, および中性子星の質量を, それぞれ, $100M_\odot, 30M_\odot, 1.35M_\odot$ としている. また $Q_h = 0.4$ とし, 連星ブラックホールと連星中性子星, それぞれの場合に対して, $D = 400\,{\rm Mpc}, 100\,{\rm Mpc}$ とした. これらの重力波源が, Advanced LIGO や KAGRA で観測可能なことが, 図 4.3 から理解できる.

ここまでは, 連星の運動をニュートンの運動方程式を用いて記述し, また重力波の放射については 4 重極公式を用いてきたが, これらは一般相対論の最低次の効果のみを考慮した近似式である. 連星系の軌道速度は, 合体直前には光速度の 30–40%にも達する. よって, 正確な解を求めるには, 高次の一般相対論的効果を考慮しなくてはならない. 重力波を検出する上で, 特に重要とされる量が, 重力波の位相 $\Phi(t)$ (あるいは $\psi(f)$) である. 確実に重力波を検出するには, 正確な位相

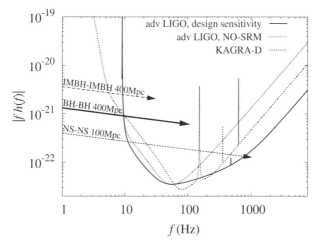

図 4.3 Advanced LIGO と KAGRA の感度に対する, 合体直前の近接連星からの重力波のスペクトル (実効振幅). NS, BH, IMBH はそれぞれ, $1.35M_\odot$, $30M_\odot$, $100M_\odot$ の中性子星, 恒星サイズのブラックホール, 中間質量ブラックホールを表す. 波源までの距離は, NS-NS が 100 Mpc, BH-BH と IMBH-IMBH が 400 Mpc を仮定 (ただし宇宙論的赤方偏移効果については考慮していない). また, $Q_h = 0.4$ とした. 矢印の先端付近の周波数で, 合体が始まる.

を持つ理論テンプレートが必要だが, ニュートンの運動方程式や 4 重極公式を用いていては, その構築は不可能である.

軌道速度が光速度の数十%以内の場合には, ポストニュートン近似が有効である. ポストニュートン近似では, 軌道速度 v と光速度の比の 2 乗 $(v/c)^2$ を微小量と仮定し, これをパラメータとして, アインシュタイン方程式や天体に対する運動方程式を摂動論的に解く. 展開項数を増やしていけば, 次第に真の解に近づくはずなので, 高次の補正まで考慮すれば, 精度の良いテンプレートの構築が可能になると考えられる. ただし, 展開の収束が不規則で, しかも遅い. そのため, 非常に高次まで展開を実行する必要がある.

ポストニュートン近似による近接連星の運動や重力波放射に関する研究は, 1980 年代からブランシェ (L. Blanchet) やダモーア (T. Damour) を中心に, 精力的に進められた. 連星の各天体がスピンを持っていない場合に対して, 彼らは, 2004 年までに, 3.5 次 [4 重極公式を 0 次として $(v/c)^7$ の次数までを考慮] までの計算を実行し, 重力波の位相進化の解析的な公式を導いた.

連星の軌道運動や重力波の波形は, 各天体の質量のみならず, スピンにも依存す

る. 1.5.1 節で述べたように, 時空の曲がり具合は, 天体の質量のみならずそのスピンにも依存するからである (一般的には高次の多重極モーメントにも依存する). 特にブラックホールの場合, 合体直前の軌道角運動量の数十％にもなる大きなスピン角運動量が許されるので, 連星の運動や重力波の波形に大きな影響が生じる. したがって, スピンの効果を考慮するのは, 必須の作業である.

スピンの効果として具体的に現れるのは, 軌道角運動量とスピンのカップリングとスピン同士のカップリングの効果である. これらの効果を取り入れたポストニュートン近似計算も進められており, 前者に関しては 3.5 次までの効果が, 後者については 3 次までの効果が 2017 年の段階で求められている.

ポストニュートン近似による計算を行えば, 重力波の位相 $\Phi(t)$ や $\psi(f)$ に対して, (4.7) 式や (4.10) 式よりも正確な公式が導出できる. 例えば, スピンが存在しない場合には, 3.5 次のポストニュートン近似で以下のようになる:

$$\begin{aligned}
\Phi(t) = \Phi_0 - \frac{2}{\eta}\Theta^{5/8}\Bigg[& 1 + \left(\frac{3715}{8064} + \frac{55\eta}{96}\right)\Theta^{-1/4} - \frac{3\pi}{4}\Theta^{-3/8} \\
& + \left(\frac{9275495}{14450688} + \frac{284875}{258048}\eta + \frac{1855}{2048}\eta^2\right)\Theta^{-1/2} \\
& + \left(-\frac{38645}{172032} + \frac{65}{2048}\eta\right)\pi\Theta^{-5/8}\ln\left(\frac{\Theta}{\Theta_0}\right) \\
& + \Bigg\{\frac{831032450749357}{57682522275840} - \frac{53\pi^2}{40} - \frac{107}{56}\gamma_{\mathrm{E}} + \frac{107}{448}\ln\left(\frac{\Theta}{256}\right) \\
& \quad + \left(-\frac{126510089885}{4161798144} + \frac{2255\pi^2}{2048}\right)\eta \\
& \quad + \frac{154565}{1835008}\eta^2 - \frac{1179625}{1769472}\eta^3\Bigg\}\Theta^{-3/4} \\
& + \left(\frac{188516689}{173408256} + \frac{488825}{516096}\eta - \frac{141769}{516096}\eta^2\right)\pi\Theta^{-7/8}\Bigg],
\end{aligned}$$
(4.12)

$$\begin{aligned}
\psi(f) = 2t_c x^{3/2} + \psi_0 + \frac{3}{128\eta}x^{-5/2}\Bigg[& 1 + \left(\frac{3715}{756} + \frac{55}{9}\eta\right)x - 16\pi x^{3/2} \\
& + \left(\frac{15293365}{508032} + \frac{27145}{504}\eta + \frac{3085}{72}\eta^2\right)x^2 \\
& + \left(\frac{38645}{756} - \frac{65}{9}\eta\right)\left\{1 + \frac{3}{2}\log x\right\}\pi x^{5/2}
\end{aligned}$$

$$+\left[\frac{11583231236531}{4694215680} - \frac{640\pi^2}{3} - \frac{6848\gamma_{\rm E}}{21} - \frac{3424}{21}\log(16x)\right.$$
$$+\left(-\frac{15737765635}{3048192} + \frac{2255\pi^2}{12}\right)\eta + \frac{76055}{1728}\eta^2 - \frac{127825}{1296}\eta^3\Bigg]x^3$$
$$+\left(\frac{77096675}{254016} + \frac{378515}{1512}\eta - \frac{74045}{756}\eta^2\right)\pi x^{7/2}\Bigg]. \tag{4.13}$$

ここで, η は symmetric mass ratio (2.6 節参照), Θ_0, ψ_0 は積分定数, また

$$\Theta := \frac{c^3\eta}{5GM}(t_c - t), \qquad x := \left(\frac{G\pi Mf}{c^3}\right)^{2/3}, \tag{4.14}$$

である. 以前と同様に, t_c は合体時刻, Φ_0 は合体時の位相である. また, $\gamma_{\rm E}$ はオイラーの定数 ($0.57721\cdots$) である.

　高次のポストニュートン補正を取り入れれば位相の精度は向上するのだが, それでもなお, 合体直前の近接連星からの重力波のテンプレートとしては精度が不十分であることがわかっている. 数値相対論を用いた, 連星ブラックホールに対する高精度数値シミュレーションと結果が合わないからである. そのため, 数値相対論の結果と比較することによって, ポストニュートン近似による結果に現象論的な補正を加える手法が, 現在採用されている (4.3 節参照).

　これまでに述べてきたように, 合体前の連星からの重力波の波形は, 連星の個々の天体の質量とスピンに依存する. したがって, 合体直前の連星からの重力波が観測されれば, 個々の天体の質量やスピンパラメータが決定されうる. 連星ブラックホールからの重力波が検出されたときに最初の目標になるのが, これらのパラメータを決定することである.

　重力波放射の結果, 軌道半径が縮まり, 重力波の周波数が図 4.3 の矢印の先端付近まで高くなると, 重力波放射の時間スケールと公転軌道周期がほぼ同じ長さになるため, 合体が始まる. 合体の様子やその際に放射される重力波の波形は, 合体直前の場合とは異なり構成要素に強く依存する. これについては, 以下で順次説明していく.

4.2　連星ブラックホールの合体: 数値相対論による理解

前節で述べたように, 2つのブラックホールの公転軌道半径が十分に小さくなる

と，重力波放射の時間スケールが公転周期程度にまで短くなり，軌道距離が急速に縮まり始める．その後，何が起きるのかが長らく謎だったのだが，2005 年にプレトリアス (F. Pretorius) が数値相対論によるシミュレーションを実行可能にしてから [F. Pretorius, Physical Review Letters **95**, 121101 (2005)]，合体現象を数値的に調べることができるようになり，解明が飛躍的に進んだ．

ブラックホールは，質量とスピン 3 成分の計 4 成分の自由度を持つので，連星ブラックホールは，合計 8 成分の自由度を持つ．ただし，ブラックホールの質量とスピンを一様に定数倍させても，現象自体は質的に全く変化しないので，スケール変換の自由度が存在する．したがって，真の自由度は 7 つである．数値相対論研究者は，過去 10 年以上にわたって，7 つの自由度を幅広く変化させながら，合体現象を調べてきた．その結果わかったことは，それらの質量やスピンにはよらず，2 つのブラックホールは，合体開始後，速やかに 1 つのブラックホールに融合し，その後，新たに誕生したブラックホールは重力波放射後，これも速やかに定常なブラックホールに落ち着く，という事実である．合体現象は，定性的には普遍的に極めてシンプルなのだ．

質量とスピンがともに等しく，かつスピンの向きが軌道角運動量の向きと一致しているブラックホール同士が合体するときの軌道進化の様子を，図 4.4 に示す．この例では，スピンパラメータは $\chi (= ca/(GM)) = 0.97$ と極限値 1 に近い．このような場合に対する数値相対論計算は，2010 年以前は難しかったのだが，今では $\chi \approx 0.99$ 程度までなら実行可能である．図が示すように，2 つのブラックホールは，重力波放射の反作用により軌道半径を縮め，やがて合体する．この図の中心付近の閉曲線は，合体時における個々のブラックホールの地平面とその両方を取り囲む地平面を示している．後者はこの時点で非常に歪んでいるが，その後，重力波放射の結果，最終的には軸対称形状のカーブラックホールに落ち着く．

数値相対論研究が進むにつれ，いくつかの興味深い現象も確認された．1 つは，ブラックホールのスピンが大きく，かつその向きが軌道角運動量の向きと一致しない場合に，合体直前に，軌道面とスピンの向きが起こす歳差運動である．これは一般相対論的な強重力場で初めて見られる特徴的な現象である．ポストニュートン近似を用いた計算で，以前から歳差運動の出現は定性的には知られていたが，数値相対論による計算でそれが初めて定量的に示された．

もう 1 つの興味深い現象は，2 つのブラックホールのスピンがともに大きく，か

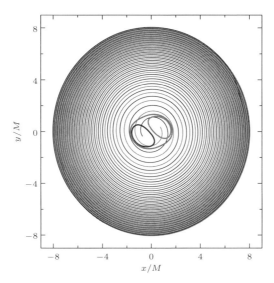

図 4.4 質量とスピンがともに等しく,かつスピンの向きが軌道角運動量の向きと一致しているブラックホール同士が合体するときの軌道進化を数値相対論で再現したもの.個々のブラックホールのスピンパラメータは $\chi = 0.97$ である.中心近傍の閉曲線は,合体時の個々のブラックホールの地平面と 2 つのブラックホールを取り囲む地平面を表す. G. Lovelace et al., Classical and Quantum Gravity **29**, 045003 (2012) より転載.

つそれらが軌道角運動量の向きに対して特殊な向きを持つ場合に,合体に伴って異方性の高い重力波が放射され,その結果,新たに誕生するブラックホールが反跳を受け,数千 $\mathrm{km\,s^{-1}}$ の速度で動きうることである.反跳現象自身は以前から予言されており,スピンがない非等質量の連星ブラックホールが合体する場合には,最大で約 $175\,\mathrm{km\,s^{-1}}$ の反跳速度が得られていたのだが,スピンの向き次第では予想以上に大きな速度が得られる点が驚きだった.これも,連星ブラックホールの合体に特有の現象である.我々の銀河系中心からの脱出速度が約 $600\,\mathrm{km\,s^{-1}}$ なので,合体後に誕生するブラックホールは,典型的な銀河から容易に飛び出しうる. 7 章で触れるように,銀河同士が合体すると,その中心に存在する SMBH 同士が合体するかもしれない.仮に,それらが大きなスピンを持っていれば,合体後は銀河から飛び出してしまい,残された銀河の中心には SMBH が存在しなくなるかもしれない.

連星ブラックホール合体のシミュレーションが系統的に実行された結果,いく

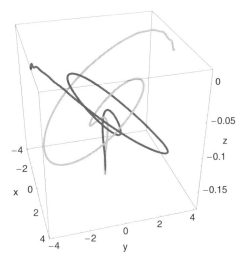

図 4.5 等質量で大きなスピンを持つブラックホール同士の合体に対する数値相対論の計算例.2 つのブラックホールの軌道が描かれている.この例では,2 つのブラックホールのスピンの向きと軌道角運動量の向きがいずれも異なるため,軌道面が歳差運動を起こしている.さらに,合体後に誕生するブラックホールが重力波放射による反跳を受け,$-z$ 方向に進んでいくのが示されている.J. A. González et al., Physical Review Letters **98**, 231101 (2007) より転載.

つかの定量的な知見も得られた.その 1 つが,合体後に誕生するブラックホールの質量とスピンに対する公式である.例えば,合体前のブラックホールのスピンがともにゼロであれば,合体後に誕生するブラックホールの質量 M_f とスピンパラメータ χ_f は,以下のように近似的に書けることがわかった:

$$M_f = M_0(1 - 0.024\eta - 0.641\eta^2),$$
$$\chi_f = 2\sqrt{3}\eta - 3.5171\eta^2 + 2.5763\eta^3. \tag{4.15}$$

ここで,M_0 は合体前の 2 つのブラックホールの質量の和を表し,η は symmetric mass ratio である.等質量連星の合体 ($\eta = 1/4$) ならば,M_f は M_0 の約 95%,χ_f は約 0.686 になる.前者は,重力波の全放射エネルギーが,連星系の静止質量エネルギーの約 5%にも上ることを意味する.後者は,連星の各ブラックホールが自転していなくても,合体以前の軌道角運動量が持ち込まれるため,合体後に誕生するブラックホールは高速で自転することを示している.

4.3 連星ブラックホール合体時に放射される重力波

連星ブラックホールの合体過程の普遍性を反映して，重力波も普遍的な波形を持つ．図4.6に例として，等質量でかつスピンが存在しない連星ブラックホールの合体で放射された重力波の波形を示す．この波形は，3つのパートからなる．まず，合体に至るまでは，4.1節で述べたように，チャープ波形と呼ばれる準周期的な重力波が放射される．合体が始まると，チャープ波形が終わり，合体時特有の高周波数で高振幅の重力波が数サイクル放射される．やがて，新たに形成されたブラックホールの事象の地平面の歪みが減り，定常状態に近づくと，ブラックホールの準固有振動 (2.7節参照) に由来する減衰振動の重力波が放射され，最終的に重力波放射が止む．この一連の特徴は，ブラックホール同士の質量比やスピンの有無にはよらず，あらゆる連星ブラックホールの合体で普遍的に見られる．

連星ブラックホール合体時の最大振幅は，観測者からの距離を D，連星の合計質量を M, symmetric mass ratio を η としたとき，およそ

$$h_{\max} \approx 2 \times 10^{-21} \left(\frac{D}{400\,\mathrm{Mpc}}\right)^{-1} \left(\frac{M}{60 M_\odot}\right) \left(\frac{\eta}{0.25}\right) \tag{4.16}$$

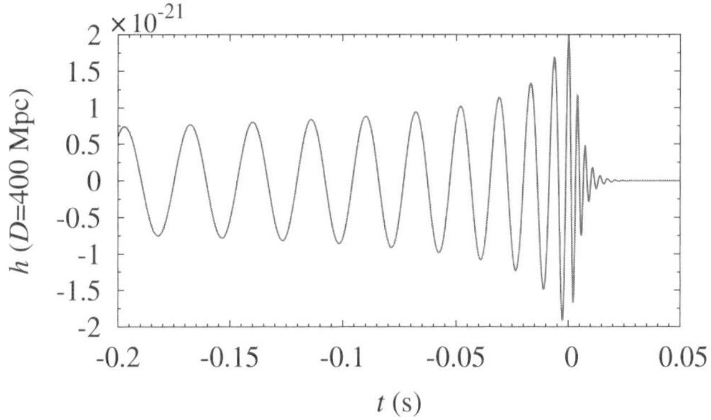

図 4.6 等質量でスピンがゼロのブラックホール同士が合体するときに放射される重力波．数値相対論による計算結果．$t < 0$ がチャープ波形を，$t = 0$ 付近が合体時の波形を，最後の減衰振動がブラックホールの準固有振動を表す．横軸は秒を単位とした時間を表し，縦軸は重力波の振幅を表す．この例では，連星の合計質量を $60 M_\odot$，重力波源までの距離を 400 Mpc とし，軌道面に対し垂直方向から観測した場合を表示．重力波の理論波形データは，P. Ajith et al., Classical and Quantum Gravity **29**, 124001 (2012) より取得．

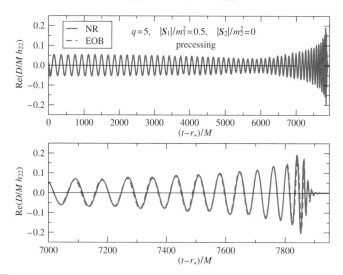

図 4.7 質量比が 5, 重い方のブラックホールのスピンパラメータが $\chi = 0.5$ でスピンの向きが初期の軌道面と平行, 軽い方のスピンがゼロのブラックホール同士が, 合体するときに放射される重力波. 実線が数値相対論による計算結果, 破線がそのモデル波形の例. 横軸が GM/c^3 で規格化された時間を, 縦軸が $D/(GMc^{-2})$ を掛けた重力波の振幅を表す. 下の図は, 合体前後を拡大した図である. A. Taracchini et al., Physical Review D **89**, 061502 (2014) より転載. 図では, $G = 1 = c$ の単位系が採用されている.

と書くことができる. また最大振幅時の周波数は, 次式で与えられる:

$$f \approx 100 \left(\frac{M}{60 M_\odot}\right)^{-1} \text{Hz}. \tag{4.17}$$

連星ブラックホール合体時の重力波波形は, いかなる場合も定性的には図 4.6 のようになるが, ブラックホールのスピンや連星の質量比に依存して, 定量的には多様性がある. また, ブラックホールが大きなスピンを持ち, 軌道面が歳差運動を起こすときには, 質的な修正も生じる. なぜならば, 歳差運動が起きると, 観測者から見た軌道面の向きが随時変化するからである. そのため, 観測される振幅にも変化が生じる. (2.30) 式からわかるように, 観測される振幅は軌道面を見込む角度によるからである. 図 4.7 に, 軌道面が歳差運動する場合の波形の例を示した. 図 4.6 とは異なり, 振幅が単調に増加しないことがわかる.

重力波の波形をフーリエ変換すると, 波形の特徴がさらに明確になる. 図 4.8 に, 等質量でスピンがゼロのブラックホール同士が合体するときに放射される重力波の実効振幅 $|f\hat{h}(f)|$ を示した. この図では, 個々のブラックホールの質量として,

4.3 連星ブラックホール合体時に放射される重力波

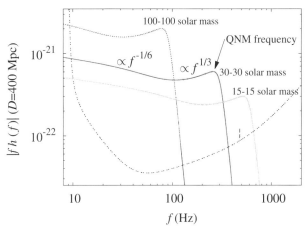

図 4.8 等質量でスピンがゼロのブラックホール同士が合体するときに放射される重力波のフーリエスペクトルの振幅成分 (実効振幅). 各ブラックホールの質量が $100M_\odot$, $30M_\odot$, $15M_\odot$ の場合の $|f\hat{h}(f)|$ を表示. $Q_h = 0.4$ とおいている. チャープ波形が $|f\hat{h}(f)| \propto f^{-1/6}$ の部分に, その後の合体時の重力波が $\propto f^{1/3}$ の部分に対応する (図 4.6 参照). "QNM frequency" とある箇所は, $30M_\odot$-$30M_\odot$ の合体後放射されるブラックホールの準固有振動 (quasi normal mode) に付随する重力波の実周波数に対応. この例でも, 重力波源までの距離を 400 Mpc と仮定している (ただし, 宇宙論的赤方偏移効果を無視して重力波源で測定した値を表示している). 2 点点線は, Advanced LIGO の設計目標感度を示す. 重力波の理論波形のデータは, P. Ajith et al., Classical and Quantum Gravity **29**, 124001 (2012) より取得.

$100, 30, 15M_\odot$ を選び, 波源までの距離を 400 Mpc としている.

図 4.8 が示すように, 重力波のスペクトルは, 以下の 3 つの部分から構成される. (i) 図 4.3 で説明したように, 連星の軌道半径が十分に大きい時点での重力波 (チャープ重力波) の実効振幅は, $f^{-1/6}$ に比例する. この傾向は, 合体直前まで大きく変化しない. (ii) 合体中には, 重力波の振幅が大きくなるので, それを反映して, 合体時の重力波の実効振幅は近似的に $f^{1/3}$ に比例して変化する. (iii) ブラックホールが合体し, 新たに誕生したブラックホールが定常状態に近づくと, その準固有振動に付随した重力波が放射されるが, この振動に対応する周波数に実効振幅のピークが現れる. そして, それよりも高い周波数帯では, 実効振幅が指数関数的に小さくなる. これらの特徴は, 定性的には, 個々のブラックホールのスピンや連星の質量比には依存しない. ただし, (ii) の合体時の実効振幅の周波数依存性は, 定量的にブラックホールのパラメータに依存する. つまり, f の冪は, 必ずし

も 1/3 になるわけではない.

図 4.8 に示した Advanced LIGO の設計目標感度と実効振幅を比較することで, 連星ブラックホールからの重力波を観測する際に, 上に挙げた (i)–(iii) のどのタイプの重力波が主に観測されるのかが, 以下のように理解できる. (1) 連星ブラックホールの合計質量が小さい場合には (例えば, $15M_\odot$-$15M_\odot$ の場合には), チャープ重力波が主たる観測目標になる. (2) ブラックホールの質量が大きくなると, チャープ重力波のみならず, 合体時や準固有振動時に放射される重力波も, 十分な感度で観測可能になる. 例えば, $30M_\odot$-$30M_\odot$ の連星ブラックホールはそのような観測対象である. (3) さらに質量が大きくなると, チャープ重力波に対する感度が下がる一方で, 合体時と準固有振動時に放射される重力波に対する感度が向上する. 例えば, $100M_\odot$-$100M_\odot$ の連星ブラックホールの場合, 合体時と準固有振動時の重力波が, 最も高い感度で観測される.

Advanced LIGO のように広い周波数帯域を持つ重力波望遠鏡の優れた点は, 多様な質量の連星ブラックホールが観測可能なことである. 恒星サイズのブラックホール連星に対してのみならず, 中間質量のブラックホール連星も観測可能である. 中間質量ブラックホールが存在するのであれば, その存在は, 近い将来の重力波観測によって証明されるかもしれない.

数値相対論の計算が進んだ後には, 波形を解析的あるいは準解析的にモデル化する作業が重要である. 高精度の数値シミュレーションには, 巨大な計算機資源が必要になるので, 連星ブラックホールの 7 つのパラメータ全てを事細かに変化させて, 合体現象を調べ尽くすのは難しい. 比較的少数の数値計算結果から, 解析的モデルが構築できれば, それが最も望ましい.

このような動機から, 2005 年以降, 数値相対論が発展するとともに, 波形のモデル化も進められてきた. 連星ブラックホールからの重力波波形に対しては, 現在 2 つのモデル化手法が存在する. 1 つ目の方法では, まず, 現象論的な運動方程式を用いて 2 体の運動を求める. この手法で採用する運動方程式のベースになるのは高次のポストニュートン近似だが, 合体直前になるとその精度が十分ではないので, 数値相対論で得られた結果を現象論的に取り込むのである. 運動が決まった後には, その結果をもとに重力波の波形 $h(t)$ を求める. この場合にも, 基本になるのはポストニュートン近似の結果だが, 数値相対論で得られた結果をもとに補正を組み込む. ただしこの方法では, 合体時と合体後の波形を求めるのは

難しい. そこで, これに関しては, 数値相対論で得られた情報を使ってモデル化する. この節の前半で述べたように, 合体時, 合体後の重力波は, 普遍的に極めてシンプルな波形を持つので, モデル化が容易にできる. 例えば, 合体後の波形については, 誕生するブラックホールの質量やスピンなど, 数値相対論で得られる情報を用いつつ, ブラックホール摂動論に基づく準固有振動波形でモデル化する. この路線の代表的な方法が, ボナーノ (A. Buonanno) とダモーアによって開発された effective-one-body (EOB) 法である. 図 4.7 に示された破線 (EOB と書かれたもの) は, EOB 法により得られた波形である. 数値相対論の波形とよく一致していることが示されている.

重力波のフーリエ変換 $\hat{h}(f)$ に対してモデル化を行う手法も効果的である. 図 4.8 に例示したように, 連星ブラックホールから放射される重力波に対しては, そのフーリエ変換も普遍的にシンプルな関数形を持つからである. 具体的には $\hat{h}(f)$ の振幅 $A(f)$ と位相 $\psi(f)$ の各々に対して, やはりポストニュートン近似と数値相対論で得られた結果を組み合わせて, 波形モデルを作る. まずチャープ波形に対しては, (4.9) 式と (4.10) 式の高精度版を構築すると考えればよい. 例えば, $\psi(f)$ に関しては, (4.13) 式がまず構築のベースになるが, これに高次のポストニュートン補正などを現象論的に付け加える. さらに, 合体時の波形も加えなくてはならない. 具体的には, 周波数が高い領域で, (4.9) 式や (4.10) 式とは全く異なる関数形を決める必要がある. これに関しては, 数値相対論で得られた結果を完全に活用する. つまり, 数値相対論で得られた波形をフーリエ変換し, それをモデル化するのである. どの方法を用いるにしろ, 数値相対論で得られる高精度の波形が重要な役割を果たしている.

これらの方法で構築された重力波の理論テンプレートが, 実際の重力波データ解析において利用されている. 重力波のデータ解析においては, 重力波望遠鏡が取得したデータと理論テンプレートの間で相関を取り (一致度を調べ), 十分に高い相関を得た場合に, 重力波信号が含まれていると認定する. そして一旦検出を認定した場合には, さらに, より多数の詳細な理論波形との相関を取り, 相関度が高い理論波形を重力波信号に対応するものとし, 重力波源の情報を決定する. 次節で述べる重力波の発見過程においては, 上で述べた 2 つの方法で構築されたテンプレートが, 重力波データ解析に活用された.

4.4 連星ブラックホールの発見: GW150914

2015年9月12日から,重力波望遠鏡 Advanced LIGO が本格運用を開始した.そして運用開始直後の 2015年9月14日に,連星ブラックホールの合体 (GW150914) により放射される重力波の検出に成功した.図 4.9 に示したのが,発見された重力波の波形である.

前節の最後に述べたように,重力波をとらえるには,まず重力波らしき信号を探すところから始めるが,この検出例では重力波振幅が大きかったため,テンプレートを通さずに警報が出た.その後,理論波形との詳細な相関解析の結果,重力波の発生源は連星ブラックホールであり,2つのブラックホールの質量は,各々,太陽の 36^{+5}_{-4} 倍と 29^{+4}_{-4} 倍,また地球からの距離は 410^{+160}_{-180} Mpc と決定された(なお,

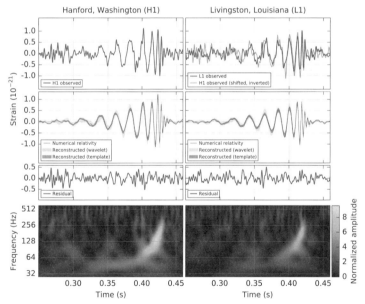

図 4.9 Advanced LIGO により初検出された連星ブラックホールの合体 (GW150914) による重力波の波形.左側がハンフォードの,右側がリビングストンの重力波望遠鏡で観測された波形である.上段がデータ処理を加えた後の観測データ,2段目が数値相対論の結果との照合,3段目が観測データと数値相対論による波形の差,下段が各時刻におけるスペクトル強度を表す.B. P. Abbott et al., Physical Review Letters **116**, 061102 (2016) より転載.口絵 3 参照.

この節での誤差は全て 90%信頼区間を表す).

　この初観測には, 5 つの重大な意義があった. 1 つ目は, もちろん, 重力波が初めて直接的に検出され, その伝播が確認されたこと, 2 つ目が連星ブラックホールが存在する完全な証拠が初めて得られたこと, 3 つ目が連星ブラックホールの合体現象が初めて観測されたこと, 4 つ目がダイナミカルに変化する強重力場が初めて観測されたこと, そして最後が, 質量が $20M_\odot$ を大きく超える恒星サイズのブラックホールが初めて発見されたことである. これだけ初づくしの発見は, 長い人類の歴史の中でも, 極めて珍しいことではないだろうか. なお, 一般相対論と矛盾するような観測事実が一切なかった点も, 言及に値する.

　5 つ目の点の天文学的重要性に関しては次節で触れるとし, 本節では, 2–4 番目の点について述べる. まず, この重力波源が連星ブラックホールであり, しかもその合体現象を観測した, と決定できた主たる理由だが, それは合体直前直後の重力波の波形 (図 4.9 の右上の図の 0.41 秒以降の波形) が, 理論的に予想されていたものと, 定性的にも, 定量的にも (具体的には波長やその変化のパターンが) よく合うからである. 連星ブラックホール以外の大質量の天体が, 十分に近づいて光速度の数十%で公転することはありえず, 宇宙物理学的に予想できる他の重力波源で, 観測された波形を作り出すのは不可能である. また, ブラックホールが誕生する際に放射されると予想されていた準固有振動が観測された点が, 非常に重要である. 2.7 節で述べたように, このような重力波は, ブラックホール近傍の振動を反映しているからである. つまり, この観測によって, 人類は初めて, 不定性なしに, ブラックホールのごく近傍を観測したことになる.

　GW150914 に引き続き, 2015 年 12 月 26 日, 2017 年 1 月 4 日, 6 月 8 日, 8 月 14 日にも連星ブラックホールからの重力波が観測された. 質量は, それぞれ, $14.2^{+8.3}_{-3.7}M_\odot$ と $7.5^{+2.3}_{-2.3}M_\odot$, $31.2^{+8.4}_{-6.0}M_\odot$ と $19.4^{+5.3}_{-5.9}M_\odot$, $12^{+7}_{-2}M_\odot$ と $7^{+2}_{-2}M_\odot$, および $30.5^{+5.7}_{-3.0}M_\odot$ と $25.3^{+2.8}_{-4.2}M_\odot$, であった. ブラックホールの質量は, 太陽質量の数倍から数十倍まで幅広く分布するようである. これは大質量星の形成, およびそれに続くブラックホールの形成理論と無矛盾である. 今後も多くの連星ブラックホールが, 重力波望遠鏡により見つかると予想される. その結果, ブラックホールの質量分布が, 詳しくわかるようになるだろう.

　将来的には, 観測精度をさらに向上させ, ブラックホール形成時の準固有振動をより精度良く検出できるような観測が望まれる. 検出精度が上がれば, 一般相対論

の予言と一致しているか,否かを議論できるようになり,強い重力場での一般相対論の検証実験に利用できるからである.

4.5 大質量ブラックホールはどのようにして生まれたのか?

初観測された重力波の発生源は,$30M_\odot$ 程度の質量を持つブラックホールからなる連星だった.恒星サイズのブラックホールとして,これほど重いブラックホールはそれ以前に見つかったことがなかった (1.5.2 節参照).そのため,この発見以前には,恒星サイズのブラックホールの質量は最大で $20M_\odot$ 程度ではないか,と漠然と推測されていたのだが,この推測が外れたわけである[*1].ただし,観測的な裏付けはなかったものの,$20M_\odot$ 以上の質量を持つ恒星サイズのブラックホールが存在する可能性は,以前から理論的には指摘されていた.したがって,理論的考察が正しかったわけである.そこでまずは,恒星サイズのブラックホールの形成過程に関する標準理論を復習しておこう.

1.3.1 節で説明したように,恒星の運命は,主にその初期質量で決まる.中でも,初期質量が $10M_\odot$ 以上の大質量星では,進化の最終段階に鉄からなる中心核が作られ,不安定性を起こし,重力崩壊する.この段階で,恒星全体の質量がさほど大きくなければ,重力崩壊後に中心部に中性子星が作られ,超新星爆発が起きる,と推測される.一方,恒星全体の質量が十分に大きいと,星全体を吹き飛ばすことができず (よって超新星爆発が起きず),重力崩壊が続きブラックホールが誕生する,と考えられている.この運命を分ける鍵になるのが,恒星進化の最終段階における質量である.

恒星は進化の間に,恒星風により物質を外部に放出して徐々に痩せ細ることが,観測からわかっている.この効果は大質量星では,無視できないほど大きくなりうる.ここで質量放出の効率は,恒星に含まれるヘリウムよりも原子番号が大きい元素 (以下では重元素と呼ぶ) の量に強く依存する.重元素量が多いほど,物質が輻射圧を受けやすくなるからである.したがって,誕生時に十分に大きな質量を持つ恒星でも,仮に重元素を多く含んでいれば,進化の最終段階までに大幅に質

[*1] 数十 $M_\odot$ のブラックホールが,宇宙のごく初期に誕生した原始ブラックホールかもしれないと提案する研究者もいるが,恒星サイズのブラックホールの存在は恒星の進化を考えればごく自然に説明できるので,本書ではこの奇抜な可能性については取り上げない.

量を減らしてしまう．一方，恒星に含まれる重元素量が少なければ，質量放出量は少なくて済む．そのような場合には，進化の最終段階で超新星爆発を起こせず，ブラックホールが誕生しても不思議はない．我々の銀河系は，重元素が豊富な銀河だが，宇宙の中には重元素量が少ない銀河も数多く存在することがわかっている．そのような銀河では，我々の銀河系とは異なり，大質量のブラックホールが誕生しやすいはずである．

X線観測衛星によってこれまでに観測されてきたブラックホールは，我々の銀河系あるいは近傍の銀河内のものばかりである．近傍にはあまりない，重元素量の少ない銀河の中で，ブラックホールを見つけるのは容易ではなく，その結果，今回発見されたような重いブラックホールが見つからなかっただけのようである．重力波望遠鏡という新たな観測手段が得られたからこそ，これまでの常識が覆され，予想にすぎなかった理論が実証されるに至ったわけである．GW150914の観測は，重力波天文学の威力がまざまざと示された偉業であった．

4.6　$30M_\odot$-$30M_\odot$の連星ブラックホールは如何に形成されたのか？

前節で説明したように，質量が約 $30M_\odot$ のブラックホールは，重元素量の少ない恒星の進化を考えれば，ごく自然に誕生しそうである．しかし，ともに約 $30M_\odot$ の質量を持つブラックホールの連星が形成され，しかも宇宙年齢以内に合体した事実を説明するのは，それほど自明なことではない．仮に，十分に質量の大きな恒星の連星が誕生したとしても，それがそのまま近接連星ブラックホールに進化できるとは限らない．連星中性子星の形成シナリオについて1.4.2節で紹介したように，2つの恒星が存在すると，互いに複雑に相互作用しながら進化するからである．

近接連星進化に最も大きな影響を与えうる物理過程は，共通外層形成である．これは，2体間距離が小さい連星において，恒星がヘリウムの核融合反応を開始する段階で巨星化し，その外層が伴星を覆ってしまうと起きる．外層に覆われた伴星は，抵抗を受けるため，連星間距離は縮まり，場合によっては2つの恒星が合体してしまう．すると連星ブラックホールが形成されない．一方，共通外層形成が実現しないような2体間距離が大きな連星では，宇宙年齢以内に合体するような連星ブラックホールが誕生しないかもしれない．近接連星において，共通外層形成を避けるためには，恒星が巨星化しないことが条件になる．

巨星化を抑える要因として，次の2つの効果がありうる．1つは，再び重元素量と関係している．重元素量が少ないと大質量のブラックホールが形成されやすいと前節で述べたが，同時に，巨星化時の半径の増大率が抑えられる．その結果，共通外層形成が抑えられる．2つ目は，回転の効果である．恒星が高速で回転していると，子午面還流と呼ばれる大局的な流れが，恒星内部に発生すると考えられているが，これが起きると，星の内側と外側がかき混ぜられることになる．恒星進化においては，水素やヘリウムが核融合反応を起こし，中心部に，より重い元素を合成させるが，かき混ぜの効果が大きいと，これら軽元素が外部から次々と供給される．その結果，より多くの軽元素が核融合反応を起こし，より多くの重元素が合成される．この傾向は，炭素が合成されるまで続く．つまり，回転の効果が大きいと，より質量の大きなヘリウムや炭素の中心核が誕生する．こうした重い中心核が誕生すると，巨星化が抑えられる．なぜならば，巨星とは水素のように原子番号の小さい元素からなる外層が膨らむ現象なので，軽元素が少なければ外層も小さくなるからである．

以上の効果を念頭に，宇宙年齢以内に合体する連星ブラックホールの起源に対する考察が進められてきたが，これまでに提唱されてきた主要な説は，以下の4つである．(i) 重元素量が非常に少ない大質量の連星が進化したとする説．(ii) それをさらに極端にし，重元素が全く存在しない初代星の時代に形成された連星が進化したとする説．(iii) 高速で回転する大質量星からなる連星が進化したとする説．(iv) 大質量星の連星から連星ブラックホールを誕生させる必要はないとする説．この説では，球状星団のような低重元素量の高密度星団における重力的多体散乱過程で，連星ブラックホールが多数生まれたと主張する．事実，星団内では，重力的散乱効果 (この場合は2体散乱効果) の影響で，重い天体ほど中心部に沈澱する性質がある (mass segregation と呼ばれる)．そのため，大質量のブラックホールが，中心領域に集中し，互いに相互作用しやすい．

実際には，これらの全てが連星ブラックホール形成に寄与してきたと考えられるが，問題はどれが主要経路なのかである．これについては今のところ，全くわからない．今後，重力波観測を通じて連星ブラックホールが数多く観測されれば，その質量やスピンの分布，さらには合体率の宇宙論的赤方偏移依存性から，ヒントが得られるかもしれない．これに関しては，8章で再び触れる．

Chapter 5

中性子星連星の合体

　中性子星連星の合体は, 連星ブラックホールの合体と並んで, 最も頻繁に観測される, と予想されてきた重力波源である. また, 1.7 節や 1.8 節で述べたように, 単に重力波源という対象に留まらず, ガンマ線バーストの可能な発生源, および r プロセス元素合成を担いうる天体現象としても注目を集めている. これらの仮説は観測的に証明されねばならないが, 観測的特徴を知るためには詳細な理論的予言が必要になる. このような背景に触発されて, 過去 20 年間にわたって, 合体過程に対する数値相対論研究が進められてきた. 本章では, 数値相対論で得られた研究成果に基づいて, 連星中性子星とブラックホール・中性子星連星の合体に対する理論的な理解について説明する. そして, 重力波望遠鏡と光学望遠鏡で初観測された連星中性子星の合体現象 (GW170817) が, 数値相対論による予言ととても整合的であることを述べる.

5.1　連星中性子星の合体過程: 数値相対論による理解

　連星ブラックホール同様, 連星中性子星は, その形成後, 重力波放射により次第に軌道半径を縮め, 軌道半径が中性子星の半径の 3 倍程度にまで縮まった時点で合体を開始する. ここまで軌道半径が縮まると, 重力波放射の時間スケールが, 軌道周期と同程度に短くなるのと同時に, 中性子星が大きく潮汐変形し, その結果, 潮汐変形に由来する 2 体間引力が急激に増すからである.

　中性子星連星の合体現象は, 強重力現象であると同時に, 複雑な流体 (より正確には輻射磁気流体) 現象である. したがって, 解析的にこれを調べるのは連星ブラックホールの合体にも増して不可能であるため, 数値相対論が不可欠になる. 数値相対論による連星中性子星の研究は, 2000 年に我々日本のグループが最初のシ

ミュレーション結果を発表し, 幕が開いた [M. Shibata and K. Uryū, Physical Review D **61**, 064001 (2000)]. その後研究者は, 取り入れる物理素過程を精密化し, 精緻なモデル化を進めるとともに, 計算の解像度を向上させてきた. その結果現在では, 信頼性の高い現実的なシミュレーションが実行可能である.

以下では, 数値相対論で得られた知見を用いて, 小節ごとに, 合体後に誕生する天体とその性質, その進化過程, および質量放出過程, について述べる.

5.1.1 合体後に誕生する天体とその性質

合体現象を予想するにあたって, まずは, 典型的な連星中性子星が持ちうる質量やスピンについて吟味しなくてはならない. 連星中性子星の合計質量は, 観測的には 2.5–$2.9M_\odot$ である (1.4.1 節参照). したがって, この範囲が典型的と考えるのが自然である. 次にスピンだが, 中性子星はパルサーとして電磁波放射を行うため, 自転角運動量を失い続ける. よって, 合体直前はゆっくり自転していると予想され, ブラックホールのようにスピンが大きくなることは極めて稀だと推測される. また, これまでに観測された宇宙年齢以内に合体する連星中性子星内の中性子星には, 無次元スピンパラメータ χ が 0.05 を超えるようなものは見つかっていない. つまり, 高速で自転する中性子星を内包する連星中性子星自体が少なそうである. したがって, 合体前の連星中性子星に対して, スピンの存在は無視するのが妥当である.

連星中性子星の想定される合計質量は, 通常の中性子星の質量よりも十分に大きいので, 合体後は, 瞬時にブラックホールが誕生する可能性と大質量の中性子星が誕生する可能性の両方が考えられる. この運命を決めるのが, 系全体の質量と中性子星の状態方程式である. 仮に合計質量が十分に大きければ, 合体後, ブラックホールが即座に形成されるだろう. 一方, 合計質量がそれほど大きくなければ, 合体後の運命は, 中性子星の状態方程式に依存するはずである. 中性子星の状態方程式が「硬い」場合, つまり, 中性子星の典型的な密度に対して圧力が高い場合には (その結果, 中性子星の半径や最大質量が大きい場合), 大質量の中性子星が形成されやすいはずである. 一方, 状態方程式が「柔らかい」場合, つまり, 典型的な密度に対して圧力が低い場合 (その結果, 中性子星の半径や最大質量が小さい場合) には, ブラックホールが誕生しやすいと予想される. まずはこれらの理論的予想を, 数値相対論を用いて調べる必要がある.

ただし、1.3.2 節で述べたように、中性子星の状態方程式は未だに正確には理解されていない。考慮すべき事実は、質量が約 $2M_\odot$ の中性子星の存在が確認されており (1.3.5 節参照)、それを説明できるに足るだけ、中性子星の最大質量が大きくなくてはならないということだけである。そこで、$2M_\odot$ の中性子星を説明できる多数の状態方程式を用いて、研究が進められてきた。

日本のグループは、2000 年代中頃から、先頭を走ってこの方面の研究を行ってきた。具体的には、多様な状態方程式、中性子星に対する幅広い質量を採用して、系統的に連星中性子星の合体現象を調べてきた。その結果、合計質量が約 $2.8M_\odot$ 以下の連星中性子星が合体すると、状態方程式によらず、ブラックホールが即座に誕生することはなく、大質量の中性子星が形成される、ということが明らかになった。

図 5.1 に、連星中性子星の合体の様子を 3 例示した。いずれの場合も、2 つの中性子星の合計質量は $2.7M_\odot$ である。これらのシミュレーションでは、合体直後に起きる現象を知るには本質的に重要でない、ニュートリノ輻射輸送や磁気流体の効果は取り入れられておらず、純粋に一般相対論的流体力学計算が実行されている。上段と中段は、それぞれ、APR4, H4 と呼ばれる状態方程式を用いた場合の等質量連星系の合体過程を示している。下段は、H4 を状態方程式とし、中性子星の質量は $1.5M_\odot$ と $1.2M_\odot$ の場合である。APR4 状態方程式の場合、中性子星の典型的な半径は $R \approx 11\,\mathrm{km}$ で、球対称中性子星の最大質量は $M_\mathrm{max} \approx 2.2M_\odot$ になる (図 1.4 参照)。H4 の場合には、それらが $R \approx 13.5\,\mathrm{km}$, $M_\mathrm{max} \approx 2.0M_\odot$ であり、2 つの状態方程式の性質は大きく異なる。しかしながら、いずれの場合も、合体後に大質量中性子星が形成される。

M_max が連星の合計質量である $2.7M_\odot$ よりもはるかに小さいのに、大質量中性子星がなぜ誕生するのか、読者は不思議に思うかもしれない。事実、大質量中性子星の質量は、今の場合、$2.6M_\odot$ ほどある (重力波放射や後述する質量放出で質量エネルギーを失うため、$0.1M_\odot$ 程度だけ、系全体の質量よりも大質量中性子星の質量が小さくなる)。つまり、球対称中性子星の最大質量よりも十分に重い大質量中性子星が形成されるにも関わらず、ブラックホールに崩壊しない。これは、2 つの効果が影響しているからである。1 つは、大質量中性子星が持つ自転角運動量の効果である。これは、合体前の軌道角運動量から持ち込まれる。その結果、高速で自転するため、大質量中性子星の内部では強い遠心力が働き、支えることのできる

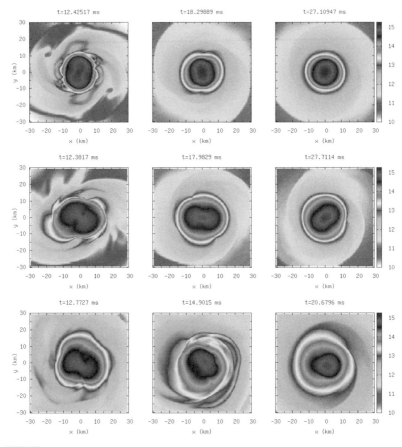

図 5.1 連星中性子星合体後の静止質量密度の時間変化.軌道面上の静止質量密度 (単位は $\mathrm{g\,cm^{-3}}$) を表示.上段: APR4 と呼ばれる状態方程式を用いた場合.2 つの中性子星の質量は,ともに $1.35M_\odot$.中段: H4 と呼ばれる状態方程式を用いた場合.2 つの中性子星の質量は,ともに $1.35M_\odot$.下段: H4 を状態方程式に用いた場合.2 つの中性子星の質量は $1.5M_\odot$ と $1.2M_\odot$.各図の上部に書かれた数字が時刻を示す ($t = 0$ が合体まで残り 4 公転周期の時刻を表す).いずれの場合も,合体は $t \approx 10\,\mathrm{ms}$ に起きている.K. Hotokezaka et al., Physical Review D **88**, 044026 (2013) より転載.口絵 5 参照.

質量が数十%程度増える.さらに,合体時に強い衝撃波が発生し,運動エネルギーが熱化するため,内部エネルギーに由来する圧力も増している.これらの効果によって,大質量中性子星はブラックホールに重力崩壊しない.しかし,自転角運動量や内部エネルギーを何らかの過程で十分に失えば,いずれはブラックホールに

重力崩壊するはずである.

合体直後の大質量中性子星は, 合体前の状態を反映して, 当初, 非軸対称形状を保っているが, やがて徐々に軸対称形状へと変化する. これは以下の理由による. 非軸対称形状は, 中心天体が大きな角運動量を持つために保たれるのだが (6.3 節参照), 非軸対称形状のせいで, 外縁部に重力的なトルクが働くため, 中心から外側へと角運動量が徐々に輸送され, その結果, 非軸対称度が下がるのである. 図 5.1 の例では, この角運動量輸送現象が, 数十ミリ秒程度の時間スケールで起きている. この効果以外にも, 重力波放射で大質量中性子星は自転角運動量を失う. この効果も, 非軸対称度を下げるのに寄与する.

角運動量輸送が起きるため, 大質量中性子星の外縁物質は外に広がり, やがて比較的質量の大きなトーラス (降着円盤) が形成される. また, 大質量中性子星は自転角運動量を減らすため, 遠心力を弱める. その結果, その中心密度は次第に上がる. 密度が十分に大きくなれば, 大質量中性子星は最終的にブラックホールに重力崩壊する. ブラックホールが誕生する場合, それ以前に十分な角運動量が外縁部に供給されれば, 質量の大きなトーラスがブラックホール周りに形成される. このように誕生するブラックホールとトーラスの系は, ガンマ線バーストの中心エンジンになるかもしれない (1.7.4 節参照).

非等質量の連星中性子星が合体する場合も進化の概要は定性的には変わらないが, 図 5.1 の下段のパネルが示すように, 非対称性は合体後も比較的長く保たれる傾向がある. また合体後形成される大質量中性子星の非軸対称度が大きくなるため, 外縁部に形成されるトーラスの質量も大きくなる傾向がある.

ここで示した例は, 典型的な質量を持つ連星中性子星の合体についてのものだが, 仮に連星系の合計質量が $2.7 M_\odot$ よりも十分に大きければ, 合体後ブラックホールが即座に誕生しうる. ブラックホールを即座に形成させる質量の閾値は, 状態方程式に強く依存するので, 現段階で確定した値を書くことはできない. 例えば, 図 5.1 の例で用いた APR4 や H4 のような状態方程式であれば, 閾値はおよそ 2.8–3.0$M_\odot$ である. さらに硬い状態方程式 (中性子星の最大質量が大きい状態方程式) を採用すると, 質量閾値が 3.0$M_\odot$ を超えることもある. したがって, この閾値を観測的に決定できれば, 状態方程式の制限に結びつく. 将来, 重力波観測とそれに付随した光学観測から, 合体後何が誕生するかについて情報が得られると期待できるが, そのような観測が進めば, 中性子星の状態方程式が強く制限され

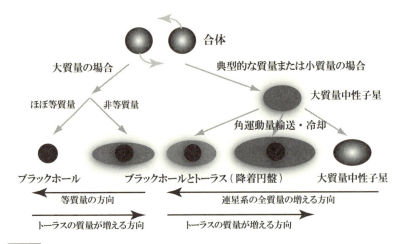

図 5.2 連星中性子星合体後の運命についてのまとめ．詳細については本文を参照のこと．

るようになるだろう．

　以上述べてきた，連星中性子星の合体後の運命をまとめると，図5.2のようになる．運命は，連星中性子星の合計質量の大小で決まり，質量がある閾値よりも大きければ，ブラックホールが即座に誕生し，そうでなければ，大質量中性子星が少なくとも過渡的には誕生する．ただし，この質量閾値は，中性子星の状態方程式に強く依存するため，今のところわかっていない．

　ブラックホールが合体後即座に誕生する場合，連星の質量が等しければ，ほとんど全ての物質が，ブラックホールに飲み込まれる．一方，連星が非等質量であれば，合体時に軽い方の中性子星が大きく潮汐変形した状態になるため，重力的なトルクによって角運動量輸送が効率的に起き，外縁部に大きな角運動量を持つ物質が一定の割合で存在するようになる．したがって，連星の非対称度が高ければ，ブラックホール周りにトーラスが形成される．

　大質量中性子星が誕生する場合，その後，重力波放射による角運動量散逸，磁気流体効果による角運動量輸送，ニュートリノ放射による冷却の効果によって進化が進む，と考えられている．特に重要なのが，角運動量輸送によって，外縁部に質量の大きな (0.2–$0.3M_\odot$ 程度の) トーラスが発達することである．角運動量輸送や冷却が進むと，大質量中性子星は最終的にブラックホールに重力崩壊するはずだが，その周りにはトーラスが形成されるであろう．合体前の連星の合計質量が大きくない場合には，合体後，長寿命の大質量中性子星に落ち着くこともありうる．

これが起きるかどうかは，中性子星の状態方程式次第であり，中性子星の最大質量が大きいほど，大質量中性子星が最終的に誕生しやすい．

ここまでは，ニュートリノ放射や磁気流体効果の詳細には触れてこなかったが，これらの効果は大質量中性子星の進化に大きな影響を与えると考えられる．大質量中性子星は，中性子星同士の衝突を経て形成されるため，衝撃波加熱の影響で，最高温度が 10^{11} K を超えるほどの高温な状態になる．ニュートリノはそのような高温の状況下で大量に生成されるが，合体直後の大質量中性子星が高温かつ高密度なため，自由にその外に逃げ出すことができず，散乱を繰り返しながら拡散的に放射される．そのため，冷却にかかる時間は 10 秒程度になり，大質量中性子星の自転周期 (ミリ秒程度) に比べるとかなり長い．それでも放射の最大光度は，$10^{53}\,\mathrm{erg\,s^{-1}}$ を大きく超え，大質量中性子星の冷却の主体を担う．

放射されたニュートリノと反ニュートリノは，大質量中性子星周辺で対消滅を起こす．対消滅によって電子・陽電子対が生成されるが，これらはニュートリノとは異なり，物質と電磁気学的に強く相互作用し，熱を供給する．この効果で，特に静止質量密度が低い自転軸近傍では，物質が外向きに高速度で噴出されうる．もしも，ニュートリノと反ニュートリノの光度が十分に高く，対消滅によるエネルギー注入効率も高ければ，物質が光速度近くにまで加速され，ガンマ線バーストとして観測されるのかもしれない (1.7.3 節と 1.7.4 節参照)．

磁気流体効果は，大質量中性子星の進化により大きな影響を及ぼすと考えられる．流体力学的効果のみが存在する場合に角運動量輸送を担うのは，天体の非軸対称性に付随したトルクのみだが，磁気流体効果を考慮すると，これに付随した効果が重要になりうる．1.3.4 節で紹介したように，中性子星は通常強い磁場を持つが，合体時に磁場強度が一層増幅されるからである．磁場増幅の最も重要な機構は，ケルビン・ヘルムホルツ (Kelvin–Helmholtz) 不安定性と呼ばれる流体不安定性である．これは，速度場に不連続性があると発生し，ごく短時間に渦運動を大量に生成させる不安定性である．磁場が存在すると，生成された渦によって磁場の巻き込みが起きるために，磁場強度が急激に増大する．

最新の数値相対論に基づく磁気流体シミュレーションによると，磁場強度は最低でも 3 桁程度は増大することがわかっている (図 5.3 参照)．また，磁場強度は，非常に非一様に増大する．このように空間的にも時間的にも変化の激しい環境下では，流体は往々にして乱流状態になる．大質量中性子星の中の広い領域で渦が

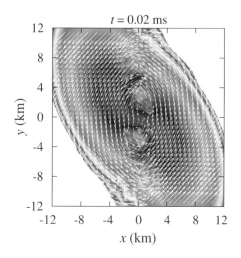

図 5.3 合体直後に誕生した大質量中性子星の静止質量密度プロファイルと速度構造. 矢印が速度場を表す. 軌道面上の様子を表示. 2 つの中性子星が衝突した接触面 ($x = 0$ 面付近) で渦が多数発生していることが観察できる. この渦が磁場を巻き込み, 磁場強度を一気に増大させる. K. Kiuchi et al., Physical Review D **92**, 124034 (2015) より転載, 改変. 口絵 4 参照.

発生するので, 乱流は大局的に不規則な流れを作り出す. すると, 流体は実効的に粘性流体のように振る舞うと考えられる. 磁気乱流に関しては, 天体周りの降着円盤を対象にした高解像度磁気流体シミュレーションが, これまでに最も詳細に行われてきた. それによると, なんらかの過程 (降着円盤の場合は磁気回転不安定性が主過程) で一旦乱流が発生すると, 実際に, 非常に大きな実効的粘性が誘発されることが示されている.

大きな粘性が存在すると, 外縁部へ効率的に角運動量が輸送される. したがって, 大質量中性子星内部では, 角運動量輸送が非常に短時間で進み, 自転角速度の非一様性がならされてしまうかもしれない (粘性は隣接する流体素片間の速度差をならす働きをする). また, 効率的な角運動量輸送に伴い, 大質量のトーラスの形成や質量放出 (5.1.2 節参照) が進む可能性も高い. これらの推測を確かめるには, 高解像度の磁気流体シミュレーションが不可欠だが, 現在の最先端のコンピュータを用いても, 十分な解像度でシミュレーションを行うことはできない (そのため, 粘性流体計算が代行手段としてしばしば用いられる). この問題の完全な解明には, さらなる規模の高性能コンピュータの開発が待たれる.

5.1.2 質量放出とキロノバ

a. 質量放出過程

連星中性子星が合体するとき，中性子星同士の接触面で激しい衝撃波が発生する．すると，衝撃波で十分に加熱された物質は，系から飛び散っていく．また合体直後に大質量中性子星が形成される場合には，それは非軸対称変形していると同時に，合体過程を反映して高速回転しているうえに大きく振動している．すでに述べたように，非軸対称変形している天体は，周囲の物質に重力的トルクを働かせる．大質量中性子星の振動によっても，外縁部の物質にエネルギーが与えられる．また高速回転しているので，遠心力効果も甚大である．これらの過程で，角運動量や運動エネルギーを十分に得た外縁部の物質は，系から飛び出していく．これは，質量放出現象と呼ばれる．特に，連星中性子星の合体時に起きる質量放出は，ダイナミカルな質量放出 (dynamical mass ejection) と呼ばれる．この過程で飛び出す物質の速度は，平均で光速度の 20–25% 程度になる．また，微量ではあるが，光速の 80–90% にもおよぶ速度を持つ物質も放出される．

質量放出は他の効果でも起きる．関与する効果の 1 つが，ニュートリノ照射である．上で述べたダイナミカルな質量放出過程と同様の過程によって，系から脱出はしないものの，中心から遠くに飛ばされてしまう物質が多量に存在するようになる．そのような物質が，大質量中性子星から放射されるニュートリノを大量に吸収すると，系から脱出するのに十分なエネルギーを得る場合がある．このような過程は，ニュートリノ風による質量放出と呼ばれる．

さらに，大質量中性子星やその周りのトーラス内で働きうる粘性効果 (粘性による角運動量輸送と粘性加熱) も重要である．粘性効果は，差動回転 (回転軸からの距離に依存して角速度が変わるような回転) が顕著なトーラス内で，特に効率的に働くと考えられる．粘性による角運動量輸送効果により，トーラスは膨らみ，ニュートリノ照射も加わって，一部の物質はやがて系外に放出されうる．この過程は，粘性効果による質量放出と呼ばれる．

ニュートリノ風や粘性効果で飛び出す物質の速度は，平均で光速度の 5–15% 程度である．ダイナミカルな放出成分の方が，より高速でかつ先に飛び出して行くので，ニュートリノ風や粘性効果による成分が，それに追いつくことはほとんどない．したがって，各々の成分が，放出後に自由膨張して飛び去ると考えられる．また，いずれの効果によっても，物質は軌道面方向に放出されやすいが，一部は極方

向 (自転軸方向) にも放出される. なお, 物質放出の方向依存性は, キロノバの観測的特徴を考える際に重要になる.

数値相対論を用いた研究によると, ダイナミカルな質量放出で, 10^{-3}–$10^{-2} M_\odot$ 程度の質量が放出される. 幅が大きいのは, 放出量が, 中性子星の状態方程式と個々の中性子星の質量に強く依存するためである.

ニュートリノ風による放出量はダイナミカルな放出過程に比べると小さく, $10^{-3} M_\odot$ 程度の寄与しか及ぼさない. 他方, 粘性効果は, 甚大かもしれない. 合体後誕生する大質量中性子星やブラックホールの周りには, 質量が 0.1–0.3$M_\odot$ のトーラスが形成しうる. 複数のシミュレーションの結果によると, 中心天体がブラックホールの場合はトーラス質量の 10–30%程度が, 中心天体が大質量中性子星の場合はトーラス質量の半分以上が, 粘性効果で系外に放出されうる. したがって, 十分に質量の大きいトーラスが形成されれば, 粘性効果が質量放出の主過程になる. これについては, 5.3 節で再び触れる.

1.8 節で述べた元素合成との関連では, 質量以外にも, 放出物質の中性子過剰度が注目すべき物理量である. 中性子過剰度が高く, 電子濃度 $Y_e := 1 - n_n/(n_p + n_n)$ (n_n と n_p は中性子と陽子の数密度) が, 0.1 以下になると, ウランのような超重元素を含め, 第二ピークから第三ピークまでの, 質量数が 130 を超える r プロセス重元素ばかりが合成される (図 1.22 参照). 他方, Y_e が約 0.25 を超えると, 質量数が 130 程度までの元素は合成されるが, それ以上の超重元素はあまり合成されなくなる. 特にランタノイド元素が合成されなくなる点が観測的に非常に重要である. さらに Y_e が 0.4 を超えると, 質量数が 100 に満たない比較的軽い重元素のみが合成される. したがって, 質量数が異なる多様な r プロセス元素を合成させるには, 幅広い Y_e 分布が必要になる.

最近の数値相対論シミュレーションによると, うまい具合に, 幅広い中性子過剰度を持つ物質が, 合体時にダイナミカルに放出される. 図 5.4 に Y_e の平均値の時間変化と平均値が落ち着いた後の Y_e の質量分布を示した. Y_e の平均値が 0.3 程度であり, 中性子過剰であることを示しているが, かといって極端に小さな値を取らない点が重要である. 質量分布を見ても, Y_e が 0.05 程度から 0.5 近くまで幅広く分布している. これは, 多様な r プロセス元素を合成させるのに適した分布である.

もともと中性子星は, 非常に中性子過剰度が高い天体であり, Y_e の平均値は 0.1

5.1 連星中性子星の合体過程: 数値相対論による理解

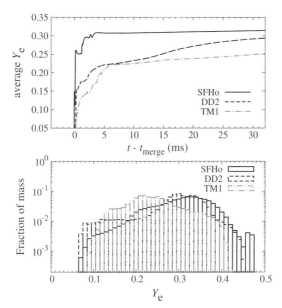

図 5.4 質量がともに $1.35 M_\odot$ の連星中性子星の合体直後にダイナミカルに放出される物質の電子濃度 (Y_e). Y_e が小さい方が, 中性子過剰度が高い. 上の図が, Y_e の平均値の時間変化を示している ($t=0$ が合体時刻である). 下の図が, Y_e の質量分布を表している. 結果は, 3 つの異なる状態方程式の場合に対して示されているが, 幅広い Y_e 分布を持つなど, 定性的には普遍的な傾向を示している. Y. Sekiguchi et al., Physical Review D **91**, 064059 (2015) より転載.

以下である. このような物質が放出されるのに, なぜ Y_e の大きな物質が存在するのだろう. これは, 連星中性子星の合体現象と密接に関係がある. 先に述べたように, ダイナミカルな質量放出は, 中性子星同士の合体時に発生する衝撃波加熱と, 大質量中性子星が周囲に重力的に与えるトルクなどを介して引き起こされる. トルクなど重力的影響だけで質量放出が起きるならば, 中性子過剰度は高いままである (Y_e は低い). 重要なのは, 衝撃波加熱が起き, 大質量中性子星が 10^{11} K (約 10 MeV) を超える高温になる点である. このような環境下では, 光子から電子・陽電子対が随時作られる. 電子と陽電子の合計質量エネルギーは約 1 MeV, 温度に換算すれば 1.2×10^{10} K 程度なので, 対生成が容易に起きる. 陽電子が多量に存在すると, 大量に存在する中性子の一部は, 次式で示される陽電子捕獲により, 陽子に変換される:

$$n + e^+ \to p + \bar{\nu}_e. \tag{5.1}$$

この結果, 中性子過剰度が下がる. さらに, 大質量中性子星からの高光度ニュートリノ照射も無視できない. エネルギーの高い (10 MeV 程度の) 電子ニュートリノと反ニュートリノの放射光度が高い領域では, (1.38) 式と (1.39) 式の反応が起きる. そして 2 つの反応が平衡状態に達するように中性子と陽子の分布が変化する. 電子ニュートリノと反ニュートリノの光度や平均エネルギーは若干異なるものの, 大まかに言えば同程度である. その結果, 中性子と陽子の量も同程度になるように変化する. したがって, Y_e は 0.5 に向かって変化する.

ニュートリノ風や粘性効果で起きる質量放出成分の Y_e も, ニュートリノとの反応に強く影響を受ける. ニュートリノ光度は, 中心に大質量中性子星が存在するときにとりわけ高くなる. この場合には, ニュートリノ風や粘性効果で起きる質量放出成分の Y_e は全体的に高くなり, 場合によってはほぼ全ての要素で Y_e が 0.25 を超え, 第二ピーク (質量数が約 130) よりも重い元素がほとんど合成されない. 5.3 節で述べるが, この性質が GW170817 の光学観測結果を理解する上で重要になる.

b. キロノバ

質量放出が重要なもう 1 つの理由は, それに伴う電磁波が重力波の対応天体として観測されうるからである. すでに述べたように, 連星中性子星の合体に伴って質量放出が起きると, 幅広い中性子過剰度を持つ多様な r プロセス元素が大量に合成されそうである. ごく初期に合成される重元素は, 中性子過剰で不安定なため, 放射性崩壊し, 電子, ガンマ線, アルファ粒子などを放出する (1.8 節参照). 特に, ベータ崩壊で放出される電子は, 物質の加熱に最も寄与する. 加熱された物質は, 当初は高密度なため光学的に厚いので, 外へ電磁波をほとんど放射できない. そのため, 断熱膨張でエネルギー密度を減らしていく. しかし自由膨張とともに質量密度が下がり, 光学的厚さが下がると, 電磁波が外部に放射されるようになる. その光度が最大になる時刻は, 現実的な密度分布を考えると, 放出される物質の質量, $M_{\rm ej}$, 平均速度, $v_{\rm ej}$, および光の吸収係数, κ, を用いて以下のように評価できる [係数を除き (1.41) 式に対応]:

$$t_{\rm peak} \approx \sqrt{\frac{\kappa M_{\rm ej}}{4\pi c v_{\rm ej}}}$$

$$\approx 1.9\,{\rm day} \left(\frac{\kappa}{1\,{\rm cm}^2\,{\rm g}^{-1}}\right)^{1/2} \left(\frac{M_{\rm ej}}{0.03 M_\odot}\right)^{1/2} \left(\frac{v_{\rm ej}}{0.2c}\right)^{-1/2}. \quad (5.2)$$

ここで, $M_{\rm ej}$ には 0.001–$0.1M_\odot$ 程度の, $v_{\rm ej}$ には 0.05–$0.25c$ 程度の, κ には 0.1–$10\,{\rm cm}^2\,{\rm g}^{-1}$ 程度の不定性がある. したがって, 光度の高い電磁波が放射されるのは, 連星の合体が起きてから 1–10 日経過した後である. 放射される電磁波の波長は, 放射時の物質の温度で決まるが, 放出物質は膨張とともに典型的な温度を下げる. そのため, 合体後数日以内では可視光線領域で主に輝き, 時間が経過すると赤外線領域で主に輝くと推測されている.

光の吸収係数 κ は, 物質を構成する元素の種類やそのイオン化状態で決まる. 仮に物質がイオン化された水素のみから構成されていれば, $\kappa \approx 0.4\,{\rm cm}^2\,{\rm g}^{-1}$ に, 弱イオン化された鉄族元素から構成されていれば, $\kappa \approx 0.1\,{\rm cm}^2\,{\rm g}^{-1}$ になることは広く知られていた. ところが, 放出物質の主成分は r プロセスで合成された重元素である. これに対する光の吸収係数は, 2013 年ごろまで詳しくわかっていなかった. その状況において, ケイセン (D. Kasen) とバーンズ (J. Barnes) や田中 (雅臣) と仏坂は独立に, 吸収係数を導出した. そして, 放出物質がランタノイド元素を有意に含んでいる場合には $\kappa \sim 10\,{\rm cm}^2\,{\rm g}^{-1}$ 程度に, 含まない場合には $\kappa \sim 0.1\,{\rm cm}^2\,{\rm g}^{-1}$ 程度になることを突き止めた (ランタノイド元素を少量含む場合には, κ は両者の間の値になる). 輻射のタイミングを決定する量である κ は, このように放出物質の組成に強く依存するため, 放出物質の質量のみならず組成を予言することが, 数値相対論の重要な役割である.

最大光度は, ベータ崩壊などで発生する単位質量当りの崩壊熱で決まる. したがって, 放出物質の総質量に主に依存し, 以下のように評価される:

$$L_{\rm peak} = (0.5\text{–}1.0) \times 10^{42}\,{\rm erg\,s}^{-1} \left(\frac{M_{\rm ej}}{0.03 M_\odot}\right) \left(\frac{t_{\rm peak}}{\rm day}\right)^{-1.3}. \quad (5.3)$$

ここで, 最大光度に達するおよその時刻は, (5.2) 式で与えられる. 時間依存性が指数関数的ではなく冪的になるのは, 多種存在する不安定重元素の半減期がそれぞれ異なり, 幅広い範囲に分布しているからである (1.8 節参照). (5.3) 式から, $M_{\rm ej} = 0.001$–$0.1M_\odot$ ならば, 最大光度は 10^{40}–$10^{42}\,{\rm erg\,s}^{-1}$ 程度と推測される. このように輝く天体現象が, 1.7.4 節で触れたキロノバに対応する.

図 5.5 に, 輻射輸送計算に基づいた, 放出物質から放射されるキロノバの光度曲線の例を示す. 上で述べたように, 最大光度は主に, 放出された物質の質量に依存しており, 合体から数日後に最大光度に達し, その後徐々に下がる. なお, この例では, 合体直後にダイナミカルに放出された物質のみが考慮されており,

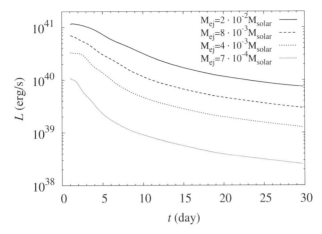

図 5.5 連星中性子星の合体直後にダイナミカルに放出される物質から放射されるキロノバの光度曲線モデル．放出された物質の質量や光の吸収係数に主に依存する．この例では，放出物質の質量が，0.02, 0.008, 0.004, 0.0007$M_\odot$ で，$\kappa = 10\,\mathrm{cm^2\,g^{-1}}$, $v_{\mathrm{ej}} = 0.2c$ の場合を示している．データは田中雅臣氏のホームページ，http://th.nao.ac.jp/MEMBER/tanaka/nsmerger_lightcurve.html から取得．光度曲線の計算法は，M. Tanaka and K. Hotokezaka, Astrophysical Journal **775**, 113 (2013) に記載されている．

$\kappa = 10\,\mathrm{cm^2\,g^{-1}}$, $v_{\mathrm{ej}} = 0.2c$ が採用されている．κ がこれよりも小さい場合，あるいは v_{ej} が大きい場合には，より早い時刻に最大光度に達する．

光度が $10^{40}\,\mathrm{erg\,s^{-1}}$ と $10^{41}\,\mathrm{erg\,s^{-1}}$ の光源を 100 Mpc 離れた遠方に置くと，その見かけの等級は，それぞれ，23.7 と 21.2 等級である．これは，さして明るくない光源であることを示す値だが，日本のすばる望遠鏡のような 8 m 級の望遠鏡を使えば観測できない明るさではない．重力波望遠鏡による観測によって，重力波源の方向が 100 平方度以内の精度で決定されれば，一晩でその範囲内の各視野を数分程度ずつ観測することによって，十分に観測可能な対象になる．

キロノバ現象が観測できれば，重力波源の対応天体を発見できたことになり，連星中性子星合体を観測した大きな証拠になる．さらに，光度曲線，放射される特徴的な波長の時間変化などを決めることができれば，合体現象を解明する上で貴重な情報をもたらす．それゆえに，重力波源の電磁波対応天体としてキロノバを観測することは，大変重要である (実例については 5.3 節参照)．

5.2 連星中性子星合体時に放射される重力波

　連星中性子星の合体時に放射される重力波は，連星ブラックホールの合体の場合に比べ，複雑な波形を持つ．図 5.6 に典型的な波形を 2 例示す．ともに等質量の連星系の場合で，上段は合計質量が $2.7M_\odot$，下段は $2.8M_\odot$ である．この例では，比較的柔らかい (中性子星の半径が小さくなる) 状態方程式である APR4 が採用されている．

　両図ともに，$t<0$ がチャープ波形を，$t=0$ 付近が合体時の波形を，$t>0$ が合体後の波形を表している．なお，合体後はニュートリノ放射や磁気流体効果が重要になりうるが，ここでは一般相対論的流体力学で求めた波形を示している．図 5.6 上段は，合体後に大質量中性子星が誕生する場合の例である．この例では，非軸対称形状を持つ長寿命の大質量中性子星が誕生するので，合体後も大きな振幅を持った準周期的な重力波が放射される．一方，下段の例では，合体後 2 ミリ秒ほどでブラックホールが形成される．そのため，準固有振動に付随した重力波の放射後，放射が止む．すでに述べたように，ブラックホールが合体後短時間で誕生するのは，連星中性子星の合計質量が典型的な値に比べて大きい場合のみである．そこで以下では，大質量中性子星が誕生する場合に注目する．

　連星中性子星から放射される重力波において，特に注目すべきは，合体直前に放射される重力波と合体後に大質量中性子星から放射される重力波である．これらはともに，中性子星の状態方程式の情報を含んでいるからである．したがって，重力波が観測できた場合，これを解析すれば，中性子星の状態方程式に対する情報が引き出せる可能性がある．以下では，状態方程式の情報が，どのように重力波に反映されるのかについて詳しく説明する．

5.2.1　合体直前の重力波と潮汐変形効果

　合体直前の重力波には，中性子星の潮汐変形の度合いを通じて，状態方程式の情報が反映される．この機構についてまず説明する．

　近接軌道にある連星中性子星の個々の中性子星は，伴星の潮汐力により潮汐変形 (主に 4 重極変形) を起こす．その結果，各中性子星が作り出す重力場が変化する．簡単のため，ニュートン重力を仮定し，要点をニュートンポテンシャルの言葉

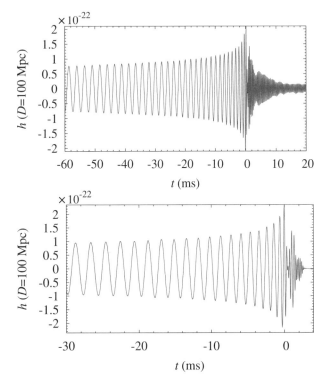

図 5.6 等質量の中性子星同士が合体する場合に放射される重力波の数値相対論による計算例. $t<0$ がチャープ波形を, $t=0$ 付近が合体時の波形を, $t>0$ が合体後の波形を表す. 横軸はミリ秒を単位とした時間を表し, 縦軸は重力波の振幅を表す. 連星の合計質量は, 上段が $2.7M_\odot$, 下段が $2.8M_\odot$. 上の場合には, 合体後, 大質量中性子星が誕生し, 下の場合には, ブラックホールが誕生している. この図では, 重力波源までの距離を 100 Mpc とし, 軌道面に対して垂直方向から重力波を観測したことを仮定している. 中性子星の状態方程式は, APR4 と呼ばれるものを採用している. この状態方程式を用いた場合, 中性子星の典型的な半径は, 約 11 km である. データは, K. Hotokezaka et al., Physical Review D **91**, 064060 (2015) から一部採用.

を用いて説明しよう (一般相対論でも定性的に同じ現象が起きる). 連星の軌道半径が大きい場合には, 各中性子星は, $\phi=-GM_a/r_a$ ($a=1$ または 2) の形のポテンシャル場を中性子星の外部に作っている. しかし, 近接軌道では, 潮汐変形 (4重極変形) によって, 次式の形に変化する:

$$\phi = -\frac{GM_a}{r_a} - \frac{3G F^a_{ij} n^i_a n^j_a}{2r_a^3}. \tag{5.4}$$

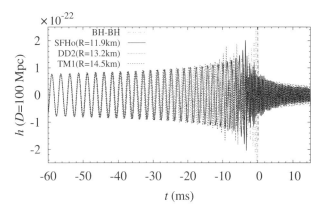

図 5.7 等質量の中性子星同士が合体するときに放射される重力波の計算例. 重力波源までの距離を 100 Mpc とし, 軌道面に対して垂直方向から観測したことを仮定している. 連星の合計質量は全て $2.7M_\odot$ だが, 各曲線で採用した状態方程式, つまり潮汐変形率 (あるいは半径) が異なるため, その違いが重力波の波形の違いに反映されている (半径については図内に表示). 参考のために, 同じ質量の連星ブラックホールの場合も表示している (BH-BH). データは, K. Hotokezaka et al., Physical Review D **93**, 064082 (2016) から採用. 口絵 6 参照.

ここで, M_a と I_{ij}^a が各中性子星の質量とトレースゼロの 4 重極モーメントを, r_a と n_a^i が各中性子星の中心からの距離とその方向の単位ベクトルを表す. I_{ij}^a は伴星からの潮汐力により生じるので, その大きさは連星間距離 r の -3 乗に比例する. 4 重極変形の影響で 2 つの中性子星間の引力は強まるが, 個々の中性子星を質点とした場合の引力が r^{-2} に比例するのに対して, 潮汐効果による引力は r^{-7} に比例する. つまり潮汐力は, 近接軌道になって急激に働く効果である.

1.3.3 節で述べたように, I_{ij}^a は伴星の作る潮汐場 $\mathcal{E}_{ij}^b$ ($a \neq b$) によって励起されるが, この 2 つには (1.13) 式で記述される関係がある. したがって, 潮汐変形率 λ_a が潮汐効果による 2 体間力の変化の度合いを決める. 中性子星を扱う場合には, (1.17) 式で定義される無次元化された潮汐変形率 Λ_a が採用されることが多い. 典型的な質量で状態方程式が異なる中性子星を比べると, Λ_a は中性子星半径の約 6 乗に比例することが知られている. つまり, 半径が大きいほど潮汐変形の影響は急激に大きくなる.

潮汐効果によって引力が増すと, 円軌道を保つためには軌道速度が増さなくてはならない. 軌道速度が増せば, (2.37) 式で示したように, 重力波の光度が増す. すると, 連星は重力波放射反作用の結果, より素早く軌道半径を縮め, 合体時刻が

早まる．潮汐変形の度合いは中性子星の潮汐変形率が大きいほど大きいので，軌道進化や重力波に対する影響も，潮汐変形率の大きい中性子星に対してより顕著に現れる．つまり，潮汐変形率の大きい中性子星からなる連星の方がより早く合体する．その結果，重力波の位相の進化が早まる．

図 5.7 に，質量は同じだが，異なる 3 つの状態方程式を用いて得られた重力波の波形を示した．3 つの状態方程式に対して，中性子星の半径は，11.9 km, 13.2 km, 14.5 km であり，無次元化された潮汐変形率は，それぞれ 420, 854, 1428 である．上で述べたように，中性子星の半径が大きいと，潮汐変形率も急速に大きくなり，連星はより早く合体し，重力波の位相進化も早まる．参考のため，図 5.7 には，連星ブラックホールの場合も重ねてプロットした．ブラックホールは，潮汐変形率がゼロの天体なので，最も遅くに合体する．

図 5.7 において特に注目すべき点は，半径が 1 km 異なれば，合体時刻に 2 ミリ秒程度の差が出ることである．重力波のサイクル数に直すと，2–3 サイクルほどの違いになる．この差は十分に大きいので，重力波の波形間の違いは区別可能である．よって，合体直前の重力波が十分な感度で観測できれば，中性子星の状態方程式に強い制限が与えられる．後述するように，GW170817 の観測では，ここで述べた方法により潮汐変形率に対する制限が与えられた (5.3 節参照)．

5.2.2 大質量中性子星からの重力波

図 5.7 はまた，大質量中性子星から放射される準周期的な重力波の波形が，状態方程式に強く依存することを示している．より具体的に言えば，準周期的振動の周波数が，状態方程式に強く依存する (図 5.8 とそれに付随する議論も参照)．この周波数は，(非球対称な) 大質量中性子星の特徴的な半径を R とすれば，近似的には $R^{-3/2}$ に比例する．ここで，R は状態方程式に強く依存するので，それが大質量中性子星から放射される重力波波形の違いに反映される．なお準周期的重力波の周波数は，質量が $2.7 M_\odot$ の連星中性子星が合体して誕生した大質量中性子星に対しては，近似的に，

$$f \sim 4.0\,\mathrm{kHz} \left(\frac{R_{1.8} - 2\,\mathrm{km}}{8\,\mathrm{km}}\right)^{-3/2} \tag{5.5}$$

と書ける．ここで，$R_{1.8}$ は，$1.8 M_\odot$ の球対称中性子星に対する半径を表す．$1.8 M_\odot$ の半径をあえて選ぶのは，大質量中性子星の平均密度が高く，質量の大きい球対称

5.2 連星中性子星合体時に放射される重力波

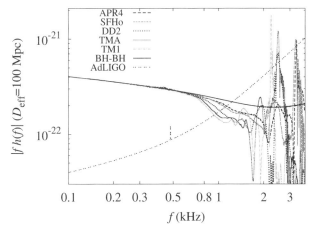

図 5.8 等質量の中性子星同士が合体するときに放射される重力波の実効振幅. 各中性子星の質量が $1.35 M_\odot$ (点線) の場合の $|f\hat{h}(f)|$ を 5 つの状態方程式 (APR4, SFHo, DD2, TMA, TM1) の場合に対して表示. 比較のため, 連星ブラックホールの場合 (BH-BH) も表示している. 十分に周波数が低い場合は, 普遍的に $|f\hat{h}(f)| \propto f^{-1/6}$ と振る舞うが, その後は, スペクトルの形が状態方程式に依存する (具体的には本文参照). 中性子星の半径は, それぞれ, 11.1 km (APR4), 11.9 km (SFHo), 13.2 km (DD2), 13.9 km (TMA), 14.5 km (TM1) である. この例では, 重力波源までの実効的な距離 $D_\mathrm{eff} := DQ_h^{-1}$ を 100 Mpc と仮定している. 2 点点線は, Advanced LIGO の設計目標感度を示す. K. Hotokezaka et al., Physical Review D **93**, 064082 (2016) より転載, 改変.

中性子星に性質が似ているからである. なお, 大質量中性子星の質量が小さくなると, 周波数は (5.5) 式で与えられるものよりも少し低くなる (近似的には質量の $1/2$ 乗に比例する).

5.2.3 重力波のスペクトル

重力波波形の特徴は, そのフーリエ変換, $\hat{h}(f)$, を観察するとより明確になる. 図 5.8 に, 重力波の実効振幅, $|f\hat{h}(f)|$, を示す. この図でも, 連星中性子星の質量は全て同じで $1.35 M_\odot$-$1.35 M_\odot$ であるが, 異なる 5 つの状態方程式を採用した結果 (および連星ブラックホールの結果) を示している. 連星ブラックホールの場合と同様に (図 4.8 参照), 軌道半径が大きく, 重力波の周波数が十分に低い場合には, 実効振幅は普遍的に $f^{-1/6}$ に比例するが, 近接軌道になり潮汐効果が効き始めると, 実効振幅は状態方程式に依存するようになる. すでに述べたように, 半径の大きな中性子星同士の方が早く合体するため, より低い周波数から $f^{-1/6}$ 法則

からのずれが見える. 例えば, 状態方程式が TM1 の場合には, 500 Hz 付近からその周波数での軌道周回数が減って実効振幅が下がり始めるが, APR4 の場合には, 800 Hz まで実効振幅が下がらない. なお, ここで示したのはフーリエ変換の振幅成分だが, その位相も状態方程式に依存する. 具体的には, 半径が大きい中性子星に対しては, 周波数とともに位相がより素早く変化する.

図 5.8 から明らかなように, 重力波波形の状態方程式依存性は, 重力波周波数が 500 Hz 以上の帯域に現れる. したがって, この周波数帯域の重力波が十分な感度で観測できれば, 中性子星の状態方程式に強い制限を課すことが可能になる. 図 5.8 には, Advanced LIGO の設計目標感度も示されているが, これからもわかるように, この感度が実現される将来, その実効的な距離 (距離を D として DQ_h^{-1} で定義される) が約 100 Mpc 以内のイベントが観測されれば, 状態方程式に対して強い制限を課すチャンスが訪れるだろう.

次に, 図 5.8 の高周波数側 (2–3.5 kHz) に目を移そう. この周波数帯のスペクトルには特徴的な周波数を持つピークが現れる. この成分は, 合体後誕生する大質量中性子星からの重力波に起因する. 準周期的な重力波が作り出す成分なので, 鋭いピークを持つスペクトルになる. このピーク周波数が中性子星の状態方程式を反映しているので, これを決定できれば大きな成果になる. ただし, 非常に幅の狭いピークのみに対して振幅が高いという特徴を持つため, 検出はそれほど容易ではない. 図 5.8 に示されたデータを解析すると, 設計目標感度を達成する将来の Advanced LIGO をもってしても, 検出可能なのは DQ_h^{-1} が 20–40 Mpc 以内の場合だけだとわかる (より高周波数側にピークがあると, 検出がより難しい). 運良く近傍で合体が観測された場合にのみ, この高周波数重力波が観測されるであろう.

大質量中性子星からの重力波についてはまた, 以下の点で注意が必要である. 図 5.6 や図 5.7 に描かれた結果は, 一般相対論的流体力学シミュレーションで得られたものである. このシミュレーションでは, 磁気流体効果やニュートリノ放射の効果は含まれていない. 5.1 節で述べたように, 大質量中性子星の進化過程は, 磁気流体効果に大きな影響を受ける可能性がある. 具体的には, 磁気乱流が発達すると実効的な粘性が生じるので, 大質量中性子星の非軸対称構造が速やかに失われ, その結果, 図 5.6 や図 5.7 に見られる準周期的振動が, 現実的にはそれほど大きな振幅を持たない可能性がある. 実際, 物理的と思われる粘性係数を採用して一般

相対論的粘性流体力学シミュレーションを行うと,大質量中性子星の非軸対称構造が速やかに失われ,重力波が短時間で減衰してしまうことが示される.磁気流体によって励起される乱流粘性の効果と粘性流体の効果が等価であるかどうかがわからないので,今のところこの点について確定的なことは言えない.しかし,高周波数成分の振幅については,不定性が極めて大きいことを頭に入れておく必要がある.

5.3　連星中性子星合体の初観測: GW170817

2017 年 8 月 17 日,日本時間午後 9 時 41 分,連星中性子星の合体時に放射される重力波が,Advanced LIGO によって初めて観測された.非常にタイミングが良いことに,Advanced Virgo も 2017 年 5 月頃から急速に検出器感度を上げることに成功したため,8 月 1 日から Advanced LIGO と同時観測を始めていた.残念ながら Advanced Virgo では有意な信号は観測できなかったのだが,十分な検出器感度を持ちながらも観測できなかったので,これは,偶然に観測しにくい方向 (3.2.1 節参照) から重力波がやってきた,という貴重な情報をもたらした.その結果,重力波の発生源の方向が,90%の確かさで 30 平方度以内の誤差で決定され,後に述べる光学追観測に貴重な情報を与えた.Advanced Virgo が観測に加わる以前は (つまり Advanced LIGO の 2 台のみでは),方向決定誤差が 1,000 平方度程度存在したので,検出器が 3 台存在することの意義を強烈に認識させる観測事例になった.

重力波の観測から測られた重要な量が,チャープ質量と発生源までの距離である.(2.47) 式からわかるように,観測が始まった時点の重力波の周波数 f_0 と重力波信号の継続時間が測定できれば,チャープ質量が概算できる (4.1 節参照).ただし,(2.47) 式はニュートン重力と 4 重極公式を仮定して求めた近似公式なので正確ではない.精度の良い値を得るには,高次の相対論的補正を考慮する必要がある.今の場合には,(4.12) 式のようにポストニュートン近似を用いて,以下の程度まで高次項を取り入れる必要がある:

$$t_0 = \frac{5c^5}{256 G^{5/3} \mathcal{M}^{5/3} (\pi f_0)^{8/3}} \left[1 + \left(\frac{743}{252} + \frac{11\eta}{3} \right) x - \frac{32\pi}{5} x^{3/2} \right]. \quad (5.6)$$

すると,チャープ質量は良い精度で求まる.現実的なデータ解析では,重力波の

位相変化を調べてチャープ質量を求めるのだが, その結果, $\mathcal{M} \approx 1.188^{+0.004}_{-0.002} M_\odot$ と決まった. これは, Advanced LIGO の観測量, $f_0 \approx 24\,\mathrm{Hz}$, $t_0 \approx 100\,\mathrm{s}$, および $\eta \approx 1/4$ を用いて, (5.6) 式で概算するのとほぼ同じ値である.

他方, 連星の個々の質量までは, 残念ながら精度良く決まらなかった. 個々の質量を決めるには, η を決定する必要があるのだが, η の寄与はポストニュートン近似の高次の項にしか現れず, またその効果はスピンの効果と縮退してしまうため, 決定精度が低いからである. 連星の個々のスピンが天文観測から示唆される程度に小さいと仮定しても, 今回の観測では, 質量比に $0.7 \leq m_2/m_1 \leq 1$ という制限が 90% の信頼度で与えられただけであった (これは, $0.2422 \leq \eta \leq 0.25$ を意味する). したがって, 個々の質量は, (90% の信頼度で) $1.16 M_\odot$ から $1.60 M_\odot$ の範囲にあるとしか求まらなかった.

しかし, チャープ質量が求まると, 連星の総質量 M の下限が求まる [(2.42) 式参照]. その結果, $M \geq 2.73 M_\odot$ という結果が得られた. また $\eta = 0.2422$ としても, $M \approx 2.78 M_\odot$ である. 総質量として 2.73–2.78 $M_\odot$ という値は, 連星中性子星としては典型的な値であり (22 ページ表 1.1 参照), その結果, 合体する連星中性子星が発見されたと認識されたわけである.

さらに, 振幅とチャープ質量から距離が推定され, それは 40^{+8}_{-14} Mpc と求まった. 誤差が大きいのは, 今回の測定では, 連星の軌道傾斜角を精度良く決定するのが難しかったためである [*1)].

その後の光学望遠鏡の追観測の結果, 合体は NGC 4993 と呼ばれるレンズ状銀河で起きたこと, そしてその結果, 重力波源までの距離が確かに約 40 Mpc であることがわかった. さらに重要なのは, 重力波観測だけでは方向が大きな誤差付きでしかわからなかったのだが, 対応する銀河が判明したことにより, それが正確に決まったことである.

距離が決定できたことにより, 光学的に観測される電磁波対応天体の絶対光度を決定できるようになった. また, 距離と方向が決定できた結果, 連星の軌道面が我々の視線方向に対してどの方向を向いているのかについて, 誤差の軽減された情報が得られた. 具体的に今回の観測では, 連星の公転軌道回転軸と我々の視線方

[*1)] 3.2.2 節で述べたように, Advanced LIGO の 2 つのアームは, 2 台の検出器でほぼ同じ方向を向いているため, この 2 つの検出器による観測だけでは連星の軌道傾斜角を決めるのは難しい.

5.3 連星中性子星合体の初観測: GW170817

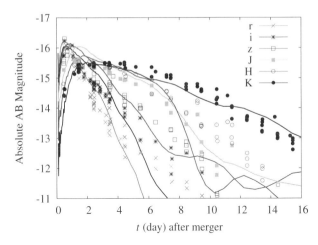

図 5.9 GW170817 の電磁波対応天体からの放射の光度変化. 横軸が合体後の経過時間を，縦軸が絶対等級を表す (絶対等級が 2.5 増えると光度は 1/10 になる). r, i, z, J, H, K とは，620, 760, 910, 1220, 1630, 2190 nm 付近の波長の光度を意味する. したがって，r, i, z が可視光線域の光度を，J, H, K が近赤外線域の光度を表す. なお，r や i の波長域が光度のピークになるような黒体輻射の場合，-16 等級とは光度がおよそ $5 \times 10^{41}\,\mathrm{erg\,s^{-1}}$ であることを意味する. 観測データは，V. A. Villar et al., Astrophysical Journal **851**, L21 (2018) より取得. 曲線は川口らによって，数値相対論の結果に基づいて導出された光度曲線モデルを表す. 口絵 7 参照.

向のなす角が，約 30 度以内であることが判明した. さらに，重力波で求めた距離と電磁波で求めた宇宙論的赤方偏移とを利用して，過去の手法とは全く異なる方法で，ハッブル定数が $70.0^{+12.0}_{-8.0}\,\mathrm{km\,s^{-1}\,Mpc^{-1}}$ (68.3%信頼区間) と導出された.

約 40 Mpc という距離は，光学的天体観測においては比較的近傍と言える. そのため，重力波の発見直後から，電磁波対応天体の観測が世界中の多くの望遠鏡によりなされた (ただし重力波源は南天に存在したため，南半球に存在する望遠鏡が有利だった). とりわけ，合体直後から約 20 日間に，可視光線から近赤外線域の波長に対して詳細な観測がなされた (図 5.9 参照). そして，それらの観測結果が，キロノバモデルで整合的に説明できることが判明した. つまり，合体が起き，中性子過剰物質が飛び散り，その中で r プロセス元素合成が進み，やがて不安定重元素の崩壊熱で輝いたことが，間接的にではあるが確認されたのだ.

ただし，何もかもが予想通りだったわけではない. まずこの現象における最大光度は，可視光線域でかなり大きく，$10^{42}\,\mathrm{erg\,s^{-1}}$ 程度であった. また，標準的とされ

るキロノバモデルによる予測に比べると,可視光線域で最大光度に達するタイミングが1日以内と大変早く,また暗くなるのも早かった(図 5.9 における r バンドの光度変化参照).さらにこれらの初期放射を担う物質の速度 (光球面の速度) も,0.25–0.30c と予想外に高速であった.[*2] これらの観測事実は,この観測以前に構築されてきたキロノバモデルに,修正を加える必要があることを意味した.一方,赤外線域では,比較的ゆっくりと光度が減少した (図 5.9 における K バンドの5日以後の緩やかな減光参照).これは,おおむね予想されていた通りの結果である.

5.1.2 節で述べたように,GW170817 発生以前から,主たる質量放出過程として,以下の2つが提案されていた.1つはダイナミカルな質量放出で,これは合体後 10 ミリ秒以内に起きる.この過程では,幅広い中性子過剰度 ($Y_e = 0.05$–0.5) の物質が,平均的には光速度の20%程度の速度で,軌道面の方向に重点的に飛び散る.中性子過剰度の高い物質が飛び出すため,ランタノイド元素を含む大きい質量数を持つ r プロセス元素が大量に合成され,その結果,光の吸収係数は $\kappa \sim 10\,\mathrm{cm}^2\,\mathrm{g}^{-1}$ 程度になると考えられる.もう1つが,粘性効果によるトーラスからの質量放出で,放出速度は光速度の5%程度である.この過程でも,基本的には,軌道面方向に物質が飛び散る.これは合体後に誕生する中心天体とトーラスからなる系において起きる過程で,0.1–10 秒程度の時間をかけて物質が放出される.放出される質量はトーラス質量の数十%にも達するので,0.01–$0.1 M_\odot$ と推測される.中心天体は,ブラックホール,大質量中性子星のどちらでもよいが,この機構における放出物質の中性子過剰度は,中心にブラックホールが存在するか,大質量中性子星が存在するかで大きく異なる.ブラックホールが存在すれば,ダイナミカルな質量放出の場合と同様,中性子過剰度が高い物質が放出される.一方,大質量中性子星が存在すれば,そこからのニュートリノ照射効果により,中性子過剰度が極端には高くない物質 ($Y_e \gtrsim 0.3$) が飛び散る.その場合,ランタノイド元素が合成されないので,光の吸収係数は $\kappa \sim 0.1\,\mathrm{cm}^2\,\mathrm{g}^{-1}$ 程度になる.

しかし,これらのシナリオのどちらかでは,GW170817 の電磁波対応天体の光度やスペクトルの変化の様子を説明できない.まず,$\kappa = 10\,\mathrm{cm}^2\,\mathrm{g}^{-1}$ ほどに光の

[*2] 放出物質の速度を推定するには,まず絶対光度 L を求め,さらにスペクトルから温度 T を概算する.黒体輻射と放射物体が球対称であることを仮定すれば,各時刻における光球面の半径が $R = \sqrt{L/(4\pi\sigma_\mathrm{SB} T^4)}$ と見積れる (σ_SB はステファン・ボルツマン定数).自由膨張を仮定し,これを合体から経過した時間で割れば,速度が求まる.

5.3 連星中性子星合体の初観測: GW170817

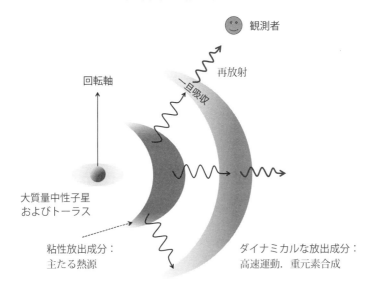

図 5.10 GW170817 において連星中性子星から放出された物質の想像図. 中心領域の球と円盤が, 大質量中性子星とその周りのトーラスを表す. 外側と内側の三日月状の領域が, ダイナミカルな質量放出物質と粘性効果によるトーラスからの質量放出物質を表す.

吸収係数が大きいと, 仮に速度が $0.3c$ でも可視光線域での光度の立ち上がり時間の早さを説明できない [(5.2) 式参照]. つまり, ダイナミカルな質量放出とブラックホール周りのトーラスからの粘性効果による質量放出だけからでは, 可視光線域の光度の早い立ち上がりは説明できない. 他方, 大質量中性子星周りのトーラスからの粘性効果による質量放出だけだと, $\kappa = 0.1\,\mathrm{cm}^2\,\mathrm{g}^{-1}$ 程度に小さくなるので, 光度の立ち上がり時間は早くなる [(5.2) 式参照]. しかし, 赤外線域での光度のゆっくりとした減少は説明できない. さらに, 観測的に示唆される, 放出物質の初期の高速度 (0.25–$0.30c$ 程度) も説明できない.

ところが, 2 つのシナリオを組み合わせると, 観測事実を説明しうる (図 5.10 参照). まず, 可視光線域の立ち上がりが早い高光度の放射は, 大質量中性子星周りに存在するトーラスからの粘性効果による質量放出物質によって説明する. 高光度を説明するには, $\sim 0.03 M_\odot$ 程度の質量放出が必要になるのだが [(5.3) 式参照], これは我々日本のグループによる数値相対論シミュレーションによって, 十分に可能であることが示されている.

ここで問題なのは，粘性効果による質量放出物質の速度が典型的には $0.05c$ 程度にしかならないことである．そのため，単純に考えると，観測的に示唆される 0.25–$0.30c$ 程度の初期の放出物質の光球面速度を説明できない．しかし，ダイナミカルな過程で放出された物質が重要な役割を担いうる．先に述べたように，この過程による放出物質の速度は，$0.2c$ から最大で $0.8c$ 程度にまで幅広く分布しており，粘性効果による質量放出物質に先行して飛び散っている．したがって，この成分が視線方向に適量存在し，より内部からの放射を一旦吸収し短時間で再放射しているとすれば，外部からは高速度成分の放出物質が放射しているように見える (図 5.10 参照)．つまり，見かけ上高速の物質が熱源になっているように見える．なお放出物質は，時間とともに密度を下げるため，観測される放射領域は時間とともにより深部 (つまりより速度の遅い領域) に移る．放出物質の速度が徐々に遅くなって見えるという点は，観測事実と整合する．

　他方，光度のゆっくりした減少を伴う赤外線域での放射は，大きな κ の値を持つダイナミカルな質量放出物質で説明できる．また，質量数が 130 を超えるような r プロセス重元素は，ダイナミカルな質量放出成分から合成されたと考えられる．赤外線の光度から，合成量は $10^{-3} M_\odot$ のオーダーと推定される．

　図 5.9 の曲線は，数値相対論の結果に基づいて採用された放出物質の密度と速度分布に対して，輻射輸送計算を行い，導出された理論光度曲線を表す．各波長の観測結果とおおむね一致することが示されている．

　物質放出過程は他にも存在しうる．上で述べたように，κ が比較的小さい物質が大量に飛び散る必要があったため，合体後に十分に長寿命の大質量中性子星が誕生し，ニュートリノ照射源として働いたはずである．つまり，大質量中性子星が存在したことが必要条件になるのだが，その場合，大質量中性子星そのものが，大量の物質を高速度で放出させる駆動源になりうる．なぜならば，それは高速で差動回転している上に，合体時に強磁場を得て乱流状態にある，と推測されるからである (5.1.1 節参照)．そのような状態では，強い乱流粘性が発生し，差動回転状態が一様回転状態に遷移すると考えるのが自然である．回転状態が変わる結果，大質量中性子星内部では密度分布が急激に変化するだろう．すると，密度波が発生し大質量中性子星の周りに伝わるが，その際に周囲に存在するトーラスや外層と相互作用しながら衝撃波を発生させ，周囲の物質を高速で吹き飛ばす．それが放出物質になりうる．ニュートリノ照射を受けている物質が吹き飛ぶので，中性子過剰度もそ

れほど高くはならない.このシナリオは,数値相対論的粘性流体力学シミュレーションで実際に確かめられ,平均速度が $v_{\rm ej} \approx 0.15c$ の物質が,$M_{\rm ej} \gtrsim 0.01 M_\odot$ 程度飛び散りうることが確認された.このような物質も,GW170817の電磁波対応天体として寄与した可能性がある.

これらの理論的考察は,以下の興味深い示唆を与える.すでに述べたように,この合体現象では大質量中性子星が誕生し,しかも一定の時間ブラックホールに重力崩壊せずに存在したはずである.重力波の解析から,連星の合計質量は $2.73M_\odot$ 以上と判明しているが,このような重い連星系から十分に寿命の長い(最低でも0.1秒程度の)大質量中性子星を誕生させるには,中性子星の状態方程式はある程度硬くなくてはならない.より具体的には,1.3.2節で議論した最大質量が,$2M_\odot$ を十分に超える(例えば $2.1M_\odot$ 以上)必要があることが,これまでの数値相対論によるシミュレーションから判明している.また中性子星の特徴的な半径が小さすぎても(例えば質量が $1.4M_\odot$ の中性子星の半径が10km以下なら)大質量中性子星が誕生しないので,この制限も課される.つまり,電磁波対応天体の観測から,中性子星の状態方程式に制限が与えられた.

GW170817の重力波観測からも,中性子星の状態方程式に対して一定の制限が与えられた.5.2.1節で述べた,潮汐変形率が測定されたからである.ただし,状態方程式の測定に重要な高周波数帯域での信号対雑音比が不十分だったため,決定的な制限を与えるには至らなかった.それでも,潮汐変形率 Λ に対して,90%の信頼度で800以下という制限が与えられた.これは,中性子星の半径が約13.5km以下という制限に相当する.この結果は,今後の進展に大きな希望を抱かせる.将来,高周波数帯域でも十分に信号対雑音比が大きな観測が実現すれば,状態方程式に強い制限が課されることになるだろう.

5.4 ブラックホール・中性子星連星の合体過程:数値相対論による理解

5.4.1 潮汐破壊現象

ブラックホール・中性子星連星も,重力波放射により次第に軌道半径を縮め合体に至るが,その合体現象は,2つの天体の質量比,ブラックホールスピンの向きと大きさ,中性子星の半径に強く依存する.中性子星の半径が10–12km程度であ

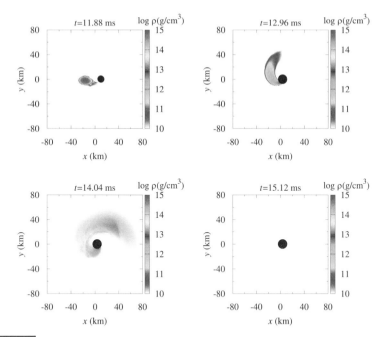

図 5.11 ブラックホール・中性子星連星の合体において,中性子星がブラックホールに飲み込まれる場合.この例では,ブラックホールのスピンはゼロで,$M_{\mathrm{NS}} = 1.35 M_\odot$,$R_{\mathrm{NS}} = 11.1\,\mathrm{km}$,$M_{\mathrm{BH}} = 4.05 M_\odot$.K. Kyutoku et al., Physical Review D **92**, 044028 (2015) のデータを使用.

れば,ブラックホールの質量が中性子星に比べて十分に大きい,あるいはブラックホールのスピンが小さい場合には,中性子星がブラックホールに飲み込まれて合体が終わる (図 5.11 参照).この場合,最終的に,定常軸対称のカーブラックホールが残される.

一方,ブラックホールの質量が小さいか,あるいはブラックホールのスピンが大きく,かつその向きが軌道運動の回転軸と揃っている場合には,中性子星はブラックホールに飲み込まれる前に潮汐破壊されやすい (図 5.12 参照).ISCO 半径が小さいからである (本小節の後半参照).潮汐破壊はまた,中性子星の半径が大きいほど起きやすい.

なお,ブラックホールのスピンに関しては,大きさだけでなく,その向きも重要な要素である.潮汐破壊を考える際には,特に,軌道角運動量と平行な成分が最も重要である.軌道角運動量と平行な成分が小さい場合には,潮汐破壊に対するス

5.4 ブラックホール・中性子星連星の合体過程: 数値相対論による理解　　167

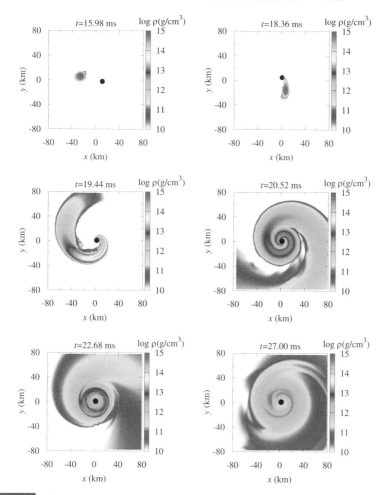

図 5.12　ブラックホール・中性子星連星の合体において，中性子星がブラックホールに潮汐破壊される場合．この例では，ブラックホールのスピンパラメータは $\chi = 0.75$ で，$M_{\rm NS} = 1.35 M_\odot$，$R_{\rm NS} = 11.1\,{\rm km}$，$M_{\rm BH} = 4.05 M_\odot$．K. Kyutoku et al., Physical Review D **92**, 044028 (2015) のデータを使用．口絵 8 参照．

ピンの効果はさほど大きくない．

　中性子星が潮汐破壊されると，物質がダイナミカルに放出されると同時にブラックホール周りに降着円盤が形成される (図 5.12 参照)．その質量も，ブラックホールと中性子星の質量比，ブラックホールのスピン，中性子星の半径に依存するが，ブラックホールの事象の地平面よりも十分に離れた位置で中性子星が潮汐破壊さ

れれば, 中性子星の質量の 10% 以上の物質が, 降着円盤を形成する. 大質量の降着円盤が誕生すれば, ガンマ線バーストのような高エネルギー現象が起きるかもしれない (1.7.4 節参照). 質量放出については次節で改めて述べる.

1.5.2 節で述べたように, ブラックホール周りの円軌道には ISCO が存在し, それより内側の軌道半径には安定な円軌道が存在しない. したがって, 中性子星が潮汐破壊されるのは, ISCO に達する前でなければならない. 以下では, 中性子星の半径を R, 質量を $M_{\rm NS}$, ブラックホールの質量を $M_{\rm BH}$, 軌道半径を r とし, 潮汐破壊が起きる条件を近似的に求めよう.

ブラックホールによる単位質量当りの潮汐力の大きさを, $a_{\rm tidal}$ と書く. この解析で重要なのは, ブラックホール方向に働く力だけなので, 1 成分のみを考えている. $a_{\rm tidal}$ は, 中性子星表面で近似的に $2GM_{\rm BH}(c_tR)/r^3$ と書ける. c_t は, 潮汐効果によって伴星方向に星が膨らむ効果を表しており, $c_t > 1$ である. 状態方程式に依存するが, 潮汐破壊時には $c_t \approx 1.6$ 程度になる. ここで, ISCO の軌道半径 $r_{\rm ISCO}$ を $\alpha_{\rm isco}GM_{\rm BH}/c^2$ とおく. $\alpha_{\rm isco}$ は, 軌道角運動量方向のブラックホールのスピン成分 χ に依存し, 1 以上 9 以下の値を取る (1.5.2 節参照). したがって, ISCO では, $a_{\rm tidal} = 2c_tRc^6(GM_{\rm BH})^{-2}\alpha_{\rm isco}^{-3}$ と書ける. これが, 中性子星の自己重力を上回れば, ISCO の外側で潮汐破壊が起きる.

中性子星表面で働く単位質量当りの自己重力は, 近似的に $GM_{\rm NS}/(c_tR)^2$ なので, 潮汐破壊の条件は, $2c_tRc^6(GM_{\rm BH})^{-2}\alpha_{\rm isco}^{-3} > GM_{\rm NS}/(c_tR)^2$ より,

$$M_{\rm BH} < \left(\frac{2(c_tR)^3c^6}{\alpha_{\rm isco}^3G^3M_{\rm NS}}\right)^{1/2}$$
$$\approx 3.9M_\odot \left(\frac{c_t}{1.6}\right)^{3/2}\left(\frac{\alpha_{\rm isco}}{6}\right)^{-3/2}\left(\frac{R}{12\,{\rm km}}\right)^{3/2}\left(\frac{M_{\rm NS}}{1.35M_\odot}\right)^{-1/2} \quad (5.7)$$

と近似的に書ける. 一般相対論的補正が加わると, この表式は変更を受けるが, 因子 2 未満の修正しか受けない. この解析から, $\chi = 0$ の場合 ($\alpha_{\rm isco} = 6$ の場合) には, R が 15 km 程度だったとしても, $M_{\rm NS} = 1.35M_\odot$ の中性子星に対して, $M_{\rm BH} \lesssim 5M_\odot$ の軽いブラックホールに対してしか潮汐破壊は起きないことが示唆される. 一方, χ が大きい場合には, $\alpha_{\rm isco}$ が小さくなるため, ブラックホールの質量が $10M_\odot$ を超えても潮汐破壊が起きる, と推測される.

例えば, $M_{\rm BH} = 10M_\odot$, $M_{\rm NS} = 1.35M_\odot$, $R = 12\,{\rm km}$ としよう. この場合, $\chi = 0$ であれば, 中性子星は潮汐破壊されることなく, ブラックホールに飲み込ま

れる. 一方, $\chi = 0.9$ ならば, $\alpha_{\mathrm{isco}} \approx 2.3$ なので (図 1.11 参照), 中性子星はブラックホールに吸い込まれる前に潮汐破壊される.

ブラックホール・中性子星連星の合体過程を数値相対論を用いて調べる目的の1つは, 潮汐破壊の条件を明らかにすることである. この目的のため, 2006 年以来多くのシミュレーションがなされた. その結果, (5.7) 式は, 定量的には若干の修正が必要なものの, おおむね正しいことが確認されている.

5.4.2 質 量 放 出

中性子星がブラックホールに潮汐破壊されると, 連星中性子星合体の場合と同様に, 一部の物質が系から飛び散る. これは以下の機構で起きる.

潮汐破壊は, ブラックホールの潮汐効果で引き起こされるが, 潮汐破壊が進む間は, 中性子星がブラックホールの方向に引き伸ばされる. 引き伸ばされた中性子星の内縁はブラックホールに向かって落下するが (図 5.12 の 2 番目のパネル参照), 落下中にコリオリ力が働くので, ブラックホールに真っ直ぐに落ちず, 少しだけ公転方向に進む. 一方, ブラックホールと反対側に引き伸ばされる中性子星物質は, やや遅れ気味に公転運動をする. すると, より大きな角速度で公転運動するブラックホール側の物質からのトルクにより角運動量を受け取る. このように, 潮汐破壊中に, 中性子星のブラックホール側からその反対側へと角運動量輸送が起きる. その結果, 外縁に存在する物質は系から外側へと流れるようになる (図 5.12 の 3 番目のパネル参照). 一部の物質は十分な角運動量を受け取り, 運動エネルギーが増す結果, 系から逃げ出し, 放出物質になる.

潮汐破壊に伴う質量放出の量は, ブラックホールや中性子星のパラメータに強く依存する. 中性子星の半径が大きくて, ブラックホールの質量が小さかったり, ブラックホールのスピンが大きかったりすると, 最大で太陽質量の 10%程度放出される場合もある. 他方, 潮汐破壊が起きなければ, 質量放出は起きない. 5.1.2 節で述べたように, 質量放出量が大きい場合には, 高い光度の電磁波放射 (キロノバなど) が期待される. ブラックホール・中性子星連星からのダイナミカルな質量放出は, 大きな非等方性を伴って起きるので, 球対称の場合に比べて特に早期に光度が高く, 青く光るなどの特徴を示す可能性がある.

r プロセス元素合成源としての性質はどうだろうか? 連星中性子星の合体とは異なり, ブラックホール・中性子星連星の合体では, 衝撃波加熱は重要な役割を担

わない.そのため, 10^{11} K を超えるような高温の環境は実現しない.その結果,物質は中性子過剰度を保ったまま (電子濃度 Y_e が 0.1 以下のまま) 放出される. このように Y_e が非常に低い物質からは,第二,第三ピークに対応する重元素は豊富に合成されるが,質量数が 130 以下の元素の合成は抑えられてしまう.ブラックホール・中性子星連星の合体が r プロセス元素合成の主過程であったとすれば,原子番号の小さな r プロセス元素を合成する別の機構が存在することになる.これに対する 1 つの可能性は,潮汐破壊後に誕生する降着円盤から質量放出が多量に起き,そこで Y_e の比較的大きな物質が放出されることである.この質量放出は,主に,降着円盤内での粘性加熱を経て進むと想定されるので,加熱のため中性子過剰度が下がると予想されるからである (5.1.2 節参照). ただし,この仮説は,詳細なシミュレーションによって示されてはおらず,今後の研究が待たれる.

5.5 ブラックホール・中性子星連星の合体時に放射される重力波

前節で説明したように,ブラックホール・中性子星連星の運命は,中性子星が潮汐破壊されるか,あるいはされないかのいずれかに大別される.潮汐破壊が起きない場合には,合体時にブラックホールの準固有振動に付随する重力波が放射される (図 5.13 上段参照). そして,放射後,定常なブラックホールに落ち着く.重力波の波形は,連星ブラックホール合体の場合に,非常に似ている.

潮汐破壊される場合には,これとは異なるタイプの重力波波形になる.この場合,破壊直前までは連星の軌道運動によって図 4.2 のようなチャープ重力波が放射されるが,中性子星が潮汐破壊されると,物質が急速にブラックホール周りに広がり,系が軸対称に近づく.すると連星としての性質が失われ,急激に重力波の振幅が小さくなる (図 5.13 下段参照).

この特徴は,重力波のフーリエ変換, $\hat{h}(f)$, を解析するとより明確になる.実効振幅 $h_{\text{eff}} = |f\hat{h}(f)|$ は,潮汐破壊の起きる重力波周波数 f_{cut} までは,近似的には $f^{-1/6}$ に比例して変化するが [(4.9) 式参照], f_{cut} を超えると急速にゼロに近づくからである.図 5.14 にその例を示した.この図のモデルでは,いずれの場合も,ブラックホールと中性子星の質量はそれぞれ $9.45 M_\odot$ と $1.35 M_\odot$ で,ブラックホールのスピンパラメータは $\chi = 0.75$ であるが,状態方程式だけは曲線ごとに異なる.そのため,潮汐効果が重要にならない低周波数側では,モデル間でスペクトル

5.5 ブラックホール・中性子星連星の合体時に放射される重力波

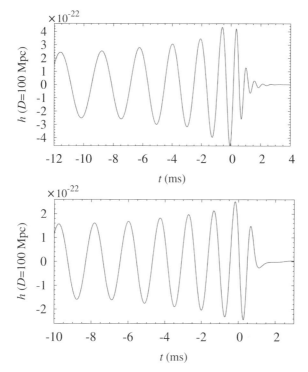

図 5.13 上段: 質量が大きく, スピンがゼロのブラックホールと中性子星が合体するときに放射される重力波. $t \approx 0$ 付近で, 中性子星がブラックホールに飲み込まれ, その後, ブラックホールの準固有振動に付随した減衰振動が励起されている. この例では, 中性子星とブラックホールの質量がそれぞれ, $1.35 M_\odot$, $6.75 M_\odot$ で, 中性子星の半径が 15.2 km である. 下段: 質量が小さく, スピンがゼロのブラックホールと中性子星が合体するときに放射される重力波. ブラックホールに飲み込まれる前に中性子星が潮汐破壊されるため, チャープ波形から急激に振幅が減衰する. $t \approx 0$ で潮汐破壊が起きている. この例では, 中性子星とブラックホールの質量がそれぞれ, $1.35 M_\odot$, $2.7 M_\odot$ で, 中性子星の半径が上と同じく 15.2 km である. 両図とも, 重力波源までの距離を 100 Mpc として, 軌道面に対して垂直方向から重力波を観測していると仮定. K. Kyutoku et al., Physical Review D **82**, 044049 (2010) のデータを一部使用.

に大きな違いは見られない. しかし, 高周波数側では大きな違いが生じる. この例では, 状態方程式が APR4 の場合には, 潮汐破壊が微弱にしか起きないが, その他の状態方程式では, 潮汐破壊が起きており, 中性子星の半径が大きいほど, それはより大きな軌道半径, つまり, より低い重力波周波数で起きる. その結果が, スペクトルに見事に反映されている.

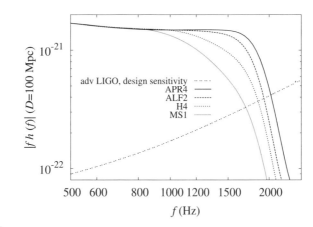

図 5.14 ブラックホール・中性子星連星が合体するときに放射される重力波のスペクトル (実効振幅)$|f\hat{h}(f)|$ を, Advanced LIGO の設計目標感度とともに表示. この例では, 全てのモデルで, 中性子星とブラックホールの質量がそれぞれ $1.35M_\odot$, $9.45M_\odot$, ブラックホールのスピンパラメータが $\chi = 0.75$ だが, 中性子星の状態方程式だけが異なる. 状態方程式 APR4, ALF2, H4, MS1 に対して, 中性子星の半径はそれぞれ, 11.1, 12.4, 13.6, 14.4 km である. この図でも, 重力波源までの距離を 100 Mpc として, 軌道面に対して垂直方向から重力波を観測していると仮定. K. Kyutoku et al., Physical Review D **92**, 044028 (2015) のデータを使用.

前節で述べたように, 潮汐破壊は, 近似的に言えば, ブラックホールによる潮汐力と中性子星の自己重力が, 中性子星表面で等しくなったときに始まる. つまり, 潮汐破壊が起きるときの軌道半径は, 近似的に,

$$r = c_t R \left(\frac{2M_{\rm BH}}{M_{\rm NS}}\right)^{1/3} \tag{5.8}$$

と書ける. 軌道角速度は, 近似的には, $\sqrt{G(M_{\rm BH} + M_{\rm NS})/r^3}$ と書けるので, 放射される重力波の周波数は近似的に, 以下のようになる:

$$\begin{aligned}
f_{\rm cut} &= \frac{1}{\pi}\left(\frac{GM_{\rm NS}}{2c_t^3 R^3}\right)^{1/2}\left(\frac{M_{\rm BH}+M_{\rm NS}}{M_{\rm BH}}\right)^{1/2} \\
&= 1.1\,{\rm kHz}\left(\frac{c_t}{1.6}\right)^{-3/2}\left(\frac{M_{\rm NS}}{1.35M_\odot}\right)^{1/2}\left(\frac{R}{12\,{\rm km}}\right)^{-3/2}\left(1+\frac{M_{\rm NS}}{M_{\rm BH}}\right)^{1/2}.
\end{aligned} \tag{5.9}$$

c_t も $(M_{\rm BH}+M_{\rm NS})/M_{\rm BH}$ も, 1 より少々大きい量にすぎないので, $f_{\rm cut}$ は本質的には, 中性子星のダイナミカル・タイムスケール, $(G\bar{\rho})^{-1/2}$, で決まることがわか

る ($\bar{\rho}$ は, 中性子星の平均密度 $3M_{\rm NS}/(4\pi R^3)$ を表す). したがって, 潮汐破壊時に放射される重力波の周波数は, ブラックホールのパラメータに強く依存せず, 中性子星固有の性質で決まる. 事実, 数値相対論の結果を見ると, ブラックホールのパラメータによらず, $f_{\rm cut}$ はおよそ 1–2 kHz になる. それゆえ, 潮汐破壊時の重力波の周波数が測定されれば, 中性子星の状態方程式に関する情報が得られる. 図 5.14 が示すように, 特に, 中性子星の半径が大きい場合には, 潮汐破壊時の重力波の周波数は 1 kHz 以下になり, 重力波望遠鏡の感度が比較的良い周波数帯域で潮汐破壊が起きる. ブラックホール・中性子星連星の合体が我々から 100 Mpc 以内の距離で起きれば, $f_{\rm cut}$ が決定できる可能性がある.

潮汐破壊現象を観測しやすいパラメータについて, もう少し考察しよう. 重力波振幅はチャープ質量の 5/6 乗に比例して増える [(4.9) 式参照]. ブラックホールの質量が中性子星の質量の Q 倍とすると, 与えられた中性子星の質量に対して, チャープ質量はブラックホールの質量とともに $Q^{3/5}/(1+Q)^{1/5} \approx Q^{2/5}$ に比例して増える. したがって, 大質量のブラックホールの方が, 重力波を観測する上で都合が良い. 他方, ブラックホールの質量が大きいと, 潮汐破壊が起きにくくなる. 前節で述べたように, その場合に潮汐破壊が起きるには, ブラックホールのスピン (特に軌道角運動量方向のスピン成分) が大きくなくてはならない. つまり, スピンの大きな大質量ブラックホールと中性子星の連星で潮汐破壊が起きる現象を観測するのが, $f_{\rm cut}$ を決定するのに最も適している.

Chapter 6

大質量星の重力崩壊と重力波

　初期質量が約 $10M_\odot$ 以上の恒星は,一生の最後に重力崩壊を起こし,その中心には中性子星またはブラックホールが形成される (1.3.1 節, 1.5.3 節, 1.6 節参照).それらの形成過程がもしも非球対称に進むのであれば,重力波が放射される.重力波の特徴的な周波数は,中性子星が形成されるのならば,その自転速度や内部構造,ブラックホールならば質量やスピンに依存するが,いずれの場合も 100 Hz–数 kHz 程度と予想されている.よって,高周波数重力波源の有力候補の1つである.そこで本章では,重力崩壊現象に付随して放射される重力波の特徴について概観する.

6.1 原始中性子星が形成される場合に放射される重力波

　1.6 節で,重力崩壊型超新星の爆発機構や原始中性子星の誕生過程について述べたが,本節では,これらに付随して放射が予想される重力波の特徴について述べる.以下では,超新星爆発の各過程における重力波の振幅と周波数を,4 重極公式 (2.30) を用いて大まかに評価していく.

6.1.1 原始中性子星形成時

　標準的な質量の鉄の中心核が重力崩壊する場合,中心密度が原子核密度を超えると重力崩壊が止まり,原始中性子星が形成される.原始中性子星はその直後に,大きな振幅で振動する.この過程が非球対称に進めば,重力波が放射される.そこで,4 重極公式 (2.30) を用いて,重力波の最大振幅を求めてみよう.4 重極モーメントの 2 階時間微分の大きさは,近似的に以下のように評価される:

$$|\ddot{I}_{ij}|_{\max} \sim \frac{1}{2}\kappa_R MR^2(2\pi f)^2. \tag{6.1}$$

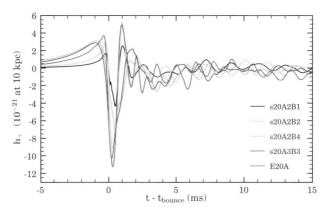

図 6.1 自転する原始中性子星形成直後に放射されると予想される典型的な重力波波形. 横軸が原始中性子星誕生時を原点とした時間, 縦軸が重力波の振幅を表す. 5つの異なるモデルに対する波形が示されている. C. D. Ott et al., Physical Review Letters **98**, 161101 (2007) より転載.

ここで, M, R, f は, 原始中性子星の質量, 半径, および放射される重力波の典型的な周波数を表す. z 軸を回転軸とした場合, κ_R は $(I_{xx} + I_{yy})/MR^2$ で定義される無次元量で, 原始中性子星の密度分布に依存するが, 0.1–0.2 程度の値を取る. 軸対称性を保ったまま重力崩壊が進むとすれば, (2.32) 式より, 重力波の振幅は次のように評価できる:

$$h_{\max} \sim 6 \times 10^{-21} \left(\frac{10\,\mathrm{kpc}}{D}\right)\left(\frac{\kappa_R}{0.1}\right)\left(\frac{\delta_I}{0.1}\right)$$
$$\times \left(\frac{M}{1.4 M_\odot}\right)\left(\frac{R}{20\,\mathrm{km}}\right)^2 \left(\frac{f}{1\,\mathrm{kHz}}\right)^2. \qquad (6.2)$$

以前同様, D は我々までの距離を表す. また, $\delta_I := |1 - 2I_{zz}/(I_{xx} + I_{yy})|$ は, 原始中性子星の偏平度を表す 1 以下の量である (球対称系では $\delta_I = 0$). 原始中性子星の自転速度が大きいほど δ_I は大きくなり, 重力波の振幅も上がる. ただし, δ_I を大きくするには, 超新星爆発の親星が高速で自転している必要がある.

図 6.1 は, 数値相対論によるシミュレーションで導出された重力波の波形例である. 自転する原始中性子星の誕生直後に放射される, 典型的な波形が示されている. 原始中性子星誕生時に星全体が大きく振動するのに伴い, 大きな振幅の重力波が放射された後に, 徐々に振幅が減衰していくのが特徴である. なお, 最大振幅は (6.2) 式の評価とほぼ一致する.

図 6.1 が示すように, 重力波は準周期的に放射される. これは, 原始中性子星の

最も基本的な流体振動モードが強く励起されるためである.その周波数は,原始中性子星の大局的構造(質量と半径)を反映しており,およそ,

$$f \sim \frac{1}{2\pi}\sqrt{\frac{GM}{R^3}} \approx 770\,\text{Hz}\left(\frac{M}{1.4M_\odot}\right)^{1/2}\left(\frac{R}{20\,\text{km}}\right)^{-3/2}, \quad (6.3)$$

と見積ることができる.この値は原始中性子星の状態方程式や自転角速度に依存するが,1 kHz 程度と思えばよい.この種の重力波は,周波数が高く振幅が小さいので,運良く我々の銀河系内や近傍の銀河内で発生する場合にのみ,Advanced LIGO などの現在稼働中の重力波望遠鏡の観測対象になる(図 3.5 参照).

6.1.2 対流やニュートリノ放射に付随して放射される重力波

原始中性子星が形成された直後に衝撃波が発生するが,1.6.1 節で述べたように,それはやがて定在衝撃波に落ち着いてしまう.これを再び外向きに動き出させ超新星爆発を起こすには,何らかの駆動力が必要だが,最も期待される効果が原始中性子星から放射されるニュートリノによる加熱である.このニュートリノ放射およびニュートリノ加熱の影響を受け,原始中性子星周辺では,非球対称かつ非定常な運動が発生し,重力波が放射される.さらに,ニュートリノ自身の非等方的放射によっても,重力波が放射されうる.以下ではまず,ニュートリノの役割と関連付けながら,重力波の放射過程を説明する.

ニュートリノ放射は対流を引き起こす原因になるが,重力波放射を引き起こす役割を担う対流は 2 つある.1 つは,即時原始中性子星対流と呼ばれるものである.これは,原始中性子星誕生直後に発生した衝撃波が,原始中性子星の表面近傍に存在するニュートリノ球(図 1.16 参照)を通過した後に,大量のニュートリノがニュートリノ球近傍から放射されるため発生する(ニュートリノバーストと呼ばれる).ニュートリノ放射により衝撃波背面でエントロピーが失われるので,原始中性子星の表面と衝撃波面の間に負のエントロピー勾配が生じてしまうため,対流不安定になるからである.この対流運動により重力波が放射されるが,その重力波の振幅は 6.1.1 節の重力波ほどには大きくはならない.この重力波放射は,数十ミリ秒継続する.

衝撃波が定在衝撃波に落ち着いた後は,ゲイン半径(図 1.16 参照)上部付近に対するニュートリノ加熱によって対流が発生する.この対流は,ゲイン半径から定在衝撃波に向かって起きる.そのため,定在衝撃波にエネルギーを与えると同時に

6.1 原始中性子星が形成される場合に放射される重力波

非球対称の歪みを与えるが, この歪んだ定在衝撃波に外縁部から物質が落下するときに渦が発生する. これはその後, 中心に向かって落下し, 原始中性子星表面で散逸されるが, このときに原始中性子星は, g モード振動と呼ばれる非球対称振動を起こす. この非球対称振動によって, 重力波が放射される. なお, g モードとは, gravity-wave (重力波: 本書の主題の重力波とは別物) モードのことで, 密度や組成の不連続面が存在するときに, その面に沿って伝わる横波の流体波を指す. 本書の主題である時空のさざ波とは異なるが, 横波である点が同じである (一方, 音波は縦波である).

g モード振動による重力波も, (6.2) 式と同様に, 以下で見積ることができる:

$$h_{\max} \sim 1 \times 10^{-22} \left(\frac{10\,\text{kpc}}{D}\right) \left(\frac{\kappa_R}{0.1}\right) \left(\frac{\delta_I}{0.1}\right)$$
$$\times \left(\frac{\delta M}{0.01 M_\odot}\right) \left(\frac{R}{20\,\text{km}}\right)^2 \left(\frac{f}{1\,\text{kHz}}\right)^2. \quad (6.4)$$

ここで, δM は g モード振動に寄与する質量を表している. 振幅の大きな重力波を発生させるには, 中性子星を揃った形に首尾一貫して振動させる必要があるが, 中性子星の全領域に対してそれを実現させるのは難しいので, 質量を小さく見積っている. なお, g モード振動の周波数も, 数百 Hz–1 kHz 程度である.

対流や 1.6.2 節で説明した定在衝撃波不安定性 (SASI) の効果で, やがて, 定在衝撃波が膨張に転じると, 重力波の振幅がゼロから単調に離れていく. これは, 物質が非球対称に運動する効果によって, $2\ddot{I}_{zz} - \ddot{I}_{xx} - \ddot{I}_{yy}$ がゼロからずれるために起きるが, その大きさは次式程度である:

$$\frac{G}{c^4 D} \delta M_{\exp} v_{\exp}^2 \sim 5 \times 10^{-22} \left(\frac{10\,\text{kpc}}{D}\right) \left(\frac{\delta M_{\exp}}{0.01 M_\odot}\right) \left(\frac{v_{\exp}}{0.1c}\right)^2. \quad (6.5)$$

ここで, $\delta M_{\exp}$ は膨張成分の非球対称要素の質量を, $v_{\exp}$ はその典型的な速度を表す. このように単調に増減する重力波成分は, メモリ成分と呼ばれる.

メモリ成分は, ニュートリノ放射によっても生じる. ニュートリノのように (ほぼ) 光速で運動する粒子が非球対称に放射されるときに, 付随して放射される重力波は, 以下の式で計算できる:

$$h_{ij}^{\text{TT}}(t, x^i) = \frac{4G}{c^4 D} \int_{-\infty}^{t-D} dt' \int d\Omega' \frac{(\bar{n}_i \bar{n}_j)^{\text{TT}}}{1 - \cos\theta} \frac{dL_\nu(\Omega', t')}{d\Omega'}. \quad (6.6)$$

ここで, L_ν がニュートリノの光度, $\bar{n}_i$ がニュートリノ放射方向の単位ベクトル, Ω' が放射方向の立体角, をそれぞれ表す. (6.6) 式に対して次元解析を行うと

$$h_{\max} \sim 1 \times 10^{-21} \left(\frac{10\,\text{kpc}}{D}\right) \left(\frac{\Delta E_\nu}{10^{52}\,\text{erg}}\right) \left(\frac{\epsilon_\nu}{0.01}\right), \tag{6.7}$$

を得る. ここで, ΔE_ν と ϵ_ν は, 放射されたニュートリノのエネルギー総量とその非球対称性の度合いを表す. (6.7) 式が示すように, この効果による振幅は, 他の成分と同程度に大きく無視できないが, 振幅はゆっくりと, かつ単調に時間変化するので, 周波数空間 (フーリエスペクトル) で見ると, 放射されるのは低い周波数 (10 Hz 以下) の重力波が主である. したがって, ニュートリノ放射による重力波は, 有力な観測対象にはならない.

1.6 節で述べたように, これらの知見は, 球対称を仮定しないシミュレーション研究によって得られた. 2010 年代前半までは, 主に軸対称性を仮定したシミュレーションが行われ, 2015 年頃からは対称性を仮定しないシミュレーションが行われるようになった. 軸対称性を仮定すると, 中性子星は軸方向に揃った振動をしやすいので, (6.4) 式と (6.5) 式の δM や $\delta M_{\exp}$ は大きな値になった. その結果, つい最近までは, 仮に我々の銀河系中心で超新星爆発が起きれば, それは Advanced LIGO などで観測可能とされていた. しかし, 最近になって対称性を仮定しないシミュレーションが実行されるようになると, 理解は一変した. 中性子星が揃った方向には振動しないことがわかったからである. その結果, 最近では, 仮に我々の銀河系中心で超新星爆発が起きても, 対流起源の重力波を Advanced LIGO などで観測するのは難しいだろう, と結論されている.

したがって, 親星が高速で自転している場合を除いて, 超新星爆発では, コンパクト星連星の場合ほど大きな振幅の重力波が期待できない. さらに厄介なのは, 発生する重力波の波形を正確に予想するのが難しいことである. 信号対雑音比がさほど大きくない重力波を検出するには, 波形に対する正確なテンプレートが必要になるが, 超新星の爆発機構や高密度下での核物質の状態方程式など不明な点が多いため, 中性子星形成時に放射される重力波の正確な波形を知ることは難しい. したがって, 振幅が大きいとは言えない, 超新星起源の重力波を, 重力波単独で検出するのは容易ではない.

他方, 超新星爆発は, 電磁波, あるいは (重力波が検出できるほどの) 近傍で起きれば, ニュートリノによって, 観測しやすい対象である. したがって, 重力波主体で観測することを想定するよりも, むしろ, 電磁波やニュートリノによる観測の後に, 重力波が到来していたかどうか解析することを念頭に置いた方がよい. 重力

波以外の観測結果によって、あらかじめ発生時刻と方向が正確に求まれば、重力波のデータ解析に有利になり、検出可能性が高まるからである。ただし、上で述べたように、予想される重力波の振幅は、親星が高速で自転していない限り、非常に小さいだろう。

6.2 ブラックホール形成に伴う重力波

大質量星が重力崩壊した後に、原始中性子星が誕生したとしても、超新星爆発によって十分に外層の物質を吹き飛ばすことができなかったり、あるいは重力崩壊前の鉄の中心核が非常に重くて、原始中性子星が支えうる最大質量を超えている場合には、ブラックホールが誕生する。

図 6.2 に、重力崩壊後にブラックホールが即座に誕生する場合の重力波の波形を示す (正確には、重力波の 2 階時間微分を表示)。この例では、比較的大きなスピンパラメータを持つブラックホールが誕生する場合を示している。2.7 節で紹介したように、ブラックホールが形成される場合には、その準固有振動に付随した重力波が放射されるが、$t > 0$ に対する波形がまさにそれに対応する。

図 6.2 の重力波波形をフーリエ変換して得られた実効振幅を、図 6.3 に示す。誕生するブラックホールの準固有振動モードに対応する周波数にピークを持つ、特徴的なスペクトルが得られる。このピークに対応する周波数は、(2.55) 式で求めたものとおおむね一致している。ここで示したスペクトルの形は、連星ブラックホールの合体の場合と同様、ブラックホールの誕生に伴って放射される重力波に対して普遍的に見られる。

(2.67) 式を用いれば、放射される全エネルギー $\Delta E (= \epsilon_E M c^2)$ に対して、最大振幅を以下のように見積ることができる:

$$h_{\max} \approx 4 \times 10^{-23} \left(\frac{50\,\mathrm{Mpc}}{D}\right) \left(\frac{\epsilon_E}{10^{-6}}\right)^{1/2} \\ \times \left(\frac{M}{10 M_\odot}\right)^{1/2} \left(\frac{f_{\mathrm{qnm}}}{1.2\,\mathrm{kHz}}\right)^{-1} \left(\frac{t_{\mathrm{qnm}}}{0.6\,\mathrm{ms}}\right)^{-1/2}. \quad (6.8)$$

数値相対論シミュレーションによると、誕生するブラックホールのスピンパラメータ χ が 0.5–0.7 であれば、ϵ_E は 10^{-6} 程度になる。この評価による値と図 6.3 で示された値は、因子 2 以内の差で一致している。

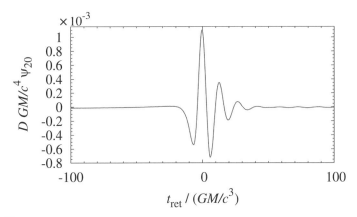

図 6.2 自転する大質量星が，重力崩壊後に直接ブラックホールを誕生させるときの重力波の波形例．この例では，誕生したブラックホールのスピンパラメータは $\chi = 0.68$ である．波形は，質量によらず普遍性を持つ．横軸は，ブラックホールの質量を M としたときに，GM/c^3 を単位にした時間を表す（例えば，$M = 10 M_\odot$ の場合，$GM/c^3 \approx 0.0493\,\mathrm{ms}$)．縦軸は，重力波の振幅の時間 2 階微分 ($\ddot{h}$) に対応する量 ($\Psi_{20}$) に波源までの距離 D と GM/c^4 を掛けた無次元の量を示している．ブラックホールの自転軸と垂直な方向から観測した場合を想定．重力波の振動周期がおよそ 17 (GM/c^3) なので，縦軸にこれの 2 乗を掛け，D/c で割れば，重力波の近似的な振幅が得られる．

恒星サイズのブラックホールの誕生を想定し，$M = 10 M_\odot$ とすれば，ブラックホール誕生時に発生する重力波の最大振幅に対応する周波数は，中性子星が誕生する場合と同程度 ($\sim 1\,\mathrm{kHz}$) だが，最大振幅の値は，中性子星が誕生する場合よりも，1 桁程度大きい．したがって，ブラックホール誕生時に放射される重力波の方がより観測しやすそうに思えるが，ブラックホールの形成頻度は，中性子星に比べれば低いと予想される．1 年に 1 回の発生頻度を要求するならば，$D \gtrsim 40\,\mathrm{Mpc}$ 程度を想定する必要がある．したがって，期待される h_max の典型的な値は 10^{-22} 以下と推定される．よって，運良く近傍の銀河内でブラックホールが誕生しない限りは，超新星爆発の場合同様，観測は容易ではないだろう．

他方，図 6.3 で示したように，質量が $100 M_\odot$ を超えるような中間質量ブラックホールが誕生する場合には，振幅のピークに対応する周波数が下がるため，観測可能性がはるかに上がる．中間質量ブラックホールが，近傍宇宙でどの程度の頻度で誕生するのか全くわからないが，もしも，$300 M_\odot$ 程度の自転するブラックホールが，$100\,\mathrm{Mpc}$ 以内で誕生するようなことがあれば，Advanced LIGO で十分に観

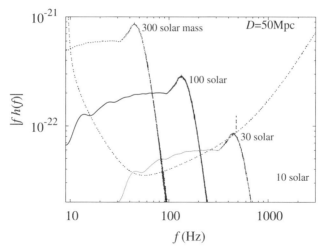

図 6.3 図 6.2 の重力波をフーリエ変換して得られた実効振幅 $|f\hat{h}(f)|$. ブラックホールの質量が, 300, 100, 30, $10M_\odot$ の場合を表示. 重力波源までの距離を 50 Mpc と仮定している. 2 点点線は, Advanced LIGO の設計目標感度を表す.

測可能である.

6.3 高速で自転する原始中性子星からの重力波

中性子星が自転していても, 軸対称定常状態にあれば重力波を放射しない. しかし, 高速で自転していると話が異なる. 回転運動エネルギーが十分に大きい星は, 非軸対称摂動に対して不安定化し, 大きく変形しうるからである. 非軸対称形状を持てば, 一般的には, 中性子星は重力波を放射する.

高速回転星の不安定性は, 異なるメカニズムで引き起こされる 2 つのクラスに分類される (詳しくは文献 [6, 11] 参照). 1 つは, ダイナミカル不安定性である. この不安定性では, エネルギーを失うような散逸機構が存在しなくても, 系のダイナミカル・タイムスケールで摂動が指数関数的に成長する. もう 1 つはセキュラー不安定性と呼ばれる. これは, 元の状態よりもエネルギーの低いより安定な状態が存在する場合に, 重力波や粘性の影響でエネルギーが失われれば発現する. この不安定性では, 散逸にかかる時間スケールで, ゆっくりと摂動が成長する. 原始中性子星に対して詳しく調べられてきたのは, 前者のダイナミカル不安定性である.

自転の速さを判断するのに便利な量は, 回転運動エネルギー $T_{\rm rot}$ と重力ポテン

シャルエネルギー W の比 $|T_{\rm rot}/W|$ である．これが大きいと，回転星は不安定化しやすい．セキュラー不安定性とダイナミカル不安定性が発生する $|T_{\rm rot}/W|$ の閾値は，それぞれ，約 0.14 と 0.27 とかつては考えられていた．これは，星が一様に回転していれば正しい．しかし，流体シミュレーションが広く行われるようになると，一般の回転則に対しては，この条件が必ずしも正しいわけではないことが判明した．特に，極端な度合いで差動回転している場合 (特に中心付近で高速回転している場合) には，閾値が小さくなり，$|T_{\rm rot}/W| < 0.1$ でも，セキュラー不安定性やダイナミカル不安定性が発生しうることがわかっている．つまり，回転プロファイルも，安定性には重要な要素である．

大質量星の中心核が超新星爆発直前に十分大きな回転運動エネルギーを保持していれば，重力崩壊の結果，高速回転する原始中性子星が誕生する可能性がある．重力崩壊中に，流体の各要素の角運動量は近似的には保存するので，半径 R が減少するのに伴って，$T_{\rm rot}$ は大雑把には，R^{-2} に比例して大きくなると考えられる．一方，$|W|$ は近似的に R^{-1} に比例する．したがって，$|T_{\rm rot}/W|$ は近似的には R^{-1} に比例する．事実，重力崩壊のシミュレーションによれば，$|T_{\rm rot}/W|$ は重力崩壊中に半径の減少に伴って 10–30 倍程度増加することがわかっている．また，中心付近の方がより高速で回転しやすい．それゆえ，重力崩壊前に $|T_{\rm rot}/W|$ が 0.01 程度であれば，重力崩壊後に形成される原始中性子星は，非軸対称変形に対して不安定化する可能性がある．

原始中性子星の非軸対称変形モードの中で，最も強く現れるモードはバーモードである，とかつては考えられていた．バーモードとは，180 度の回転対称性がある，楕円体変形モードのことである．最近は，それよりもむしろ，渦状腕モードと呼ばれる，非対称モードの方が現れやすいのではないかと推測されている．この不安定モードでは，原始中性子星の周りに渦状の密度ゆらぎが成長する (渦巻きのような構造を想像していただきたい)．このモードは，原始中性子星の外縁部に差動回転が存在すると発現しやすいのだが，誕生当初の原始中性子星には，そのような速度場がまさに存在しやすい．

非軸対称変形した中性子星は重力波を放射する．その周波数は，非軸対称形状の回転角速度で決まる．その回転角速度は，必ずしも原始中性子星の流体要素の典型的回転角速度と等しい必要はなく，むしろそれよりは遅い：中性子星の最大回転角速度 (およそ $\sqrt{GM/R^3}$) に比べれば，はるかに遅い．重力波の周波数はこの回

6.3 高速で自転する原始中性子星からの重力波

転角速度に比例するので, 比較的低周波数 (数百 Hz 程度) の重力波が発生しうる.

非軸対称変形モードは, 原始中性子星が回転運動エネルギーを失うとともに, その振幅を減衰させる. 仮に, 重力波放射が回転運動エネルギーの散逸に対する主要因だとすれば, 非軸対称変形モードは, 重力波放射とともに減衰し, 最終的には重力波を放射しない定常な形状へと落ち着くはずである.

そこで, この仮定のもとで, 放射される重力波のスペクトルを近似的に導出しよう. (2.38) 式を用いれば, 重力波の振幅は次式で見積ることができる:

$$h \sim \delta_I \frac{G\kappa_R M v^2}{c^4 D}. \tag{6.9}$$

ここで簡単のため, $v \sim 2\pi f R$ を非軸対称モードの回転速度とおいた. f, D, κ_R, δ_I などの量の定義は, (6.2) 式と同じである.

(6.9) 式で与えたのは, 実空間で見た最大振幅である. 実際の観測においては, 長時間にわたって連続的にデータが取得される. 非軸対称変形モードの振幅は極端に大きくはないので, 重力波光度はそれほど高くない. そのため, 重力波放射の時間スケールは, 変形モードの回転周期に比べれば十分に長い. したがって, ほぼ同じ周波数を持つ重力波が繰り返し放射されるので, 重力波の振幅は, 合体前のコンパクト星連星と同様に, 実効的に増幅される. 4.1 節で見たように, 放射される重力波のサイクル数を N とすれば, 実効振幅は $h\sqrt{N}$ 程度になる. ここで N は, 重力波放射の継続時間を τ とすれば, $f\tau$ で近似的に与えられる. τ は, 重力波放射によって原始中性子星の回転運動エネルギーが失われる時間スケールに等しいので, 回転運動エネルギー $T_{\rm rot}$ を重力波光度で割ることによって

$$\begin{aligned}\tau &\sim \frac{T_{\rm rot}}{(dE/dt)_{\rm GW}} \sim \frac{5c^5}{2G}\delta_I^{-2}[\kappa_R M R^2 (2\pi f)^4]^{-1} \\ &\sim 50\,{\rm s}\left(\frac{\delta_I}{0.1}\right)^{-2}\left(\frac{\kappa_R}{0.1}\right)^{-1}\left(\frac{M}{1.4M_\odot}\right)^{-1}\left(\frac{R}{20\,{\rm km}}\right)^{-2}\left(\frac{f}{1\,{\rm kHz}}\right)^{-4},\end{aligned} \tag{6.10}$$

と大雑把に評価できる. ただし, $T_{\rm rot} \sim \kappa_R M R^2 (2\pi f)^2/2$, および

$$\left(\frac{dE}{dt}\right)_{\rm GW} \sim \frac{G}{5c^5}\delta_I^2 \left[\kappa_R M R^2 (2\pi f)^3\right]^2, \tag{6.11}$$

を用いた [$(dE/dt)_{\rm GW}$ の評価には (2.36) 式を用いた]. すると実効振幅は,

$$h_{\rm eff} \sim \frac{R}{D}\sqrt{\frac{5GMf\kappa_R}{2c^3}}$$

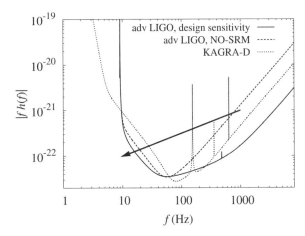

図 6.4 Advanced LIGO や KAGRA の感度に対する，非軸対称変形した高速回転原始中性子星からの重力波の予想スペクトル．$D = 20\,\mathrm{Mpc}$, $M = 1.4 M_\odot$, $R = 20\,\mathrm{km}$ と仮定した．周波数が下がるにつれ，重力波の実効振幅は $f^{1/2}$ に比例して減少する．始点の周波数は数百 Hz–1 kHz になると予想される．Advanced LIGO と KAGRA の感度曲線については図 3.5 の説明文を参照のこと．

$$\approx 10^{-21} \left(\frac{20\,\mathrm{Mpc}}{D}\right) \left(\frac{\kappa_R}{0.1}\right)^{1/2} \left(\frac{R}{20\,\mathrm{km}}\right) \left(\frac{M}{1.4 M_\odot}\right)^{1/2} \left(\frac{f}{1\,\mathrm{kHz}}\right)^{1/2}, \tag{6.12}$$

になる．面白いことに，δ_I には依存しない．歪みが大きいと h は大きくなるのだが，他方で散逸にかかる時間スケール τ が短くなり，N が小さくなってしまう，という性質のためである．また，h_eff が $f^{1/2}$ に比例する点も特徴的である．

少々手の込んだモデルを採用し，より詳しい解析を行っても，得られる結果は，(6.12) 式と定量的に大きくは変わらない．よって，スペクトル (実効振幅) は，図 6.4 の左下がりの斜め線のようになると予想される．不安定性が発生した時点での重力波の周波数は，数百 Hz–1 kHz 程度と予想される．その後，重力波放射に伴って非軸対称変形モードの回転速度が小さくなるので，周波数が低くなる．また (6.12) 式にしたがって，$f^{1/2}$ に比例して振幅も変化する．図 6.4 は，数十 Mpc 以内で高速回転原始中性子星が誕生すれば，放射される重力波は，Advanced LIGO で検出可能かもしれないことを示唆している．

ただし，一点注意が必要である．この解析にあたって，我々は，原始中性子星の回転運動エネルギーが重力波放射によってのみ散逸される，と仮定した．これは正

しくないかもしれない．磁気流体効果や流体素片間に働くトルクによっても，原始中性子星から角運動量が失われ，回転運動エネルギーが減少しうるからである．これらの効果が支配的ならば，重力波の実効振幅は，(6.12) 式で示したものよりもはるかに小さいことになる．この点を明らかにするには，原始中性子星の進化を長時間にわたって調べるシミュレーションが必要だが，今のところ，そのような研究例はない．これは今後の研究課題である．

Chapter 7

飛翔体を用いた重力波望遠鏡に対する重力波源

　この章では, 0.1–100 mHz の周波数帯域に放射を起こす重力波源について述べる. この種の重力波源は, 飛翔体を用いた重力波望遠鏡の観測対象であり, LISA が稼働予定の 2030 年代以降, 飛躍的に理解が進むと期待できる.

7.1　我々の銀河系内の連星白色矮星

　中性子星やブラックホールのみからなる連星に限らず, 白色矮星や恒星からなる連星系からも重力波は放射される. ただし, 白色矮星や恒星はコンパクトではないので, 連星軌道半径は天体の重力半径に比べて大きく, その結果, 軌道速度が光速度に比べて十分に小さいので, コンパクト星連星ほどには重力波振幅は大きくならない. しかしコンパクト星連星に比べれば, 存在数が桁違いに多い. 太陽系近傍 1 kpc 以内に限定しても多数存在するので, 観測的観点から言えば, 十分な振幅を持つ重力波源になる. もっとも, 軌道半径が大きいため, 重力波の周波数は低く, Advanced LIGO や KAGRA では観測できない. LISA のように低周波数帯域に感度を持つ重力波望遠鏡でのみ, 観測可能である. 特に LISA の周波数帯域では, 白色矮星同士の近接連星が重力波源になる.

　連星が円軌道にあると仮定すれば, 振幅や周波数は, (2.41) 式と (4.2) 式を用いて, それぞれ以下のように導出される:

$$h_{\max} = 1.0 \times 10^{-21} \left(\frac{M}{1.2 M_\odot}\right) \left(\frac{\mu}{0.3 M_\odot}\right) \left(\frac{r}{10^5 \,\mathrm{km}}\right)^{-1} \left(\frac{D}{1\,\mathrm{kpc}}\right)^{-1},$$

$$f = 4.0 \left(\frac{M}{1.2 M_\odot}\right)^{1/2} \left(\frac{r}{10^5 \,\mathrm{km}}\right)^{-3/2} \,\mathrm{mHz}. \tag{7.1}$$

典型的な値を選ぶにあたっては, 白色矮星の典型的な質量が観測的に約 $0.6 M_\odot$ であること, また質量が $0.6 M_\odot$ の白色矮星の半径が約 1 万 km なので, 近接連星の

7.1 我々の銀河系内の連星白色矮星

特徴的軌道半径 r が 10 万 km 程度であることを想定した. また, 我々の銀河系内に数多く存在する連星であることを考慮して, 波源までの距離 D を 1 kpc とした.

連星白色矮星は, 重力波放射の結果, 軌道半径を縮めるが, 合体までにかかる時間 t_0 は, 近接連星だとしても $14.8(r/10^5\,\mathrm{km})^4(M/1.2M_\odot)^{-2}(\mu/0.3M_\odot)^{-1}$ 万年, と大変に長い [(2.47) 式参照]. 4.1 節で述べたように, そのような重力波源に対しては, ほぼ一定の周波数の重力波を検出器が繰り返し観測するため, 重力波の実効振幅 h_eff は h_max よりもはるかに大きくなる. ただし, 10 万年を超えるような t_0 の間, 観測し続けることは不可能なので, (4.9) 式をそのまま用いることはできない. 仮に観測期間を 1 年と仮定すれば, 観測される重力波のサイクル数 N は近似的に,

$$N = f \times 1\,\text{年} \approx 1.3 \times 10^5 \left(\frac{M}{1.2M_\odot}\right)^{1/2} \left(\frac{r}{10^5\,\mathrm{km}}\right)^{-3/2} \tag{7.2}$$

になる. $h_\mathrm{eff} \approx h_\mathrm{max}\sqrt{2N/3}$ なので (4.1 節参照), $D = 1\,\mathrm{kpc}$ の重力波源に対して, 3×10^{-19} 程度の実効振幅が見込まれる. よって, LISA で十分に観測可能な重力波源になる (図 3.7 参照).

しかし, 実際のところ, 連星白色矮星が, 常に観測対象の重力波源になるかと言えばそうではない. その理由は, 銀河系内に存在する連星白色矮星の数は 1 よりもはるかに大きいため, 多数の重力波源からの重力波がまとまって観測されてしまうからである. LISA の周波数解像度は, 観測時間の逆数で決まり, $10^{-8}\,\mathrm{Hz}$ 程度になる. したがって, 1 mHz の周波数空間は, 10 万個ほどの区間に分割される. ここで, 連星白色矮星の場合, 周波数約 1 mHz 以下の重力波を放射するものが大量に存在すると推定される. 観測期間中に周波数をあまり変化させない連星白色矮星からの重力波が, 分割された各周波数区間内に複数存在すると, 個々を分離して観測できなくなる. 振幅が小さく, 個別に特定できない多数の重力波が交じった場合, それは背景放射 (あるいは前景放射) になる. 背景放射は, それ自身の統計的性質に興味がある場合を除き, 重力波源として振る舞うのではなく, むしろ, 他の重力波の観測を妨げる雑音として振る舞う.

系外銀河に存在する, 多数の連星白色矮星による背景放射も, 観測において無視できない可能性がある. なぜならば, 重力波の振幅が距離に反比例して減衰するのに対して, 重力波源の個数 N_g は, 銀河が宇宙全体で一様に分布しているとすれば, 距離の 3 乗に比例して増加するからである. 一様に分布している波源からラ

ンダムに重力波が放射されれば，トータルの振幅は1つの波源からの振幅のおよそ $N_g^{1/2}$ 倍になる．よって，大雑把には，距離の1/2乗に比例して重力波背景放射の振幅は増大する．仮に宇宙が無限に広がっていて，かつ定常であれば，その振幅は発散してしまう（オルバースのパラドクスと呼ばれる）．実際には，宇宙年齢は有限なので，我々が観測できる重力波源の総数は有限であり，重力波背景放射の振幅も有限になる．最近の理論的な見積りによれば，我々の銀河系からの寄与が，他の銀河全てからの寄与を上回るようである．

これら両方の寄与を考慮して評価されたのが，図3.7の"Galactic Background"と書かれた領域である．この周波数帯域には，多数の連星白色矮星からの寄与が存在することを意味している．図が示すように，約5 mHz以下でLISAの感度を向上させたとしても，背景放射の影響で実質的に感度は向上しない．この状況を改善させるには，観測期間を長くし周波数解像度を高める必要がある．

連星白色矮星の悪さばかりを強調してきたが，都合の良いものも存在する．我々のごく近傍に存在する連星白色矮星からの重力波は，背景放射よりも十分に大きな振幅を持ち，分離可能だからである．そのような重力波源が多数存在することは，光学望遠鏡による観測からすでにわかっており，LISAで十分に観測可能である（図3.7で"Verification Binaries"と書かれたもの）．LISAが稼働開始後，最初に観測される重力波源になるのは，それら近傍の連星白色矮星だろう．

7.2　恒星サイズの連星ブラックホール

最近になって新たに認識されたLISAの観測対象に，Advanced LIGOが見出した恒星サイズの連星ブラックホールが挙げられる（図3.7の"LIGO-type BHBs"を参照）．ただしここで考えるのは，合体直前の連星ではなく，大きな軌道半径を持つ連星である．(2.47) 式からわかるように，連星は重力波放射の時間スケールが長い低周波数軌道に長く留まる．そのためLISAの観測帯域では，軌道半径の大きな連星ブラックホールが，周波数をほとんど変えない重力波源として多数観測されうる．

低周波数帯域での連星の存在数は，具体的には次のように評価される．ある周波数の幅 df に存在する連星の数を dn としよう．ただしここでは，宇宙年齢に比べて十分に短い時間で合体する連星のみを考え，$dn/df = (dn/dt)(dt/df)$ と変形

する．ここで dn/dt は，(周波数と関係しない) 連星ブラックホールの合体率と解釈できる．これについては，Advanced LIGO と Advanced Virgo の観測から，おおよその値が理解されつつある．一方，dt/df は 4 重極公式などから $\propto f^{-11/3}$ と導けるので [(4.6) 式参照]，dn/dt がほぼ一定と考えれば，低周波数側にはより多くの連星ブラックホールが存在する，と理解できる．

軌道半径が大きいと公転速度が小さいため，重力波の振幅 $h_{\max}$ は合体直前の連星に比べれば小さい．しかし，前節で見たように長時間継続観測すれば，観測時間の平方根に比例して実効振幅 h_{eff} が上がり，より遠くの連星ブラックホールが検出できるようになる (図 3.7 参照)．存在数に依存するが，LISA では数年間に 100 個程度の銀河系外連星ブラックホールが検出できると予想される．周波数はほぼ一定であるものの，重力波放射の反作用で軌道はわずかに変化するので，周波数もわずかに時間変化する．これを計測できれば，系のチャープ質量を決めることができ，波源までの距離を見積ることが可能になる．また，連星ブラックホールの質量分布に関する情報も得られると期待できる．

LISA が地上重力波望遠鏡と大きく異なるのは，典型的には数ヶ月から数年にわたって重力波源を観測し続ける点である．すると，公転運動に伴う干渉計の位置の変化を利用して，LISA 単独でも重力波の到来方向を絞り込めるようになる (3.2.1 節参照)．また，距離の決定精度も，Advanced LIGO などよりも良くなると期待される．よって，3 次元的に決定された位置から，連星ブラックホールの母銀河を絞り込めるかもしれない．連星中性子星の合体イベント GW170817 では，電磁波対応天体を観測できたので位置が正確に決まり，その結果，重力波源の母銀河が判明した．しかし，電磁波放射の見込みが薄い恒星サイズの連星ブラックホールに対しては，それは難しい．そのため，LISA によって連星ブラックホールの母銀河が決定できれば，恒星サイズのブラックホールやその連星の形成環境を探る上で，貴重な情報が初めて得られることになる．

LISA を用いると，軌道長半径の大きな連星ブラックホールが観測ターゲットになるため，有意な離心率を持つものが検出できうるのも特筆すべき点である．連星ブラックホールは，その形成過程に応じて異なる離心率分布を持つと予想されており，離心率の測定は形成過程解明への強力な手段になる．しかし，(4.1) 式で見たように，重力波放射の反作用により連星の離心率は下がるため，地上重力波望遠鏡で高周波数帯域を観測しても，純粋な円軌道と区別がつかない連星しか観測

されないと考えられる. 有限の離心率が測定できる可能性があるのは, 低周波数帯域の観測のみなので, 連星ブラックホールの形成過程を理解する上で, LISA は地上重力波望遠鏡には不可能な役割を果たしうる.

さらに興味深いのは, LISA の観測期間と同程度の時間で合体に至り, 地上重力波望遠鏡で観測できる連星ブラックホールが存在しうる点である (図 3.7 の "GW150914" 参照). そのような連星は, まず LISA の高周波数帯域で発見される. これは, (2.47) 式を用いて, 合体までにかかる時間を以下のように書き下せばわかる:

$$t_0 \approx 10\,\text{month} \left(\frac{\mathcal{M}}{30 M_\odot}\right)^{-5/3} \left(\frac{f_0}{30\,\text{mHz}}\right)^{-8/3}. \tag{7.3}$$

この種の連星ブラックホールは, その後, 重力波放射によって軌道半径を縮め, LISA の観測可能周波数帯域を外れるが, 約 1 年後には地上重力波望遠鏡によって合体に至るところが発見できる. 逆に言えば, 地上重力波望遠鏡で検出される連星ブラックホールは, 距離次第だが, 合体の 1 年程度前には必ず LISA の高周波数帯域で発見されるはずである. LISA を地上重力波望遠鏡と組み合わせて用いる「多波長重力波天文学」では, 周波数で 3–4 桁にわたる広帯域を観測できる. そのため, 連星ブラックホールの質量やスピンを, 地上重力波望遠鏡や LISA 単独で決めるよりも, 正確に測定できるようになる.

より将来的に, DECIGO や BBO のような検出器が仮に実現されれば, 0.1–10 Hz 帯域でも, 合体に向かう連星ブラックホール (および連星中性子星) が大量に観測できる. これらの検出器が十分な感度を持てば, $z \geq 10$ の遠方宇宙で起きた恒星サイズのブラックホール同士の合体も観測できるようになる (宇宙論的赤方偏移効果で周波数が $1/(1 + z)$ 倍になる点に注意). それらの起源が初代星や原始ブラックホールであれば, 高赤方偏移の宇宙でも観測されうる一方, 銀河系にあるような通常の (あるいは低重元素量の) 恒星が恒星サイズのブラックホールの主要な起源であれば, 星形成の盛んな $z \sim 2$ を超えると重力波源の数が減るはずである. 恒星サイズのブラックホールの起源を探るには, その赤方偏移分布を調べる方法が最も確実であり, 今後の宇宙重力波望遠鏡による観測が期待される.

7.3 超巨大ブラックホールの合体

1.5.5 節で述べたように,多くの銀河の中心には SMBH が存在する.銀河の形成途上で,その中心付近に複数の SMBH が一時的に存在し,連星を形成し,最終的には合体を起こした可能性は,古くから指摘されてきた.

この可能性を理解するには,宇宙初期に起きた銀河形成の標準シナリオについて,概略を知る必要がある.そこでまず,現在の標準シナリオである冷たいダークマター (cold dark matter; 以下では略して CDM) シナリオに基づく,銀河の形成過程について簡単に説明しよう (図 7.1 参照)[*1].

現在の宇宙の主たる構成要素は,真空のエネルギー (または暗黒エネルギー,宇宙項), CDM, およびバリオン (普通の物質) であると観測的に推定されている.現在の各々のエネルギー密度に占める割合は,それぞれ約 70%, 25%, 5% である.真空のエネルギー密度はほとんど変化しないと考えられているが, CDM やバリオンの密度は宇宙膨張により体積に反比例して下がる.すなわち,宇宙初期に遡れば,それらは,今よりも宇宙全体のエネルギー (および質量) に占める割合が大きかっ

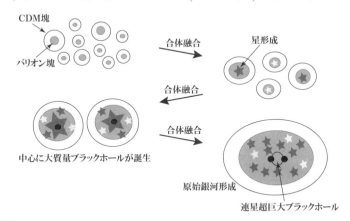

図 7.1 銀河形成に伴う超巨大ブラックホール,および連星超巨大ブラックホールの形成シナリオ.詳しくは本文を参照のこと.

[*1] CDM は,宇宙に充満する暗黒物質の主たる要素と考えられている.有意な質量を持ち,その速度分散は光速度に比べて十分に小さい.運動エネルギーが質量エネルギーに比べて小さいので Cold という名が付けられている.基本的には重力的相互作用しかせず,電磁波による観測が難しいため,その正体は未だに謎だが,複数の観測的証拠からその存在は確実視されている.

たことになる．銀河形成が盛んであったとされる宇宙論的赤方偏移 $z \sim 2$ の時代であれば，エネルギー密度比は 1 対 10 対 2 程度であったことになる．したがって，その時代の真空のエネルギーの寄与は小さく，当時，宇宙膨張や銀河形成に重力的に寄与するのは，主として CDM であった．これが，重力で物質を引き寄せ，銀河の種を作るのに主導的役割を果たしたはずである．

　CDM が重力的に束縛系を作る際に，最初に小さなスケールの塊が形成される (図 7.1 の CDM 塊を指す)．ここで言う小さいとは，質量にして太陽の 10 万–100 万倍程度のものを指し，現在の銀河の典型的な質量 (1,000 億–1 兆 $M_\odot$) に比べれば十分に小さいという意味である．小さい塊が形成されるのに伴い，その重力に引き寄せられて，バリオンも CDM 塊の中に束縛される．バリオンの密度が平均密度よりも十分に高い場所では，恒星形成が頻繁に起きると考えられる (図 7.1 の 2 段目参照)．また，宇宙初期に形成される恒星には重元素がほとんど含まれていないので，現在形成される恒星に比べれば，その質量が大きめになると推測される (1.5.4 節参照)．それゆえ，それらの進化の結果，中間質量のブラックホールや恒星サイズのブラックホールが，数多く形成されると考えるのが自然である．やがて CDM の小塊は互いに衝突し，徐々に大きなスケールの塊へと成長する (図 7.1 の 3 段目参照)．より素早く大きな塊に成長したものは，よりたくさんのバリオンを飲み込み，より素早く密度の高い状態に達するであろう．その結果，恒星形成が盛んに進み，またそれに伴い SMBH の種になるようなブラックホールの形成も進むであろう．

　SMBH は，銀河が現在の大きさになる以前に，CDM 塊の中である程度の質量にまで成長していたと推測される．なぜならば，クェーサーに代表される活動銀河核は，SMBH 近傍の強重力場を利用してエネルギーを発生しているとされるが，それらは銀河形成が完了する以前の時代 ($z > 2$ の高赤方偏移宇宙) にも多数発見されるからである．ゆえに，SMBH を含む CDM の塊同士が合体する際に，連星 SMBH が頻繁に形成されたのかもしれない (図 7.1 の 4 段目参照)．

　SMBH は，その周囲に存在する恒星などに比べればはるかに質量が大きいので，中心に沈澱する．沈澱するのは，周りに存在する恒星などに運動エネルギーを与えることによって自らはエネルギーを失い，よりポテンシャルの深い場所へと向

かうからである (重力的摩擦効果 (dynamical friction) と呼ばれる)[*2]. そのため, SMBH が複数存在すれば, 中心で連星が速やかに形成されるだろう. しかし, 連星 SMBH がその後, 速やかに合体するとは限らない. これは以下の事情による. SMBH が中心に沈殿するのは, 重力的摩擦効果のおかげだが, 摩擦に関与したこれらの星は, 反作用で中心から外側にはじき飛ばされる. よって, SMBH が中心に向かうにつれ, それを取り巻く星が中心付近から減ってしまう. 一旦連星を形成した後も, 星との重力的摩擦を介して連星間距離は減少するが, やがて周囲の星は枯渇し, その後は 2 体間距離を減少させる効果が重力波放射のみになってしまう. (2.47) 式が示すように, 重力波放射で軌道半径が縮むのにかかる時間は, 軌道半径の 4 乗に比例して長くなる. したがって, 周りに存在する星の数が減る前に十分に軌道半径が縮まれば, その後, 重力波放射によって合体は速やかに起きるが, そうでなければ, 宇宙年齢を費やしても合体しないことがありうる. どちらが高い確率で起きるのかについては, 今のところ決着がついていない. しかし, 仮に合体が頻繁に起きたと想定すれば, それは銀河の数と同数程度起きた可能性があり, 連星 SMBH の合体は発生頻度の高い重力波源になる. そこで以下では, 合体が頻繁に起きたと仮定して, 話を進める (この仮定は正しいとは限らない: 8 章参照).

合体直前に放射される重力波の実効振幅と周波数は, 4.1 節で説明した方法で計算できる. 例えば, ともに質量が $10^6 M_\odot$ の連星ブラックホールの合体を考えれば, 実効振幅と周波数は (4.9) 式と (4.2) 式から, それぞれ, 次のようになる:

$$h_{\rm eff} = |f\hat{h}(f)| = 6.0 \times 10^{-19} \left(\frac{Q_h}{0.4}\right) \left(\frac{26\,{\rm Gpc}}{D}\right) \left(\frac{1+z}{4}\right)^{5/6}$$
$$\times \left(\frac{f}{1\,{\rm mHz}}\right)^{-1/6} \left(\frac{\mathcal{M}}{4.3528 \times 10^5 M_\odot}\right)^{5/6}, \quad (7.4)$$

$$f = 0.9 \left(\frac{1+z}{4}\right)^{-1} \left(\frac{M}{10^6 M_\odot}\right)^{1/2} \left(\frac{r}{10^7\,{\rm km}}\right)^{-3/2}\,{\rm mHz}. \quad (7.5)$$

今の場合, 遠方宇宙からの重力波を考えているため, 宇宙論的な赤方偏移効果を真剣に考慮しなくてはならない. また, D には光度距離を用いる必要がある. ここでは, 重力波源の宇宙論的赤方偏移を $z = 3$ とした. その場合, 光度距離はおよそ 26 Gpc である.

[*2] 星団内の星は, 重力的な相互作用により散乱を繰り返す. 統計的には, 散乱の際に, 重い星が運動エネルギーを失い, 軽い星がエネルギーを得る確率が高い. そのため, 重い星は摩擦を受けエネルギー

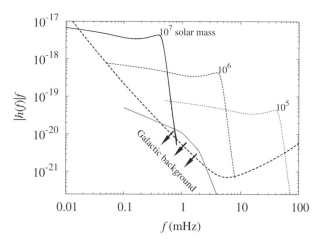

図 7.2 等質量の超巨大ブラックホール連星の合体による重力波のスペクトル．連星の合計質量が $10^7 M_\odot$, $10^6 M_\odot$, $10^5 M_\odot$ で，ブラックホールのスピンがゼロの場合を表示．合体まで 1 年間継続的に観測した場合の実効振幅 $h_{\rm eff}$ を示した．また，連星までの宇宙論的赤方偏移を $z=3$ とし，その光度距離を 26 Gpc とした．周波数が宇宙論的赤方偏移を受け，元の値の 1/4 になっている効果を考慮している．この図では簡単のため，$Q_h = 0.4$ とした．破線は，LISA の設計目標感度曲線を，薄い色の線は連星白色矮星による背景放射の推定実効振幅を表す．

図 7.2 に $h_{\rm eff}$ を示す．なお，ここでの $h_{\rm eff}$ の計算には，長時間連続的にデータ取得が可能なことを仮定している．ただし LISA の連続観測時間は，せいぜい数年間である．(2.48) 式を用いると，$t_0 = 1$ 年間になる周波数は次のようになる：

$$f_0 \approx 7 \times 10^{-2} \left(\frac{M}{10^6 M_\odot}\right)^{-5/8} \left(\frac{t_0}{1\,{\rm yr}}\right)^{-3/8} \left(\frac{M/\mu}{4}\right)^{3/8} {\rm mHz}. \quad (7.6)$$

ここで t_0 は，f_0 を重力波の周波数とする軌道半径に滞在する時間を近似的に表す．よって，$M = 10^5$–$10^7 M_\odot$ の連星ブラックホールを考える場合，周波数が 0.3–0.01 mHz よりも低いと，軌道に留まる継続時間が 1 年以上になる．したがって，合体現象を観測することはできない．合体現象を観測できるのは，これよりも高周波数側の重力波源だけである．

f_0 が十分に大きければ，図 7.2 が示すように，連星 SMBH の合体による重力波は，信号対雑音比が 100 以上で検出されるだろう．特に強調すべきは，合体前後に放射される重力波が非常に大きな信号対雑音比で検出できる点である．一般相対

を失うように見える．この効果が，重力的摩擦効果と呼ばれる．

7.4 超巨大ブラックホールの形成

7.3節で述べたように，SMBHはおそらく，原始銀河の中心付近で形成されたのだろう．しかし，その形成過程はこれまで直接的に観測されたことがなく，全くわかっていない．ただし，理論的シナリオはいくつか提唱されており，またシナリオによっては，観測可能な重力波の放射が予言される．つまり，重力波望遠鏡によって，SMBHの形成過程を将来観測できるかもしれない．そこで以下では，これまでに提唱されているシナリオについて紹介し，またそれぞれにおける重力波放射の有無について述べる．

a. 質量降着シナリオ

このシナリオではまず，宇宙の初代星から，質量が数百 $M_\odot$ 程度の中間質量ブラックホールが形成されることを仮定する．そしてこれがその後，質量降着を経て巨大化すると考える．ただし降着円盤を通して質量降着が起きるとすれば，1.5.4節で述べたように，降着率はエディントン光度によって制限される，とするのが妥当である．したがって，質量は (1.28) 式のように数十億年単位でしか増加しない．仮に $\alpha_m = 1$ ならば，ブラックホールの質量が1万倍になるのに約40億年かかる．種になるブラックホールの質量が数百 $M_\odot$ であれば，質量 $10^6 M_\odot$ のSMBHへの成長は原理的には可能だが，数十億年も質量供給が絶え間なく続くのか，疑問が残る．なお，このシナリオでは，ブラックホールの成長がゆっくりと進むため，強い重力波の放射は望めない．

b. 高密度星団シナリオ

このシナリオでは，恒星やブラックホールの合体融合によって，SMBHが誕生することを想定する．初期状態として仮定するのは，原始銀河の中心に，高密度の星団が形成されることである．7.3節で述べたように，宇宙初期に形成されるCDM塊の中に高密度なガス雲が形成され，恒星形成が活発に起きれば，そのような星団が誕生しても不思議はない．特に，1 pc 立方中に，合計で約1億 $M_\odot$ 以上のコンパクト天体 (ブラックホールまたは中性子星) が含まれるような高密度な星団が存在すれば，暴走的に合体衝突を繰り返し，やがてSMBHが誕生することが，数値計算から示唆されている (図7.3に模式図を記載)．暴走的合体の過程で連星

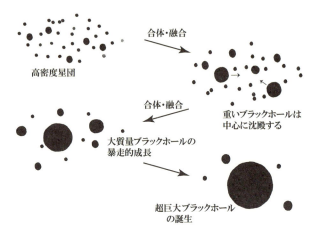

図 7.3 ブラックホール, 中性子星, 恒星からなる高密度星団の中で, 天体が合体・融合を繰り返し, 超巨大ブラックホールが誕生するシナリオ.

が数多く生まれるので, 多量の重力波放射が見込まれる. 宇宙初期には, 高周波数重力波源が今よりも多数存在したかもしれない.

このシナリオでは, SMBH の形成途上で, 巨大ブラックホール同士の頻繁な合体が予想される. 合体に至るまでに長時間を費やすのが一般的と考えれば, チャープ重力波が放射されるだろう. この重力波が大量に放射されれば, 重なり合わさって背景放射になると予想される. 周波数が 10^{-7} Hz 程度の低周波数背景重力波は, パルサータイミングアレイの最も有望な標的と考えられている.

c. 超大質量星の重力崩壊シナリオ

1.5.3 節で述べたように, 現在我々の銀河系内で形成される恒星の質量の上限は, せいぜい数百 $M_\odot$ と考えられる. 質量がこれ以上だと, 恒星表面からの星風で, 外層の物質を吹き飛ばしてしまうからである. 一方, 宇宙における初代星は, これよりもはるかに大きな質量を獲得できうることが, 細川らによって示された. そこで以下では, 細川らの計算に基づいて議論を進める.

まずは, 現在生まれる恒星の形成メカニズムについて簡単に触れる. 十分に進化した銀河内の恒星は, 分子雲内における比較的密度が高い領域 (分子雲コア) で形成される. 我々の銀河系内では, 分子雲コアの主成分は水素分子で, 数密度は 10^5 個 cm^{-3} 程度, 温度 T は約 10 K と低温である. 低温になるのは, 分子雲に含まれる炭素化合物が, 電磁波放射による速やかな冷却を促進するからである. 低温のため, 分子雲コアを構成するガスの音速 c_s は約 0.2 km s^{-1} と小さい. このような

分子雲コア内で、まずは、質量の小さい中心核が形成され、その後中心核への質量降着を経て、最終的に恒星が誕生する。質量降着時の単位時間当りの質量増加率は、1 年当りに換算して次式で評価できる:

$$\dot{M} \approx \frac{c_s^3}{G} \approx 2 \times 10^{-6} \left(\frac{T}{10\,\mathrm{K}}\right)^{3/2} M_\odot\,\mathrm{yr}^{-1}. \tag{7.7}$$

したがって、太陽質量を獲得するまでに約 50 万年必要になる。

他方、初代星の形成環境では温度ははるかに高く、ガス雲の温度は数百 K 以下にはならないと指摘されている。これは、ヘリウムより大きな原子番号を持つ元素がほとんど存在しないため、放射によるガス冷却が効率的に進まないからである。その結果、(7.7) 式が示すように、質量降着がより効率的に進むようになり、数十から数百 $M_\odot$ を持つ大質量星が数多く形成されると推測されている。

質量が $100 M_\odot$ を超える大質量星は、ほぼエディントン光度で輝いており、太陽などに比べると光度が 6, 7 桁高い [(1.26) 式参照]。また放射されるのも、紫外線など、波長の短い電磁波が主になる。このような大質量星が形成された環境では、母体になるガス雲は一層熱せられる。その結果、水素分子が水素原子に解離するような環境が発生しうる。水素分子が存在しないとガス雲の冷却効率が一層下がり、ガスの温度は約 8,000 K 以下にはならない。その結果、質量降着率が以下の程度にまで上がりうる:

$$\dot{M} \approx 0.1 \left(\frac{T}{8000\,K}\right)^{3/2} M_\odot\,\mathrm{yr}^{-1}. \tag{7.8}$$

エディントン光度で光る大質量星の恒星としての寿命は、質量によらず約 200 万年である。仮にこの間、高い質量降着率が続けば、恒星の質量は 10 万 $M_\odot$ を超えることになる。細川らは、このような状況設定に対して大質量星形成のシミュレーションを行い、高い質量降着率が続けば、実際に超大質量星 (supermassive star) が誕生しうることを示した (図 7.4 参照)。

超大質量星は、恒星と同様に最初は水素の核融合反応を中心で起こす。水素を燃やしている間、その中心密度は約 $2\,\mathrm{g\,cm^{-3}}$ で、中心温度は約 1.6×10^8 K になる。このような状態では、圧力の主成分は輻射圧であり、ガスの断熱定数は 4/3 を少々上回る程度になる。4/3 をわずかに上回るのは、ガス圧がわずかながら寄与するからである。断熱定数は輻射圧のガス圧に対する比を σ とすれば

$$\Gamma \approx \frac{4}{3} + \frac{1}{6\sigma} \tag{7.9}$$

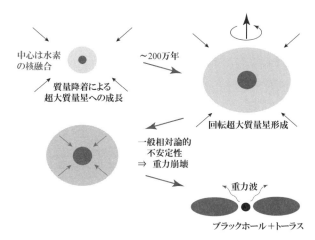

図 7.4 超大質量の恒星 (超大質量星) の誕生から,一般相対論的不安定性で重力崩壊し超巨大ブラックホールを形成させるまでのシナリオ.

と近似的に書ける. 質量が 10 万 $M_\odot$ 程度の水素を主成分とする恒星を想定すると, σ は 40 程度である. また σ は, 質量の 1/2 乗に比例する.

さて, Γ が 4/3 に近い天体は, 重力崩壊に対する一般相対論的な重力不安定性を発現しやすいことがよく知られている. チャンドラセカール (S. Chandrasekhar) によって明確に示されたように, 星の質量と半径を M と R で表すと,

$$\Gamma < \frac{4}{3} + 2.249 \left(\frac{GM}{c^2 R} \right) \tag{7.10}$$

を満足する星は, 重力崩壊に対して不安定になる (文献 [6] 参照). したがって,

$$\frac{1}{6\sigma} < 2.249 \left(\frac{GM}{c^2 R} \right) \tag{7.11}$$

が満たされると, 星は重力崩壊を起こす. 回転していない超大質量星の場合, 質量が約 10 万 $M_\odot$ を超えると, この条件が満たされる. 回転していると, 条件が緩和され, 特に表面がケプラー速度で一様回転している場合を考えると, 閾値が約 65 万 $M_\odot$ まで大きくなる. それでも, 質量が十分に大きい超大質量星が一般相対論的に不安定になるという性質は, 本質的には変わらない.

このような超大質量星が重力崩壊すれば, 質量が比較的小さい SMBH が誕生する. これが, 誕生後, 質量降着によりさらに巨大化すれば, より重い SMBH に成長するであろう.

超大質量星が SMBH に重力崩壊する様子は, 数値相対論を用いて調べられてき

た．その結果によると，超大質量星が適度に速く回転していれば，ブラックホール形成時にバースト的な重力波が放射される．放射される重力波の波形は，定性的には，図 6.2 に示されたものと全く同じである．放射される重力波の総エネルギーは，超大質量星の静止質量エネルギーの約 10^{-6} 倍になる．誕生するブラックホールのスピンパラメータは，最大で $\chi = 0.7$ 程度である．

赤方偏移 $z = 3\,(D = 26\,\mathrm{Gpc})$ の遠方宇宙において，この重力崩壊現象が起きた場合，現在観測される振幅は，(2.67) 式から次のように見積ることができる：

$$h \approx 2 \times 10^{-20} \left(\frac{26\,\mathrm{Gpc}}{D}\right) \left(\frac{\epsilon_E}{10^{-6}}\right)^{1/2} \left(\frac{M}{6 \times 10^5 M_\odot}\right) \left(\frac{1+z}{4}\right). \quad (7.12)$$

またその周波数は，(2.54) 式より以下のように評価される：

$$f \approx 5 \left(\frac{M}{6 \times 10^5 M_\odot}\right)^{-1} \left(\frac{1+z}{4}\right)^{-1} \mathrm{mHz}. \quad (7.13)$$

なお，(7.12) 式の z に付随した補正は，周波数が宇宙論的な赤方偏移を受けるために現れる．図 3.7 と見比べると，z が約 4 より小さければ（つまり $D \lesssim 40\,\mathrm{Gpc}$ ならば），LISA でこの重力波を検出できる可能性のあることがわかる．将来，重力波望遠鏡で検証可能なことが，このシナリオの魅力的な点である．

7.5　EMRI: 超巨大ブラックホールへの恒星サイズの天体の落下

SMBH は銀河の中心領域に存在するため，その周辺には恒星や恒星サイズのコンパクト天体が高い数密度で存在する．それらの天体同士が，重力的散乱 (主に 2 体散乱) を繰り返すことで，一部は SMBH 近傍に落下し，SMBH 周りを公転し始める．特に，比較的質量の小さい SMBH 周りの近接軌道を獲得した天体からは，LISA で観測可能な重力波が放射される．このようにして生まれた，SMBH 周りを近接運動する天体は，EMRI と呼ばれる．

EMRI が SMBH のごく近傍を公転するようになると，重力波放射の反作用で宇宙年齢以内に SMBH に落下する．EMRI の多くは，高い離心率の楕円軌道を持つと考えられるが，ここでは簡単のため，軌道半径 r の円軌道を仮定して，いくつかの量を評価しよう．まず重力波の周波数は，

$$f \approx 4.4 \left(\frac{M}{10^6 M_\odot}\right)^{-1} \left(\frac{r}{6GMc^{-2}}\right)^{-3/2} \mathrm{mHz}. \quad (7.14)$$

と評価される. ただし, M が SMBH の質量を表す. したがって, 比較的質量の小さい SMBH の ISCO 近傍を天体が運動するときにのみ, mHz オーダーの重力波が放射される. 軌道半径が大きければ, 周波数が低すぎて, LISA では観測できない.

重力波源になりうる天体には, さらに条件がある. そのような天体は, SMBH のごく近傍を運動する必要があるが, 同時に潮汐破壊されてはならない. 5.4.1 節で論じたように, 潮汐破壊が起きない条件は, 近似的に

$$2\frac{GMc_t R}{r^3} < \frac{Gm}{c_t^2 R^2} \tag{7.15}$$

である. ここで, m と R は恒星サイズの天体の質量と半径である. したがって, R は以下の条件を満たす必要がある.

$$R < r\left(\frac{m}{2c_t^3 M}\right)^{1/3} = 7.3 \times 10^4\,\mathrm{km} \left(\frac{r}{10GMc^{-2}}\right)\left(\frac{M}{10^6 M_\odot}\right)^{2/3}$$
$$\times \left(\frac{m}{M_\odot}\right)^{1/3}\left(\frac{c_t}{1.6}\right)^{-1}. \tag{7.16}$$

よって, ISCO 近傍の近接軌道を持つ条件を課すと, 恒星は排除される. 許されるのは, ブラックホール, 中性子星, および白色矮星のみである

次に, 重力波放射により, 合体までにかかる時間を評価しよう. (2.47) 式より,

$$t_0 \approx 5\,\mathrm{month}\left(\frac{r}{6GMc^{-2}}\right)^4 \left(\frac{M}{10^6 M_\odot}\right)^2 \left(\frac{m}{10 M_\odot}\right)^{-1} \tag{7.17}$$

と求まる. したがって, SMBH の ISCO 周辺を恒星サイズのブラックホールが運動していたとしても, 半年近くその周りに留まる. そして, SMBH に落下するまで, 数万サイクルほどの重力波を放射する.

1 年以上継続的に観測を続けると仮定して, (4.9) 式より実効振幅を求めると,

$$h_\mathrm{eff} = |f\hat{h}(f)| \approx 1 \times 10^{-20} \left(\frac{Q_h}{0.4}\right)\left(\frac{4\,\mathrm{Gpc}}{D}\right)\left(\frac{1+z}{5/3}\right)^{5/6}$$
$$\times \left(\frac{f}{5\,\mathrm{mHz}}\right)^{-1/6}\left(\frac{\mathcal{M}}{10^3 M_\odot}\right)^{5/6}, \tag{7.18}$$

と評価される. ここで, 質量が $10^6 M_\odot$ と $10 M_\odot$ の連星であれば, チャープ質量が約 $10^3 M_\odot$ になることを注意する. (7.18) 式と図 3.7 を見比べると, 比較的近傍で発生する EMRI は, LISA で十分に検出可能であることがわかる.

EMRI の発生率は正確に理解されているわけではないが, 我々の銀河系のような典型的な大きさの銀河に対して, その頻度は 10 万年から 1,000 万年に一度程度と推測されている. 我々から 1 Gpc 以内にある典型的大きさの銀河の総数が数千万個なので, LISA の設計目標感度が実現すれば, 毎年 10–100 イベント程度の EMRI 起源の重力波が観測されるはずである.

ただし, (7.18) 式の評価において, 我々は数万サイクルのオーダーの重力波を全て検出し, かつ正確に集積したことを仮定していた. この集積には, 高い精度の理論テンプレートが不可欠である. ここで, 高精度テンプレート構築のためには, 2 次の摂動までを考慮したブラックホール摂動論が必要になる. 2 次の補正を求めるのは難問であり, 未だに解決されていない. 現在, 日本を含む世界のいくつかの研究グループがこの難問に挑んでいるが, LISA が稼働する以前にこの難問が解決されることが求められている.

Chapter 8

展　望

　2015年9月に重力波天文学の幕が開けてから，まだ約2年半しか経過していない．当然，多くの未解決問題が残されている．しかし，今後重力波天文学がさらに発展していく過程で，多くの問題が解決されていくと期待できる．この章では，いくつかの未解決問題とその解決への展望を述べて，本書のまとめとする．

■ 恒星サイズの連星ブラックホールの起源は？

　宇宙年齢以内に合体する恒星サイズの連星ブラックホールの起源として提唱されている仮説は，4.6節で述べたように，いくつか存在する．実際には，それらのいずれもが，連星ブラックホール形成に寄与してきたと思われるが，問題はどれが主要な起源かである．重力波望遠鏡によって，多数の連星ブラックホールが観測されるようになればこの答えは得られる，と期待してよい．理由は以下の通りである．

　大質量星の連星系から連星ブラックホールが誕生したとすれば，連星の進化過程を反映して，軌道運動の回転軸とブラックホールのスピン軸が揃う傾向になると考えるのが自然である．他方，高密度星団内の重力的散乱過程で連星ブラックホールが形成されたとすれば，軌道運動の回転軸とスピン軸に相関がある必要はない．したがって，連星ブラックホールのスピン軸分布が解明されれば，どちらの起源がより主要なものなのか，区別がつくはずである．

　初代星起源の連星ブラックホールが多数を占めるならば，宇宙初期に遡れば，ブラックホールの合体率が上がるはずである．他方，連星ブラックホール形成が，宇宙の歴史において長く続いていたなら，合体率は，銀河形成が最も進んだ時代（$z \sim 2$の時代）の直後にピークを持つはずである．Advanced LIGO や KAGRA では，そのような昔の（つまり遠方の）合体現象を観測できないが，今後重力波望遠鏡の感度が10倍程度上がれば，宇宙初期の合体現象が観測可能になる．すると

この問題は，解決すると思われる．

■ ショートガンマ線バーストの起源天体は？

1.7 節で述べたように，継続時間が短いガンマ線バースト (ショートガンマ線バースト) の起源は，中性子星連星の合体だろうと推測されている．確実な証拠は，中性子星連星の合体による重力波とガンマ線バーストの同時観測が実現すると，得られるはずである．GW170817 が重力波望遠鏡で観測された際に，この問題の解決に非常に近づいたのだが，残念ながら超相対論的ジェットによるガンマ線バーストの確実な証拠が得られるまでには至らなかった．ガンマ線バーストはジェット状に (狭い角度方向に) しかガンマ線を放射しないので，地球で観測できるのは，実際に発生する数の数%程度と推定されている．よって常識的に考えると，決定的な同時観測実現には，中性子星連星の合体による重力波が数十イベント以上観測される必要がある．これには長期にわたる重力波観測が必要である．いずれは同時観測が実現すると思われるが，早期の達成には運が必要である．

■ 中性子星の状態方程式を解明できるのか？

5.2 節や 5.5 節で述べたように，合体直前の中性子星連星からの重力波が高感度で観測されれば，中性子星の潮汐変形率に強い制限を課すことができる．具体的には，重力波の信号対雑音比が約 30 以上で，かつ高周波数の重力波に対しても感度があればよい．GW170817 の観測でこのチャンスが到来したのだが，残念ながら高周波数側の検出器感度が不十分で，状態方程式に強い制限を課すには至らなかった．しかし，Advanced LIGO や KAGRA の設計目標感度が実現すれば，高周波数で高感度でかつ信号対雑音比 ≥ 30 の観測は，十分に期待できる．近い将来，そのような観測が実現することを期待してよい．

5.3 節で述べたように，電磁波対応天体の観測的情報も，中性子星の状態方程式を制限するのに重要な情報を運んでくる．実際に，GW170817 に付随した電磁波の観測によって貴重な情報が得られた．今後も，重力波望遠鏡と電磁波望遠鏡の同時観測による連星中性子星合体の観測が続くと期待されるが，観測が進むにつれ，状態方程式への制限が強められることが予想される．

■ 中性子星連星の合体は r プロセス元素合成の主起源か？

5.1.2 節や 5.4.2 節で述べたように，中性子星連星合体時の質量放出に伴って，

rプロセス元素が合成されると推測できる.そしてその後,中性子過剰重元素の放射性崩壊に伴い,放出された物質は熱せられ,特徴的な光度と時間スケールで,キロノバとして輝くはずである.5.3節で述べたように,GW170817に付随した電磁波対応天体の光学観測結果は,このシナリオを強く支持している.今後,中性子星連星の合体による重力波が重力波望遠鏡により多数観測され,同時に,光学望遠鏡でGW170817の場合と類似の電磁波対応天体が観測されるならば,中性子星連星の合体がrプロセス元素合成の主起源であることが証明されるだろう.

キロノバモデルにおける電磁波の光度は,放出物質の質量と電子濃度(Y_e)に強く依存する.またこの2つの量は,連星内の各天体の質量やスピン,および中性子星の状態方程式に依存する.連星の質量とスピンは,合体前に放射されるチャープ重力波を解析することで誤差付きながら推定できる.上で述べたように,状態方程式もいずれは強く制限されるだろう.すると,放出物質の質量と電子濃度が推定できるようになる.これらが光度と相関を持っていれば,rプロセス元素合成が起きている,という決定的な証拠になるだろう.さらに,各イベントで合成されたrプロセス元素の量と重力波観測で見積られる合体率がわかれば,我々の銀河系に存在するrプロセス元素の総量が,定量的に,中性子星連星合体で賄えるかどうかも明らかになるだろう.

■ 超新星爆発時に放射される重力波は近い将来観測されるのか?

これについては,理論計算が進むにつれ年々雲行きが怪しくなっている.数年前までは,我々の銀河系内で重力崩壊型超新星爆発が起きれば,重力波望遠鏡が稼働している限り,すぐにでも重力波が検出される,と考えられていた.しかし今では,銀河系内でも我々のごく近傍で(数kpc以内で)超新星爆発が起きない限り,通常のシナリオで考えられる重力波を観測するのは難しい,とされている.確実な観測には,現状よりも高感度の重力波望遠鏡が必要であり,近い将来の観測実現は難しいかもしれない.第3世代重力波望遠鏡に期待したい.

他方,6.3節で述べたように,回転が速い原始中性子星が誕生したならば,長時間にわたって重力波が放射されるかもしれない.上手にデータを解析することによってこれが検出できるならば,我々の銀河系の外で超新星爆発が起きても,重力波が観測されるかもしれない.

高速回転の大質量星が重力崩壊を起こすと,通常とは異なる超新星爆発が発生

するかもしれない．マグネターが誕生すると唱える説もある．特異な超新星爆発が数十Mpc以内の距離で起きた場合には，注視する必要がありそうだ．

■ 超巨大ブラックホール同士は本当に合体しているのか？

LISAの最重要課題は，連星SMBHの合体による重力波を観測することである．7.3節で述べたように，合体が宇宙論的な距離で起きたとしても，大きな振幅を持つ重力波信号が期待でき，LISAの設計目標感度が実現されれば，問題なく観測できるはずである．したがって，合体頻度が十分に高ければ，必ず観測されるはずの重力波源である．

ただし，合体現象が頻発しているかどうかについては，必ずしもよく理解されていない．連星SMBHの合体が起きるには，2体間距離が十分に小さくならなくてはならない．小さくなれば，その後，重力波放射を通じて距離が縮まり，宇宙年齢以内には合体する．よって，問題は，十分に接近した状況が実現するか否かである．具体的に，2つのブラックホールの質量がともに$10^6 M_\odot$の連星を考えよう．この場合，連星が円軌道にあるとすれば，軌道半径が約8×10^{10} km ≈ 0.004 pc 以内でないと，重力波放射量が十分にならず，宇宙年齢内に合体が起きない [(2.47)式参照]．連星が離心率の大きな楕円軌道にあれば，より大きな軌道長半径が許されるが，それでも許容されるのは，数pc程度である．したがって，何らかの物理的効果によって，連星間距離をpc以下に縮めなければならない．これは最終pc（パーセク）問題と呼ばれる．

この問題の解決法については，周囲に存在する多数の星による重力的摩擦説，ガスによる抵抗説，SMBHが3つ以上あればよいとする説，などがこれまでに提唱されてきたが，今のところ決定的な答えはないように思われる．したがって，LISAの観測によって連星SMBHの合体頻度が解明されれば，この問題の解決に1つの重要な手がかりが得られるだろう．

■ 超巨大ブラックホールの起源の手がかりが得られるのか？

7.4節で述べたように，SMBHの起源は未だに謎である．この問題の解決に，重力波観測が貢献する可能性がある．7.4節の星団における合体成長シナリオや超大質量星の重力崩壊シナリオでは，重力波放射が期待できるからである．将来の，低周波数重力波観測計画の発展に期待したい．

■ 一般相対論の破れは見つかるのか?

　重力の理論は,量子論と統一されなくてはならない.さもないと,ブラックホールの特異点の謎や宇宙創成の謎が解決できないからである.一般相対論は古典理論なので,量子化されていない,という意味においては,有効理論にすぎない(ただし,秀逸な有効理論である).したがって,量子効果が強くなると予想される強重力場において,その破れが発見されたとしても不思議はない.重力波を用いて強重力場が高感度で観測されるようになれば,一般相対論の破れが見つかる可能性もゼロではない.

　一般相対論に対する修正重力理論は多数提案されてきたが,多くの理論では,強重力場に物質が存在するときに,一般相対論からのずれが起きることを予言する.一般相対論は,強い等価原理を満足し,かつ実験・観測事実と無矛盾な唯一の理論だが(文献[2]参照),これらの修正重力理論では,強い等価原理が破れる.その結果,天体の運動が,その内部構造に依存するようになる.この依存性による一般相対論の破れを検証することが当面の目標になりそうである.

　一般相対論が予言するように,事象の地平面を持つブラックホールが本当に存在するのか,あるいはサイズの小さな量子的類似天体が本当のところはその正体なのかについて,入念に調べるのも1つの手段である.今後,重力波望遠鏡の感度が向上し,連星ブラックホール合体後の準固有振動に付随した重力波が高い信号対雑音比で検出できるようになれば,一般相対論の予言と比較することで,この種の検証実験が進むと予想される.

　ただし我々は,一般相対論が本当のところ,どのように破れるのか全く知らない.したがって,この節の問いに近い将来回答が得られるのかどうか,また得られたとしてもどのような対象に対して得られるのかについて,現時点で予言できない.しかし,重力波望遠鏡による強重力現象の観測が進むにつれ,一般相対論の破れに対する制限は,一層強まることだけは確かである.

■ 宇宙重力波背景放射は観測されるのか?

　本書の冒頭と3.3.2節で触れたように,現代の標準宇宙論によれば,インフレーション中に原始重力波が生成され,これは現在,宇宙重力波背景放射として存在すると考えられている.重力の相互作用が極めて弱いおかげで,原始重力波は生成時の状態を保っていると考えてよい.したがって,これを観測できれば,誕生時の

宇宙の状態を観測できたことになる.

宇宙重力波背景放射は, 宇宙論的なスケールの波長から, メートルスケールの波長まで幅広いスケールにわたって存在すると考えられている. そして, 現在でも, これらのスケールにおいて微小ながら時空を歪ませている.

この宇宙重力波背景放射を観測するのに, 現在, 最も有望と考えられているのは, 宇宙マイクロ波背景放射の偏光を観測し, そこに証拠を探る方法である (3.3.2 節参照). この方法による観測は, これまでにも進められてきたが, 今のところ観測に成功した例はない. しかし, 将来計画も盛んに議論されており, 近い将来, これが検出される可能性は十分にある.

他にも, 重力波望遠鏡を用いて, 宇宙重力波背景放射を直接観測する方法がある. 現在稼働中の重力波望遠鏡や, 将来稼働予定の LISA でもこれを試みる予定だが, 予想される重力波信号が微弱なため, 検出は難しい. より高感度の重力波望遠鏡が必要なのだが, 日本では, 宇宙重力波背景放射の検出を主目的とした DECIGO 計画が存在する (3.2.3 節参照). ただし, これは極めて挑戦的な課題である. なぜならば, (i) 宇宙重力波背景放射の信号が微弱なため, 現在の望遠鏡の感度を数桁上回る超高感度の検出器が必要で, かつ (ii) 宇宙重力波背景放射よりも振幅が大きい多数の信号が全て前景放射になり, その観測を邪魔してしまうからである. 莫大な数の波源からなる前景放射を全て受信し, その寄与を排除しきって初めて, 宇宙重力波背景放射の観測が可能になる.

しかしながら, 人類は, 難題を次々と解決してきた歴史を持つ. 重力波の直接観測も, 初めて試みられてから約 50 年後に実現したわけである. 原理的に不可能だと判明しない限り, いつかはこの難題も解決されるに違いない.

終わりに

以上, 多くの課題を挙げてきた. どれも昔からある問題なので, そう簡単に解決するとは思われない. しかし, 重力波望遠鏡というこれまでにない研究道具が使用できる効果は, 非常に大きい. 強重力現象が直接的に観測できるからである. 上で挙げた問題の多くは, 今から 20 年, 30 年ほど経てば解決しているものと予想される. 自分たち自身で解決できれば最も幸せだが, それは容易ではないので, 若い研究者の今後の活躍に大いに期待したい.

参考文献

[1] 柴田大「一般相対論の世界を探る：重力波と数値相対論」(東京大学出版会, 2007).

[2] 一般相対論のあらゆる検証実験が網羅された英語の教科書としては, C. M. Will, *Theory and Experiment in Gravitational Physics* (Cambridge University Press, 1992) を挙げる. また, 最新の検証実験結果に関して詳述したレビュー論文としては, C. M. Will, The confrontation between general relativity and experiment, Living Reviews in Relativity **17**, 4 (2014) を挙げる. さらに, 翻訳された啓蒙書としては, クリフォード M. ウイル「アインシュタインは正しかったか?」(松田卓也・二間瀬敏史訳, TBS ブリタニカ, 1986) が秀逸である.

[3] 初心者向けの一般相対論の良書として, 須藤靖「一般相対論入門」(日本評論社, 2005) を薦める. 数式を系統的に理解したい読者には, 佐々木節「一般相対論」(産業図書, 1996) を薦める. また古典的な名著として, C. Misner, K. S. Thorne and J. A. Wheeler, *Gravitation* (Freeman, 1973), および [4] を挙げる.

[4] L. ランダウ, E. リフシッツ「場の古典論」(恒藤敏彦・広重徹訳, 東京図書, 1978).

[5] 中性子星に関してより詳しく知りたい読者には, 柴崎徳明「中性子星とパルサー」(培風館, 1995), および高原文郎「新版 宇宙物理学」(朝倉書店, 2015) を薦める.

[6] 中性子星, ブラックホール, 超新星などに関して基礎から勉強したい読者には, S. L. Shapiro and S. A. Teukolsky, *Black Holes, White Dwarfs, and Neutron Stars* (Wiley, 1983) を薦める.

[7] 重力崩壊型超新星爆発について専門的に学習したい読者には, 山田章一「超新星」(日本評論社, 2016) を薦める.

[8] ガンマ線バーストについて勉強したい読者には, 小玉英雄, 井岡邦仁, 郡和範「宇宙物理学」(KEK 物理学シリーズ, 共立出版, 2014) の 3.2 節を薦める.

[9] 重力波の理論的側面を詳しく知りたい読者には, M. Maggiore, *Gravitational Waves, Volume 1: Theory and Experiments* (Oxford University Press, 2007) を, 検出やパラメータ推定の手法を詳しく知りたい読者には, J. D. E. Creighton and W. Anderson, *Gravitational-Wave Physics and Astronomy: An Introduction to Theory, Experiment and Data Analysis* (Wiley, 2011) を薦める. どちらも理論・検出・解析全体を扱っている.

[10] M. Shibata, *Numerical Relativity* (World Scientific, 2016).

[11] S. Chandrasekhar, *Ellipsoidal Figures of Equilibrium* (Dover, 1987): 回転星の安定性が詳しく記述されている教科書.

索　　引

欧数字

3 + 1 形式　91, 92
4 重極公式　81, 85, 120, 122, 123, 159, 174, 189
4 重極モーメント　12, 81, 83, 85, 155, 174
4 元速度　8, 94

A+　106

B モード偏光　116, 117
B モード偏光観測　111, 114–117
Baumgarte–Shapiro–Shibata–Nakamura　91
BBO　110, 190
BeppoSAX 衛星　57
BSSN　91, 93

CDM　191, 192, 195
CMB　114
Compton　57
Cosmic Explorer　106

DECIGO　110, 190, 207

E モード偏光　116, 117
effective-one-body　133
Einstein Telescope　106
EMRI　110, 199–201
EOB　133
EPTA　114

Fermi 衛星　66

fission cycling　67

g モード振動　177
GEO600　103
GRB 130603B　65, 72
GRB 170817A　66
GW150914　118, 134, 135, 137
GW170814　107
GW170817　11, 14, 65, 66, 72, 104, 107, 150, 156, 159–165, 189, 203, 204

Hubble 宇宙望遠鏡　65

Ia 型超新星爆発　55, 72
INTEGRAL 衛星　66
IPTA　114
ISCO　30, 31, 87, 166, 168, 200

KAGRA　103, 105–107, 122, 186, 202, 203
Keck 望遠鏡　57

LGRB　53, 54, 61, 63, 64
LIGO　91, 94, 101, 103–107, 122, 132, 134, 158–160, 176, 178, 180, 184, 186, 188, 189, 202, 203
LIGO-India　106, 107
LISA　43, 101, 108–110, 113, 186–190, 194, 199–201, 205, 207
LISA Pathfinder　108, 109
LiteBIRD 観測衛星　117

mass segregation　38, 138

NANOGrav　114
NGC 4258　41
NGC 4993　160
NICER　11

p プロセス　66
PPTA　114
PSR B1913+16　21, 22, 118
PSR B1919+21　15
PSR J0348+0432　21
PSR J0737-3039A　22
PSR J1614-2230　20
PSR J1921+2153　15

r プロセス　66–74, 139, 148, 150, 151, 161, 164, 169, 204

s プロセス　66–69
S2　40, 41
SASI　50–52, 177
SgrA*　40, 41
SGRB　53, 54, 61, 64–66
SKA　114
Swift 衛星　65
symmetric mass ratio　86, 125, 128, 129

TAMA300　103
TOV 方程式　9, 12
TT ゲージ　78, 95–97, 99

Virgo　103, 104, 106, 107, 159, 189

索引

Voyager 106

あ 行

アインシュタインテンソル 3, 93
　線形の―― 77
アインシュタイン方程式 3, 75, 87, 91, 92, 123
　線形の―― 76, 77
アマチ関係 55
アンテナパターン関数 101, 112, 120
イスラエル・カーターの唯一性定理 29
一般相対論的な重力不安定性 198
イベントホライズン望遠鏡 41
インフレーション 110, 116, 117, 206
ウォルフ・ライエ星 63
宇宙重力波背景放射 115–117, 206, 207
宇宙マイクロ波背景放射 111, 114, 207
宇宙論的赤方偏移 53, 56, 65, 161, 190, 192, 193
エディントン限界光度 36
エディントン光度 36–38, 195, 197
エネルギー運動量テンソル 3, 4, 77, 79, 80
延長放射 61, 65

音速 12, 196

か 行

外部衝撃波モデル 60
カー解 28
拡散時間 73
渦状腕モード 182
ガス圧 7, 43
加速度雑音 109

合体時間 86
カーブラックホール 31, 126, 166
換算質量 85
ガンマ線バースト 52–66, 83, 139, 143, 145, 168, 203

球状星団 21, 38, 138
共通外層 24, 26, 137, 138
共変微分 3, 92
極限ブラックホール 29, 31
極超新星 63
キリングベクトル 98
キロノバ 65, 72–74, 148, 150–152, 161, 162, 169, 204
近星点 19, 20, 113
金属欠乏星 69, 70, 72

クリストッフェル記号 3, 94–96
×モード 78

「京」コンピュータ 93
計量 3, 8, 12, 29, 76, 77, 79, 87, 92, 98
ゲイン半径 49, 50, 176
ゲイン領域 49
ケプラー速度 18, 41, 198
ケルビン・ヘルムホルツ不安定性 145
原子核密度 8, 9, 46, 174
原始重力波 110, 117, 206
原始中性子星 6, 32, 45–50, 52, 70, 71, 174–177, 179, 181–185, 204

恒星進化 4, 35, 45, 138
降着円盤 18, 34, 36–38, 41, 52, 62, 64, 71, 143, 146, 167, 168, 170
光度距離 55–57, 193
コンパクト星連星 85, 118
コンパクト天体 7
コンパクトネス 12, 83
コンパクトネス問題 56–58, 61

さ 行

歳差運動 126, 128, 130
最終 pc 問題 205
最内接安定円軌道 30, 31
差動回転 147, 164, 182
残光 53, 59–61, 65
散射雑音 106, 109

ジェットブレイク 60, 61
磁気回転不安定性 146
磁気乱流 146, 158
事象の地平面 29–31, 40, 129, 206
質量関数 19, 34
質量放出 25, 26, 136, 137, 140, 141, 146–150, 162–164, 168–170, 203
磁場駆動モデル 62
磁場の巻き込み 145
地面振動 105, 107
射影演算子 78, 81, 82
シャピロタイムディレイ 19, 20
重力質量 9, 10, 14, 18
重力赤方偏移効果 19, 20
重力的散乱効果 138
重力的摩擦効果 193
重力波
　――の伝播 77, 94
　準周期的な―― 156, 158
重力波背景放射 113, 114, 187, 188
重力半径 7, 30, 186
重力崩壊 6, 45
縮退圧 5–7, 43–46
シュバルツシルト解 28
シュバルツシルトブラックホール 31
準固有振動 87, 129–133, 135, 153, 179, 206
状態方程式 6, 9–11, 21, 48, 140, 141, 143–145, 148, 153, 155–158, 165, 170, 173, 176, 178, 203, 204
初代星 38, 39, 138, 190,

索引

195–197, 202
ショートガンマ線バースト
　53, 54, 61, 64–66
シンクロトロン放射　60, 117
信号対雑音比　113, 114, 165,
　178, 194, 203, 206

酔歩運動　46, 73
数値相対論　72, 90–93, 125,
　126, 132, 133, 139, 140,
　145, 148, 151, 163, 165,
　169, 173, 175, 179, 198
スカラー曲率　3
すばる望遠鏡　152
スピン軌道結合効果　29

静止質量密度　8
セキュラー不安定性　181, 182

相対論的ビーミング　58
即時原始中性子星対流　176
即時放射　53, 54, 58–61, 63,
　65
測地線偏差方程式　95, 96
測地線方程式　94
組成比に対する普遍性　70

た 行

ダイナミカル・タイムスケール
　45, 172, 181
ダイナミカルな質量放出
　147–149, 162–164, 169
ダイナミカル不安定性　181,
　182
対流　48, 49, 51, 52, 176,
　178
多波長重力波天文学　190

チャープ質量　85–87, 120,
　159, 160, 173, 189, 200
チャープ重力波　131, 132,
　170, 196, 204
チャープ波形　121, 129, 133,
　153, 171
チャンドラセカール質量　44
中間質量ブラックホール

35–39, 122, 132, 180,
　195
中性子星
　——と白色矮星の連星
　　18–21
　——の最大質量　9–11, 21,
　　33, 141, 143, 145
　——の平衡形状系列　9, 10
中性子星連星合体説　64, 65
中性子星連星の合体　139–146
中性子の魔法数　68
超巨大ブラックホール　30,
　39–43, 109, 191–199,
　205
潮汐破壊　165–173, 200
潮汐変形率　11–14, 65, 155,
　156, 165, 203
潮汐ラブ数　12, 14
潮汐力　11, 18, 95, 153,
　155, 168, 172
超大質量星　196–199, 205
長波長近似　99, 100, 112

対生成不安定性超新星爆発　39
冷たいダークマターシナリオ
　191

定在衝撃波　47–51, 176, 177
定在衝撃波不安定性　50, 177
停留位相近似　121
鉄の光分解　45–47
電子濃度　44, 148, 149, 170,
　204
電磁波対応天体　160–162,
　165, 189, 203, 204
電子捕獲　5, 6, 44–46

等価原理　3, 94
　強い——　206
特異点　31, 206
ドップラー効果　19, 20, 34,
　41
トムソン散乱　36, 56, 115
トールマン・オッペンハイ
　マー・ボルコフ方程式　9

な 行

内部衝撃波モデル　59
ニュートリノ加熱機構　47–52
ニュートリノ球　50, 176
ニュートリノ駆動モデル　62
ニュートリノトラッピング　46
ニュートリノバースト　176
ニュートリノ風　70, 147,
　148, 150
ニュートリノ風による質量放出
　147

熱雑音　105, 106
粘性効果による質量放出　147,
　162, 163

は 行

ハイペロン　8
白色矮星　14, 18, 20, 21, 33,
　36, 186, 200
ハッブル定数　161
波動帯　80
波動方程式　75–79, 81, 87,
　91
バーモード　182
ハーモニック座標条件　75, 91
速い中性子捕獲過程　66
バリオンローディング問題
　59, 63
パルサー　14–18, 34, 37,
　111–113, 140
パルサータイミングアレイ
　97, 111–114, 196
反跳現象　127
バンド関数　54

ビアンキの恒等式　3
光検出器　104
光の吸収係数　72–74, 150,
　151, 162
光分解　5, 47, 67
火の玉モデル　58–61
ビームスプリッター　104

標準光源　55

ファブリ・ペロー共振器　104, 105
フェルミ正規座標系　96
フェルミ粒子　6, 46
輻射圧　5-7, 36, 43-45, 70, 136, 197
＋モード　78
ブラックホール候補天体　34
ブラックホール摂動論　87, 88, 133, 201
ブラックホール・中性子星連星　24, 27, 165
ブラックホール・中性子星連星の合体　166, 167
ブラックホールの準固有振動　170
ブランドフォード・ツナジェク機構　62

平均自由行程　45, 73
ベータ崩壊　66, 67, 72, 74, 150, 151
ヘリングス・ダウンズ曲線　113

偏光角　101, 102

放射圧雑音　106
ポスト「京」　93
ポストニュートン近似　123, 124, 132, 133, 159, 160

ま　行

マグネター　17, 205
マグネターモデル　63
マクロノバ　65

ミリ秒パルサー　16, 18, 111-114

メモリ成分　177

や　行

陽電子捕獲　149
米徳関係　55

ら　行

ランダウ・リフシッツの擬テンソル　75
ランタノイド元素　68, 72, 148, 151, 162
乱流　48, 52, 71, 145, 158, 164

リサイクルパルサー　16, 17
リッチテンソル　3, 76, 93
リーマンテンソル　76, 95, 96
レーザー干渉計　96, 97, 99, 100, 103-105, 108, 110-112
連星 SMBH　110, 113, 191-194, 205
連星超巨大ブラックホール　191
連星白色矮星　110, 186-188

ローレンツ条件　77
ロングガンマ線バースト　53, 54, 63

著者略歴

柴田　大（しばた　まさる）

- 1966 年　東京都に生まれる
- 1993 年　京都大学大学院理学研究科博士課程中退
- 現　在　マックス・プランク重力物理学研究所ディレクター
  京都大学基礎物理学研究所教授（併任）
  博士（理学）

久徳浩太郎（きゅうとくこうたろう）

- 1985 年　東京都に生まれる
- 2012 年　京都大学大学院理学研究科博士課程修了
- 現　在　高エネルギー加速器研究機構助教
  博士（理学）

Yukawa ライブラリー 1
重力波の源
定価はカバーに表示

2018 年 8 月 25 日　初版第 1 刷

監修者	京都大学基礎物理学研究所
著　者	柴　田　　　　大
	久　徳　浩　太　郎
発行者	朝　倉　誠　造
発行所	株式会社 朝倉書店

東京都新宿区新小川町 6-29
郵便番号　162-8707
電　話　03(3260)0141
ＦＡＸ　03(3260)0180
http://www.asakura.co.jp

〈検印省略〉

© 2018 〈無断複写・転載を禁ず〉　　中央印刷・渡辺製本

ISBN 978-4-254-13801-6　C 3342　　Printed in Japan

JCOPY　〈(社)出版者著作権管理機構 委託出版物〉

本書の無断複写は著作権法上での例外を除き禁じられています．複写される場合は，そのつど事前に，(社) 出版者著作権管理機構 (電話 03-3513-6969, FAX 03-3513-6979, e-mail: info@jcopy.or.jp) の許諾を得てください．

京大基礎物理学研究所監修　国立台湾大 細道和夫著
Yukawaライブラリー 2
弦とブレーン
13802-3 C3342　　　　A 5 判 232頁 本体3500円

超弦理論の成り立ちと全体像を丁寧かつ最短経路で俯瞰。〔内容〕弦理論の基礎／共形不変性とワイルアノマリー／ボソン弦の量子論／超弦理論／開いた弦／1ループ振幅／コンパクト化とT双対性／Dブレーンの力学／双対性と究極理論／他

前阪大 高原文郎著
新版 宇宙物理学
—星・銀河・宇宙論—
13117-8 C3042　　　　A 5 判 264頁 本体4200円

星，銀河，宇宙論についての基本的かつ核心的事項を一冊で学べるように，好評の旧版に宇宙論の章を追加したテキスト。従来の内容の見直しも行い，使いやすさを向上。〔内容〕星の構造／星の進化／中性子星とブラックホール／銀河／宇宙論

京産大 二間瀬敏史著
現代物理学[基礎シリーズ] 9
宇宙物理学
13779-8 C3342　　　　A 5 判 200頁 本体3000円

宇宙そのものの誕生と時間発展，その発展に伴った物質や構造の誕生や進化を取り扱う物理学の一分野である「宇宙論」の学部・博士課程前期向け教科書。CCDや宇宙望遠鏡など，近年の観測機器・装置の進展に基づいた当分野の躍動を伝える。

前東大 小柳義夫監訳
実践Pythonライブラリー
計算物理学 I
—数値計算の基礎／HPC／フーリエ・ウェーブレット解析—
12892-5 C3341　　　　A 5 判 376頁 本体5400円

Landau et al., Computational Physics: Problem Solving with Python, 3rd ed.を2分冊で。理論からPythonによる実装まで解説。〔内容〕誤差／モンテカルロ法／微積分／行列／データのあてはめ／微分方程式／HPC／フーリエ解析／他

前東大 小柳義夫監訳
実践Pythonライブラリー
計算物理学 II
—物理現象の解析・シミュレーション—
12893-2 C3341　　　　A 5 判 304頁 本体4600円

計算科学の基礎を解説したI巻につづき，II巻ではさまざまな物理現象を解析・シミュレーションする。〔内容〕非線形系のダイナミクス／フラクタル／熱力学／分子動力学／静電場解析／熱伝導／波動方程式／衝撃波／流体力学／量子力学／他

宇都宮大 谷田貝豊彦著
光　　学
13121-5 C3042　　　　A 5 判 372頁 本体6400円

丁寧な数式展開と豊富な図解で光学理論全般を解説。例題・解答を含む座右の教科書。〔内容〕幾何光学／波動と屈折・反射／偏向／干渉／回折／フーリエ光学／物質と光／発光・受光／散乱・吸収／結晶中の光／ガウスビーム／測光・測色／他

前慶大 米沢富美子総編集　前慶大 辻 和彦編集幹事
人物でよむ 物理法則の事典
13116-1 C3542　　　　A 5 判 544頁 本体8800円

味気ない暗記事項のように教育・利用される物理学の法則や現象について，発見等に貢献した「人物」を軸に構成・解説することにより，簡潔な数式表現の背景に潜む物理学者の息遣いまで描き出す，他に類のない事典。個々の法則や現象の理論的な解説を中心に，研究者達の個性や関係性，時代的・技術的条件等を含め重層的に紹介。古代から現代まで約360の物理学者を取り上げ，詳細な人名索引も整備。物理学を志す若者，物理学を愛する大人達に贈る，熱気あふれる物理法則事典。

東工大 井田　茂・東大 田村元秀・東大 生駒大洋・東大 関根康人編
系外惑星の事典
15021-6 C3544　　　　A 5 判 364頁 本体8000円

太陽系外の惑星は，1995年の発見後その数が増え続けている。さらに地球型惑星の発見によって生命という新たな軸での展開も見せている。本書は太陽系天体における生命存在可能性，系外惑星の理論や観測について約160項目を頁単位で平易に解説。シームレスかつ大局の視点で学べる事典として，研究者・大学生だけでなく，天文ファンにも刺激あふれる読む事典。〔内容〕系外惑星の観測／生命存在居住可能性／惑星形成論／惑星のすがた／主星

上記価格（税別）は 2018 年 7 月現在